高等学校计算机专业系列教材

Python人工智能实践

梁爱华　王雪峤　倪景秀　编著

清华大学出版社
北京

内 容 简 介

本书围绕 Python 在人工智能领域的应用进行组织,内容上尽可能涵盖从 Python 到人工智能应用的各个主要方面。全书共 12 章,分为 4 部分:第 1 部分(第 1 章)介绍人工智能的概念、发展历史及应用方向;第 2 部分(第 2～4 章)介绍 Python 的基础知识、数据处理方法及相关的库;第 3 部分(第 5～6 章)介绍人工智能数学基础和常用算法;第 4 部分(第 7～12 章)通过应用实践案例,介绍运用 Python 开发人工智能实践项目的步骤和方法。每章都附有拓展延伸部分和习题,拓展延伸部分介绍相关的拓展知识或阅读材料,以便有兴趣的读者进一步钻研探索。

本书可以作为高等院校计算机、人工智能及相关专业 Python 人工智能或机器学习课程的教材,也可作为对人工智能和 Python 感兴趣人员的自学参考用书。

图书在版编目(CIP)数据

Python 人工智能实践/梁爱华,王雪峤,倪景秀编著. —北京:清华大学出版社,2022.7 (2024.7重印)
高等学校计算机专业系列教材
ISBN 978-7-302-60656-7

Ⅰ.①P… Ⅱ.①梁… ②王… ③倪… Ⅲ.①软件工具-程序设计-高等学校-教材
Ⅳ.①TP311.561

中国版本图书馆 CIP 数据核字(2022)第 068133 号

责任编辑:龙启铭
封面设计:何凤霞
责任校对:胡伟民
责任印制:宋 林

出版发行:清华大学出版社
   网 址:https://www.tup.com.cn, https://www.wqxuetang.com
   地 址:北京清华大学学研大厦 A 座   邮 编:100084
   社 总 机:010-83470000   邮 购:010-62786544
   投稿与读者服务:010-62776969, c-service@tup.tsinghua.edu.cn
   质量反馈:010-62772015, zhiliang@tup.tsinghua.edu.cn
   课件下载:https://www.tup.com.cn,010-83470236
印 装 者:三河市铭诚印务有限公司
经 销:全国新华书店
开 本:185mm×260mm 印 张:15.5 字 数:388 千字
版 次:2022 年 7 月第 1 版   印 次:2024 年 7 月第 3 次印刷
定 价:49.00 元

产品编号:092691-01

前言

人工智能已经给人类社会和生活带来了变化，尤其在计算机视觉和数据挖掘、自然语言理解、语音识别等领域取得了显著进展。Python语言的易学易用以及丰富的开源库，使其在人工智能领域有着广泛的应用。

本书内容紧跟人工智能主流技术，采用Python作为编程载体，在介绍人工智能数学基础和常用算法的基础上，突出基于Python的人工智能实践项目应用，提供了多个典型人工智能算法的完整实战项目。

全书共12章，分为4部分：第1部分包括第1章，介绍人工智能技术，包括人工智能的概念、发展历史及应用方向和场景，同时还提供了"聊天机器人"项目的初体验。让读者对人工智能的应用有感性认识。第2部分包括第2～4章，介绍Python编程基础知识以及与人工智能应用密切相关的科学计算库（NumPy）、数据分析库（pandas）、可视化库（Matplotlib）等。第3部分包括5～6章，介绍人工智能的数学基础和人工智能的常用算法。数学基础方面具体介绍了线性代数、概率论、最优化问题，在介绍数学知识的同时结合其在人工智能方面的应用。常用算法方面介绍了机器学习的典型算法以及训练过程中的超参数、验证集等概念，还给出了模式识别的基本步骤和框架。第4部分包括第7～12章，按照每章一个人工智能的实战项目，与人工智能的常用算法对应。其中第12章的人脸关键点检测项目，使用了当前流行的深度学习目标检测算法。

本书主要由北京联合大学梁爱华和王雪峤编写，倪景秀参与了本书的编写工作。其中，第1、4、7～12章由梁爱华编著，第2～3章由倪景秀编著，第5～6章由王雪峤编著，付博闻负责了第12章的大部分编著工作，并提供了人脸关键点检测项目的实验支持。全书由梁爱华负责统稿和校订，王雪峤和倪景秀参与了校对，梁爱华基于本教材的课件进行了教学实践。本书是北京市教育科学规划一般课题（深度学习视角下混合式教学设计与实践——以通识Python程序设计课为例，CDDB21201）的研究成果。

本书提供全套教学课件、源代码、课后习题答案、配套实验项目、教学计划及学时分配建议。配套资源可通过清华大学出版社官网下载或与编者联系索取。

　　在本书编写过程中,编者始终以科学严谨的态度,力求精益求精,但限于编者水平,书中难免有错误和疏漏之处,恳请读者批评和指正。

编　者

2022 年 5 月

目 录

第 3 章　Python 函数及组合数据类型　　/38

第 4 章　Python 数据处理　　/64

第 1 章

人工智能概述

本章导读

本章将介绍人工智能的概念,人工智能的发展历史,人工智能的应用方向及领域。最后通过文本型聊天机器人项目,来体验人工智能的具体应用。

学习目标

- 能描述人工智能的定义,明晰人工智能与机器学习、深度学习之间的关系。
- 能描述人工智能的发展历史,体会人工智能曲折发展史中蕴含的技术变革。
- 能描述人工智能的典型应用领域。
- 能通过文本型聊天机器人项目体会人工智能的实际应用。

1.1 什么是人工智能

人工智能,英文为 Artificial Intelligence,缩写为 AI,是一门研究、开发用于模拟、延伸和扩展人的智能的理论、方法、技术及应用系统的新技术科学。人工智能最早是在1956 年由约翰·麦卡锡首次提出的。当时的定义为"制造智能机器的科学与工程"。

人工智能的目的是让机器能够像人一样思考,让机器拥有智能。时至今日,人工智能的内涵已经大大扩展,是一门交叉学科,涵盖了计算机科学、脑科学、认知科学、心理学、语言学、逻辑学、哲学等众多的学科。

要理解人工智能的概念,首先需要明确人工智能、机器学习、深度学习之间的关系。通过人工智能的定义,已经明确它是研究、开发用于模拟、延伸和扩展人的智能的理论、方法、技术及应用系统的新技术科学,范围很广。机器学习则专门研究计算机怎样模拟或实现人类的学习行为,以获取新的知识或技能,重新组织已有的知识结构,使之不断改善自身的性能。它是人工智能的核心研究领域之一。深度学习是机器学习研究中的一个新领域,源于人工神经网络的研究,多层感知器就是一种深度学习结构。它模仿人脑的机制来解释数据,例如图像、声音和文本。人工智能、机器学习、深度学习是相互包含的关系。人工智能包含机器学习,而机器学习又包含深度学习,三者的关系如图 1-1 所示。

人工智能是让机器智能起来,可以按照机器在思考和行动上的智能程度,将智能机器分为弱人工智能和强人工智能。弱人工智能要求机器能"像人一样思考""像人一样行动"。"像人一样思考"的机器,如 IBM 的 Watson 认知计算系统、由谷歌旗下 DeepMind公司开发的围棋机器人 AlphaGo。"像人一样行动",如人形机器人,美国 iRobot 公司发明的各型军用、警用、救难、侦测机器人。强人工智能则要求机器能"理性地思考""理性地

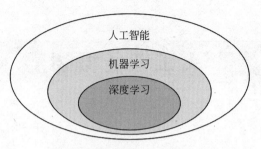

图 1-1　人工智能与机器学习、深度学习的关系图

行动"。"理性地思考",尚无法达到,瓶颈在脑科学。"理性地行动",一定是在理性思考的基础上,目前也无法达到。当前人工智能的发展还属于弱人工智能的层次。要发展到强人工智能层次,还需要很多相关学科和领域的研究做支撑。

从产业角度来说,人工智能离不开四要素:数据、算法、算力、场景。数据依赖于从传感器、物联网的基础设施上获取的大数据。算法服务于人工智能的各个典型技术方向,包括计算机视觉、语音处理、自然语言处理等。算力需要高性能芯片、超级计算、云计算的支持。场景则与具体应用场景相联系,如金融、医疗、安防、教育、农业等各个领域。只有具备了最底层的基础设施和基础技术,提供了数据与算力的支持,加上各技术方向的算法,结合实际应用场景,才能形成人工智能的产业生态,促进人工智能从技术走向应用,为人们生活的各个领域真正带来变革。人工智能的技术层次如图 1-2 所示。

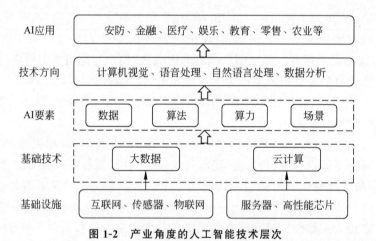

图 1-2　产业角度的人工智能技术层次

1.2　人工智能的发展历史

人工智能元年是 1956 年,源于达特茅斯会议。1956 年 8 月,在美国达特茅斯学院中,约翰·麦卡锡、马文·闵斯基、克劳德·香农、艾伦·纽厄尔、赫伯特·西蒙等科学家聚在一起,讨论着一个主题,即:用机器来模仿人类学习以及其他方面的智能。约翰·麦卡锡(John McCarthy)是 LISP 语言的创始人,马文·闵斯基(Marvin Minsky)是人工智

能与认知学专家,克劳德·香农(Claude Shannon)是信息论的创始人,艾伦·纽厄尔(Allen Newell)是计算机科学家,赫伯特·西蒙(Herbert Simon)是诺贝尔经济学奖得主。达特茅斯会议足足开了两个月的时间,虽然大家没有达成普遍的共识,但是却为会议讨论的内容起了一个名字:人工智能。

1.2.1　曲折的发展史

人工智能经历了曲折的发展过程。以下从时间上进行梳理。

从 1956 年人工智能元年开始的 20 年是人工智能的第一次繁荣期。其中在 1959 年,亚瑟·塞缪尔(Arthur Samuel)提出了机器学习,机器学习将传统的制造智能演化为通过学习能力来获取智能,推动了人工智能进入了第一次繁荣期。专家系统的出现,实现了人工智能从理论研究走向实际应用,从一般思维规律探索走向专门知识应用的重大突破,将人工智能的研究推向了新高潮。然而,机器学习的模型仍然是"人工"的,也有很大的局限性。随着专家系统应用的不断深入,专家系统自身存在的知识获取难、知识领域窄、推理能力弱、实用性差等问题逐步暴露。从 1976 年开始,随着机器翻译等项目的失败,人工智能的研究进入长达 6 年的萧瑟期,即第一次低谷期。

在 20 世纪 80 年代中期,随着美国、日本等国家立项支持人工智能研究,以及以知识工程为主导的机器学习方法的发展,出现了具有更强可视化效果的决策树模型和突破早期感知机局限的多层人工神经网络,由此带来了人工智能的又一次繁荣。当时的计算机难以模拟复杂度高及规模大的神经网络,仍有一定的局限性。1987 年,由于 LISP 机市场崩塌,美国取消了人工智能预算,日本第五代计算机项目失败并退出市场,专家系统进展缓慢,人工智能又进入了低谷期。1997 年至 2010 年,计算性能提升,互联网快速普及,人工智能进入复苏期。1997 年,IBM 深蓝(Deep Blue)战胜国际象棋世界冠军卡斯帕罗夫。这是一次具有里程碑意义的成功,它代表了基于规则的人工智能的胜利。2006 年,在 Hinton 及其学生的推动下,深度学习开始备受关注,为后来人工智能的发展带来了重大影响。

从 2010 年开始,由于新一代信息技术引发的信息环境与数据基础变革,人工智能进入增长爆发期。其最主要的驱动力是大数据时代的到来,运算能力及机器学习算法得到提高。人工智能快速发展,产业界也开始不断涌现出新的研究成果。2014 年,微软公司发布全球第一款个人智能助理微软小娜。2016 年,谷歌 AlphaGo 机器人在围棋比赛中击败了世界冠军李世石。2017 年 10 月,AlphaGo Zero 出现,可以从空白状态学起,在无任何人类输入的条件下,能够迅速自学围棋,并以 100∶0 的战绩击败其"前辈"。世界各国都开始重视人工智能的发展。人工智能的整个发展史如图 1-3 所示。

1.2.2　三大学派

人工智能的三大主要学派,分别是符号主义、连接主义、行为主义。

符号主义(symbolicism),又称为逻辑主义、心理学派或计算机学派,符号主义认为人工智能源于数理逻辑。知识表示、知识推理、知识运用是人工智能的核心。这个学派的代表人物有纽厄尔(Newell)、西蒙(Simon)和尼尔逊(Nilsson)等。该学派认为人类认知和

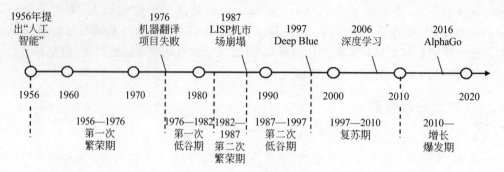

图 1-3　人工智能的发展史

思维的基本单元是符号，而认知过程就是在符号表示上的一种运算。认知过程是各种符号进行推理运算的过程。知识和概念可以用符号表示，认知就是符号处理过程，推理就是采用启发式知识及启发式搜索对问题求解的过程。在符号主义中，桃子的概念可以用桃子这个节点或一组表示其属性的节点表示，如图 1-4 所示。

　　连接主义（connectionism），又称为仿生学派或生理学派，连接主义认为人工智能源于仿生学。思维的基本单元是神经元。从神经元开始进而研究神经网络模型和脑模型。该学派从神经生理学和认知科学的研究成果出发，把人的智能归结为人脑高层活动的结果，强调智能活动是由大量简单的单元通过复杂的相互连接后并行运行的结果。一个概念用一组数字、向量、矩阵或张量表示。每个节点没有特定的概念。以感知机（perceptron）为代表的脑模型的研究，使连接主义的研究出现热潮。感知机模型有了现代神经网络的雏形。在连接主义中，桃子的一系列节点不再代表桃子的各个属性，而是代表连接的关系权重，如图 1-5 所示。

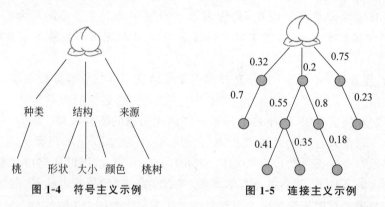

图 1-4　符号主义示例　　　　图 1-5　连接主义示例

　　行为主义（actionism），又称为进化主义或控制论学派，行为主义认为人工智能源于控制论。行为主义是 20 世纪末才以人工智能新学派的面孔出现的，即智能控制和智能机器人系统。该学派认为行为是有机体用以适应环境变化的各种身体反应的组合。行为主义认为智能取决于感知和行动，提出智能行为的"感知—动作"模式。这一学派的代表首推布鲁克斯（Brooks）的六足行走机器人。行为主义偏向于应用实践，从环境中不断学习以不断修正行为动作。

1.2.3 智能层次

人工智能按照智能层次,可以分为计算智能、感知智能、认知智能。

计算智能是一种智力方式的低层认知,表现为能存会算,机器开始像人类一样会计算,可传递信息。例如神经计算、进化计算。

感知智能表现为能听会看,机器开始看懂和听懂,做出判断,采取一些简单行动。例如,人脸识别、智能音箱。

认知智能表现为能理解会思考,机器开始像人类一样能理解、思考与决策。例如,无人驾驶、自主行动的机器人。

目前,人工智能的发展层次处在感知智能阶段。

1.3 人工智能的应用方向及场景

1.3.1 三大技术方向

人工智能已经逐渐应用到各个领域,其中计算机视觉、语音处理、自然语言处理是人工智能技术应用的三个主要方向。

1. 计算机视觉

计算机视觉研究如何让计算机"看",是三个人工智能应用技术中最成熟的。计算机视觉研究的主题主要包括图像分类、目标检测、图像分割、目标跟踪、文字识别和人脸识别等。例如,利用人脸识别的电子考勤、基于目标检测和跟踪的客流分析等。计算机视觉的应用领域还包括:视频动作的分析、人脸识别身份认证、智能相册分类、图片搜索等。未来计算机视觉有望进入自主理解、分析决策的高级阶段,真正赋予机器"看"的能力,在无人车、智能家居等场景发挥更大的价值。

2. 语音处理

语音处理研究语音发声过程、语音信号的统计特性、语音识别、机器合成以及语音感知等各种处理技术。语音处理方面的应用场景包括:语音识别、语音合成、语音唤醒、声纹识别、音频事件检测等。最成熟的技术是语音识别,在安静室内、近场识别的前提下能达到 96% 的识别准确度。例如,智能问答机器人、语音导航是两个典型的语音处理应用。智能教育下的语音分析、实时的会议记录也是语音处理的应用场景。其他方面还包括:口语测评、问诊机器人、声纹识别、智能音箱等。

3. 自然语言处理

自然语言处理利用计算机技术来理解并运用自然语言。自然语言处理的应用场景包括舆情分析。根据特定问题的需要,针对这个问题的舆情进行深层次的思维加工和分析研究。在现代信息高度发达的年代,舆情已经从一条大江变成了汪洋大海,其重要性不言而喻。另一个应用场景是情感分析,对文本信息进行"情感"上的正向、负向及中性评价。情感分析或意见挖掘是从人们的观点和情绪出发,评估对诸如产品、服务、组织等实体的态度。该领域的发展和快速起步得益于网络上的社交媒体,例如产品评论、论坛、微博、微信等。

机器翻译和机器内容审核也是自然语言处理的典型应用场景。机器翻译，又称为自动翻译，是利用计算机将一种自然语言(源语言)转换为另一种自然语言(目标语言)的过程。机器内容审核用于判断一段文本内容是否符合网络发文规范，识别文本中是否包含违禁类型里面的关键字或词。此外，自然语言处理还可以用于知识图谱、智能文案等方面。

自然语言处理的技术难度高，技术成熟度较低。因为语义的复杂度高，仅靠目前基于大数据、并行计算的深度学习很难达到人类的理解层次。未来的发展趋势是从只能理解浅层语义到能自动提取特征并理解深层语义，即从单一智能(机器学习(Machine Learning，ML))到混合智能(机器学习、深度学习(Deep Learning，DL)、强化学习(Reinforcement Learning，RL))。

1.3.2 典型应用领域

本节介绍几个 AI 应用的典型领域。

1. AI＋智能医疗

利用人工智能技术，可以让 AI"学习"专业的医疗知识，"记忆"大量的历史病例，用计算机视觉技术识别医学图像，为医生提供可靠高效的智能助手。具体应用包括：药物挖掘、健康管理、医院管理、辅助医学研究、虚拟助理、医学影像、辅助诊疗、疾病风险预测等。

2. AI＋智能安防

AI＋智能安防是 AI 最易落地的领域，也是目前较为成熟的应用领域。安防领域拥有海量的图像和视频数据，为 AI 算法和模型的训练提供了很好的基础。智能安防领域主要包括警用和民用两个方向：警用方面，可用于识别可疑人员、车辆分析、追踪嫌疑人、检索对比犯罪嫌疑人、重点场所门禁等；民用方面，则用于人脸打卡、潜在危险预警、家庭布防等应用方向及场景。

3. AI＋智能家居

基于物联网技术，由硬件、软件和云平台构成家居生态圈，为用户提供个性化生活服务，使家庭生活更便捷、舒适和安全。具体应用包括：

(1) 智能家居产品控制，如调节空调温度、控制窗帘开关、照明系统声控等。

(2) 家居安防，如面部或指纹识别解锁、实时智能摄像头监控、住宅非法入侵检测等。

(3) 内容推荐，如根据智能音箱、智能电视的历史记录建立用户画像，并进行相应推荐等。

4. AI＋X

其他方面还包括公共领域(例如智慧交通，灾难预警)、教育、物流、金融、制造、保险、零售、油气勘探、农业等各个方面。

1.4 人工智能项目初体验

世界上第一款聊天机器人诞生于 1966 年，名为 Eliza。之后又出现苹果公司的 Siri、微软公司的小冰，以及各类品牌的智能音箱，这些都是聊天机器人。聊天机器人按照功能,可以分为闲聊型和任务型。顾名思义,闲聊型可以聊任意主题;任务型则指针对某个领域,例如客服机器人,负责预订机票,或处理订单咨询等。

　　本节介绍基于文本的聊天机器人项目。项目运行过程的界面如图 1-6 所示。"用户:"后的文字是用户输入的问题。而"机器:"后的内容是通过算法匹配到的答复。从运行情况看,输入"人工智能"成功地匹配到人工智能的定义。输入"AI 方向"成功匹配到 AI 的方向之一,即自然语言处理。而输入"中国的首都",没有找到匹配的答案。这跟采用的语料库有很大关系,理论上说,如果语料库包含的内容足够全,那可以完成任何主题的聊天任务。

用户: 人工智能
机器: 是研究、开发用于模拟、延伸和扩展人的智能的理论、方法、技术及应用系统的一门新的技术科学。
用户: AI
机器: 抱歉, 我不太明白你的意思
用户: AI方向
机器: 自然语言处理
用户: 中国的首都
机器: 抱歉, 我不太明白你的意思
用户:

图 1-6　聊天机器人项目运行演示

　　实现聊天机器人一般来说有 4 种方法,分别是:

　　(1) 基于规则的方法。

　　(2) 基于模板匹配的方法。

　　(3) 基于检索模型的方法。

　　(4) 基于生成式模型的方法。

　　第一台聊天机器人 Eliza 采用的是基于规则的方法,该方法需要定义大量的规则。基于模板匹配的方法根据相似度匹配最接近的响应。基于检索模型的方法根据输入和上下文,对多个答案进行评估,选择最合适的响应。基于生成式模型的方法不依赖于预定义的响应,完全从零开始生成新的响应。

　　本节演示的聊天机器人采用的是基于模板匹配的方法,该方法包括中文分词、文本表示、相似度计算等关键问题。

　　基于模板匹配方法的实施步骤,具体如下:

　　(1) 准备语料库。其中包括中文分词和模板文件。对于英文,单词之间用空格分开,直接拆分即可,比较容易处理。而中文语句则不同,需要首先进行中文分词操作,然后是模板文件准备。可以根据闲聊型或任务型准备相应的模板文件。本节的演示程序,准备的是关于人工智能概念及应用领域的模板。

　　(2) 建立模型。即将文本表示模型化,表示为文本向量。

　　(3) 搜索。根据文本相似度计算,找到最相似的,给出回答。计算相似度有多种方法,文本间一般通过余弦相似度进行计算,并进行相似度的比较。

　　本节演示的项目中涉及的相关知识和具体实现,在后续章节及第 7 章的项目实战中会详细介绍。

1.5　本　章　小　结

本章介绍了人工智能的基本概念、人工智能与机器学习和深度学习的关系；阐述了人工智能曲折的发展历史；重点阐述了人工智能的三大技术方向，即计算机视觉、语音处理、自然语言处理，同时介绍了人工智能的典型应用领域；最后通过文本聊天机器人，体验了人工智能在自然语言处理领域的应用。

1.6　拓　展　延　伸

1. 人工智能应用体验

通过微信小程序体验 AI 的典型应用，可以很好地了解人工智能技术在各领域现有的发展状况，以下介绍两种常用的 AI 体验小程序，均可通过手机微信小程序自行体验。

"百度 AI 体验中心"是百度公司提供的专门用于体验 AI 应用的微信小程序，包括了图像技术、人脸与人体识别、语音技术、知识与语义四个方面，涵盖了人工智能应用的众多领域，如图 1-7 所示。

"腾讯云 AI 体验中心"是腾讯公司提供的用于体验 AI 应用的微信小程序，包括了人脸识别、文字识别、智能语音等典型应用，如图 1-8 所示。

图 1-7　百度 AI 体验中心小程序

图 1-8　腾讯云 AI 体验中心小程序

2. 推荐阅读

推荐阅读人工智能深度学习方面的高被引综述论文。

（1）LeCun Y., Bengio Y., Hinton G. Deep learning. NATURE，2015，521(7553)：436-444.

（2）Schmidhuber, J. Deep learning in neural networks：An overview. NEURAL NETWORKS，2015，61：85-117.

（3）Gu Jiuxiang, Wang Zhenhua, Kuen Jason, et al. Recent advances in convolutional neural networks. PATTERN RECOGNITION，2017，77：354-377.

习　题　一

1. 选择题

（1）（　　）是迄今为止 AI 应用技术中最成熟的技术。

　　A. 自然语言处理　　　　　　　B. 计算机视觉

　　C. 语音处理　　　　　　　　　D. 机器人控制

（2）人工智能的三大主要学派，包括（　　）。

　　A. 符号主义　　　　　　　　　B. 连接主义

　　C. 行为主义　　　　　　　　　D. 行动主义

2. 判断题

（1）人工智能元年是 1956 年。　　　　　　　　　　　　　　　　　　　（　　）

（2）人工智能、机器学习、深度学习是相互包含的关系。人工智能包含机器学习，而机器学习又包含深度学习。　　　　　　　　　　　　　　　　　　　　　　（　　）

（3）当前人工智能的发展属于强人工智能的层次。　　　　　　　　　　（　　）

3. 思考题

通过本章了解到的人工智能在众多领域的应用，从自己从事的专业领域出发，畅想一下，人工智能将会带来哪些具体的变化？

第2章

Python 基础及控制结构

本章导读

本章围绕三部分内容进行介绍,分别是 Python 概述、Python 基础知识、基本控制结构。Python 概述部分介绍 Python 发展历史、Python 的应用领域以及开发环境的安装。Python 基础知识部分包括程序的格式框架、赋值和输入输出、基本数据类型等。基本控制结构部分介绍顺序结构、分支结构、循环结构。

学习目标

- 能描述 Python 发展历史。
- 能够下载并安装 Python 的开发环境。
- 能描述 Python 程序的格式框架。
- 会使用赋值方法为变量赋值。
- 会使用输入输出函数,并了解 eval() 函数的应用场景。
- 会根据场景选用 3 种基本控制结构。

各例题知识要点

例 2.1 重量单位转换(程序的基本格式框架)

例 2.2 提取手机号中指定片段(字符串切片)

例 2.3 屏蔽手机号中的某些位(子串替换)

例 2.4 判断是否是偶数(单分支结构)

例 2.5 判断奇偶性(二分支结构)

例 2.6 判断奇偶性(紧凑形式的二分支结构)

例 2.7 成绩分级(多分支结构)

例 2.8 增加合法性判断的成绩分级(嵌套的分支结构)

例 2.9 输出 1 至 10 以内的奇数(计数 for 循环)

例 2.10 求 $1+1/2+\cdots+1/n$ 的值(计数 for 循环)

例 2.11 输出字符串中每个字符(字符串遍历循环)

例 2.12 求 $1+1/2+\cdots+1/n$ 的值(无限循环)

例 2.13 输出符合条件的字符(continue)

例 2.14 输出符合条件的字符(break)

例 2.15 判断素数(带 else 的循环)

例 2.16 输入合法性检查(异常处理)

2.1　Python 概述

Python 语言是一门语法简洁、跨平台、可扩展的开源通用脚本语言。Python 语言诞生于 1990 年,是由吉多·范·罗苏姆(Guido van Rossum)领导设计并开发的编程语言。Python 读作['paiθən],中文含义为"蟒蛇"。Python 语言是开源项目的优秀代表,Python解释器的全部代码都是开源的,可以从 Python 官网自由下载。

Python 软件基金会(Python Software Foundation,PSF)作为一个非营利组织,致力于保护 Python 语言的开放、开源和发展,PSF 组织拥有 Python 2.1 之后所有版本的版权。

2.1.1　Python 的发展历史

从 Python 2.0 到 Python 3.0,Python 语言经历了一个根本性版本的更替过程。

2000 年 10 月,Python 2.0 正式发布。2010 年,Python 2.x 系列发布最后一版,主版本号是 2.7,Python 2.x 系列版本的发展至此终结。

2008 年 12 月,Python 3.0 正式发布。与 2.x 系列相比,3.x 系列版本在语法层面和解释器内部做了很多重大改进,解释器内部采用完全面向对象的方式实现。做出此重大改进的代价是,3.x 系列版本代码无法向下兼容 2.x 系列的语法。

当前的 Python 程序都是基于 Python 3.x 进行开发的。

2.1.2　Python 的应用领域

Python 语言可以广泛应用在很多领域。

(1) 软件开发方面,Python 支持函数式编程和 OOP 面向对象编程,可以进行常规的软件开发、脚本编写、网络编程。

(2) Web 开发方面,Python 提供了多种基于 Python 的 Web 开发框架,比如 Django(重量级 Web 框架)、Tornado(轻量级 Web 框架)、Flask(Web 微型框架)。其中,Python+Django 的 Web 开发架构应用广泛。该架构的主要特点是开发速度快,学习门槛低,有利于新手快速高效地搭建起可用的 Web 服务。

(3) 人工智能方面,Python 广泛应用于机器学习、神经网络、深度学习等,已成为人工智能的主流编程语言。

(4) 数据分析方面,Python 适合做科学计算,能够对数据进行各种规格化和针对性的分析。随着 NumPy、pandas、Matplotlib 众多功能库的推出,Python 成为数据分析的主流语言之一。

(5) 云计算方面,开源云计算解决方案 OpenStack 是基于 Python 开发的。

(6) 在自动化运维方面,基于 Python 编程语言的 Saltstack 和 Ansible 都是运维人员常用的自动化运维平台。

(7) 网络爬虫方面,爬取网络数据是当前数据获取的重要方式之一,基于 Python 语言,使用 Scrapy 爬虫框架的应用非常广泛。

2.1.3   Python 的环境安装

Python 开发环境可以从官网 python.org 下载,如图 2-1 所示。用户可以根据自己计算机的系统(Windows、Mac OS、Linux 等)下载合适的安装包。从官网下载安装的是 Python 的 IDLE 环境,该环境适合初学者使用,安装后还可以通过帮助文档查询相应的资料。

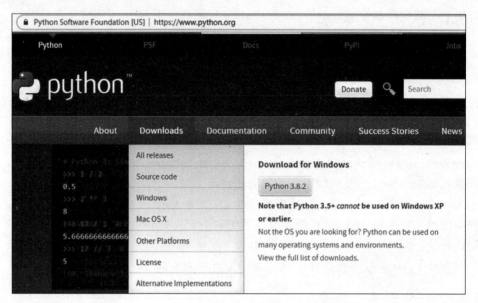

图 2-1   Python 下载主页

目前主流的 Python 开发工具有以下 4 种:

(1) Pycharm。可从官网(https://www.jetbrains.com/pycharm/)下载安装,其中社区版属于免费版本。

(2) VS Code。可从官网(https://code.visualstudio.com/)下载对应版本安装。

(3) Jupyter Notebook。Jupyter Notebook 是一个开放源码的网络应用程序。Jupyter Notebook 是 Anaconda 安装后自带的开发工具。Anaconda 还有 Python 的超过 180 个科学包及其依赖项。Anaconda 可从官网(https://www.anaconda.com/)下载安装。Anancoda 环境安装过程可参考清华大学开源软件镜像站 https://mirrors.tuna.tsinghua.edu.cn/anaconda/。

(4) Spyder。Spyder 也是 Anaconda 安装后自带的开发工具。

2.2   Python 基础知识

本节将从程序的格式框架、赋值和输入输出、基本数据类型等方面介绍 Python 的基础知识。

2.2.1　程序的格式框架

下面通过一个实例了解 Python 源程序的格式框架。

【例 2.1】　编程实现重量单位(千克和磅)的转换,用户的输入包括单位(kg 或 KG 和 lb 或 LB)。

【分析】　根据用户输入的重量单位,分别处理,需要使用切片分离出单位,然后基于不同的计算公式进行运算,最后输出结果。

程序代码如下:

```python
# weight convert between kg and lb
'''
input:   a number ended with kg or lb
process: 1kg=2.2046226lb
output:  a float number with 2 decimal places
'''
InStr=input()
if InStr[-2:] in ['kg', 'KG']:
    ConStr=eval(InStr[0:-2]) * 2.2046226
    print("{:.2f}lb".format(ConStr))
elif InStr[-2:] in ['lb', 'LB']:
    ConStr=eval(InStr[0:- 2])/2.2046226
    print("{:.2f}kg".format(ConStr))
else:
    print("format error")
```

从整体结构层面观察这段代码的结构,程序包含下面几个重要的部分。

(1) 注释:用于提高代码可读性的辅助性文字。注释分为单行注释和多行注释两种。单行注释以 ♯ 开头,其后内容为注释。多行注释以三个单引号"''"开头,并以三个单引号"''"结尾。虽然注释不是真正要执行的代码,但注释可以提高代码的可读性,建议编写程序时都添加必要的注释。

(2) 缩进:一行代码开始前的空白区域称为缩进。在 Python 中,程序中的代码并不是垂直对齐的,有些行前面有一部分空白区域,即存在缩进。缩进能够表达程序的格式框架。缩进是语法的一部分,缩进表示了所属关系,表达了代码间的包含关系和层次关系。如果缩进不正确的话,将会导致程序运行的结果错误。缩进的长度应该一致,即程序内缩进标准是一致的,一般用 4 个空格或 1 个制表符(Tab)的位置。

(3) 引号:在 Python 中,单引号'和双引号"都可以使用。在单独使用的时候,使用单引号还是使用双引号并没有区别。但是,如果需要在引号中嵌套引号,就需要单引号和双引号的配合。也就是说,如果运行结果需要输出单引号时,则外侧需使用双引号括起来;如果运行结果需要输出双引号时,则外侧需使用单引号括起来。

例如如下代码:

```
print(" 'Python 程序设计' ")
```

运行结果：

```
'Python 程序设计'
```

如下代码：

```
print(' "Python 程序设计" ')
```

运行结果：

```
"Python 程序设计"
```

2.2.2　赋值和输入输出

1. 变量

变量是程序中用于保存和表示数据的占位符号。

变量的命名规则：大小写字母、数字、下画线和中文等字符及组合。需要注意的是，变量名的首字符不能是数字，且变量名不能与 Python 的保留字相同。Python 的变量名对于大小写敏感。例如：

- name_1、name123、_name 等是合法的变量名。
- Python 和 python 是不同变量。
- Num&1、123num、for 等是不合法的变量名。其原因是违反了变量的命名规则，比如 & 是不允许的字符，数字不能为首字符，for 与 Python 的保留字重名。

保留字也称关键字。Python 中共 33 个保留字，如表 2-1 所示。

表 2-1　Python 保留字

and	elif	import	raise	global
as	else	in	return	nonlocal
assert	except	is	try	True
break	finally	lambda	while	False
class	for	not	with	None
continue	from	or	yield	
def	if	pass	del	

可以通过 keyword 库中的 kwlist 输出这些保留字。如下：

```
>>> import keyword
>>> print(keyword.kwlist)
```

```
['False', 'None', 'True', 'and', 'as', 'assert', 'async', 'await', 'break', 'class',
'continue', 'def', 'del', 'elif', 'else', 'except', 'finally', 'for', 'from',
'global', 'if', 'import', 'in', 'is', 'lambda', 'nonlocal', 'not', 'or', 'pass',
'raise', 'return', 'try', 'while', 'with', 'yield']
```

2. 输入函数 input()与输出函数 print()

输入函数 input()的功能是接收用户输入的信息,并以字符串形式保存。例如,InStr=input()表示将用户的输入保存到变量 InStr 中。函数 input()后的圆括号中可以有参数,也可以不要任何参数。但无论是否有参数,圆括号均不能省略。如果需要给用户提供提示信息,则可以将信息用引号括起来放在圆括号中作为参数。例如:

```
InStr=input("请输入一个用 kg 或 lb 结尾的质量或重量值: ")
```

程序运行结果:

```
请输入一个用 kg 或 lb 结尾的质量或重量值:
```

程序运行时,将会显示这条提示信息,等待用户输入数据。

输出函数 print()的功能是以字符形式向控制台输出结果。例如:

```
print("format error")
```

程序运行结果:

```
format error
```

注意:字符串类型的一对引号仅在程序内部使用,输出时左右两侧并无引号。

再如,例 2.1 中的输出语句:

```
print("{:.2f}lb".format(ConStr))
```

这里用到了字符串的格式化函数 format()。语句中的{ }表示槽,{ :.2f }表示将在此位置显示圆括号中变量 ConStr 的值,并保留两位小数。有关 format()函数的用法在后面字符串类型部分会详细阐述。

3. 赋值语句

赋值语句用来给变量赋予新的数据值,将右侧运算结果赋给左侧变量。例如,下面两个语句就是赋值语句。

```
InStr =input()
c = a + 10
```

在第一个赋值语句中,使用 input()函数接收用户的输入,返回输入的字符串赋值给左侧的变量 InStr。此时 InStr 是字符串类型。第二个赋值语句中,计算变量 a 与 10 的和,将结果赋值给左侧的变量 c,此时 c 是计算的结果。如果 a 为整数,则 c 也为整数。如果 a 为小数,则 c 也为小数。因此,在赋值时右侧的类型会作用到左侧变量上,具体的数据类型在 2.2.3 节进行详细介绍。

4. eval()函数

eval()函数用来执行一个字符串表达式,并返回表达式的值。例如:

```
n=eval('1+2')
```

使用该代码得到 n 的输出结果为 3,即执行了"1+2"得到结果 3。

如果用户希望输入一个数值(小数或整数),并用程序进行后续计算,可以使用 eval(input())的组合,例如:

```
n=eval(input())
```

使用上述代码可以接收用户输入的数值 n。

使用 eval()进行输入类型的转换是通常的用法,对于 eval()函数其他参数的作用,读者可以通过官方帮助文档进行查询。

2.2.3　基本数据类型

Python 的基本数据类型包括数值类型和字符串类型。

1. 数值类型

数值类型可分为整数、浮点数、复数等。整数和浮点数分别对应于数学的整数和实数。

整数表示数学中的整数。例如:45、-2、0。

浮点数表示数学中的实数,带小数部分。例如:1.9、-59.3、7.0。

复数形如 $z=a+bj$(a,b 均为实数),其中,a 称为实部,b 称为虚部。

数值参加运算时,会用到运算符。常用的数值类型运算符如表 2-2 所示。

表 2-2　常用的数值类型运算符

操作符及使用	描　　述
x+y	加,x 与 y 之和
x-y	减,x 与 y 之差
x*y	乘,x 与 y 之积
x/y	除,x 与 y 之商。 举例:10/3 结果是 3.3333333333333335
x//y	整数除,x 与 y 之整数商。 举例:10//3 结果是 3
+x	x 本身
-y	y 的负值

续表

操作符及使用	描　述
x%y	余数,模运算。 举例:10%3 结果是 1
x**y	幂运算,x 的 y 次幂。 举例:10**3 结果是 1000

在 Python 中,加和减与数学上完全一致,其他不同之处做如下说明:

- "*"表示乘,"/"表示除。
- "//"表示整除,"//"要求两侧数据必须是整数,所得结果为相除所得商的整数部分。
- "%"为求余运算,"%"两侧数据必须是整数,所得结果为两个整数相除所得的余数。求余运算符%经常用于判断整除关系或倍数关系等。
- "**"是幂运算,用来计算幂。幂运算还可以通过 math 库中的 pow() 函数实现,math 库的具体介绍可以参看 4.3.1 节。

2. 字符串类型

字符串是由一对单引号或一对双引号表示的字符序列。引号中间可以是由 0 个或多个字符组成的字符序列。例如,"请输入一个数字" "Hello" "1053.95kg"等都是字符串类型;"",即双引号中间什么都没有,为空字符串。

字符串可以按序号进行索引。Python 有正向递增序号和反向递减序号两种索引机制。在正向序号体系中,第一个元素的序号为 0,后面其他元素的序号按照从左向右的顺序递增。在反向序号体系中,最后一个元素的序号是-1,前面其他元素的序号按照从右向左的顺序递减,如图 2-2 所示。

图 2-2　字符串中字符的索引序号

(1) 字符串的索引和切片。

索引返回字符串中单个字符。索引的形式为:＜字符串＞[M]。其中,M 是所要返回字符的序号,可以使用正向序号或反向序号。而且,序号要用方括号括起来。

例如:

```
>>> s='hello'
>>> s[1]
'e'
>>> s[-1]
'o'
```

切片是返回字符串中一段字符子串。切片的形式为:＜字符串＞[M:N:K]。其中,M 是子串的起始序号,N 是子串的终止序号,必须注意的是,终止序号 N 对应的字符不包含在切片结果里,K 是步长。若 M 缺省,则表示从字符串的第一个字符开始。N 是子串的终止序号,N 缺省表示到字符串的最后一个字符结束。步长 K 缺省表示步长为 1,即在字符串中按照连续截取的方式获得子串。

【例 2.2】 从输入的手机号中取出前三位和后四位并输出。

【分析】 对用户输入的手机号,进行字符串切片。

```
telnum=input()
print("前三位:",telnum[0:3])
print("后四位:",telnum[-4:])
```

运行结果为:

```
13012345678
前三位:130
后四位:5678
```

程序说明:使用"telnum[0:3]"得到前三位,由于从起始位置开始,0 可以省略,即使用"telnum[:3]"得到同样的结果。使用"telnum[-4:]"得到后四位,由于到最后一位,因此冒号后面可以省略,也可以从正向计算得到倒数第四位的序号 7,使用"telnum[7:]"得到后四位。

(2) 字符串操作运算。

字符串的操作包括字符串的连接、复制、包含等,如表 2-3 所示。

表 2-3　字符串的常见操作符

操作符及使用	描　　述
x＋y	连接两个字符串 x 和 y。 举例:"python"＋"world",结果为"pythonworld"
n * x 或 x * n	复制 n 次字符串 x。 举例:"AI" * 3,结果为"AIAIAI"
x in s	如果 x 是 s 的子串,则返回 True,否则返回 False。 举例:"python" in "pythonworld",结果为 True。 "pytld" in "pythonworld",结果为 False
len(x)	返回字符串 x 的长度。 举例:len("AI 人工智能"),结果为 6
str(x)	返回任意类型 x 所对应的字符串形式。 举例:str(3.14),结果为"3.14", str([1,2]),结果为"[1,2]"
hex(x)或 oct(x)	返回整数 x 的十六进制或八进制小写形式字符串。 举例:hex(425),结果为"0x1a9" oct(425),结果为"0o651"
chr(x)	x 为 Unicode 编码,返回其对应的字符。 举例:chr(97),结果为'a'

续表

操作符及使用	描　　述
ord(x)	x 为字符,返回其对应的 Unicode 编码。 举例:ord('a'),结果为 97
str.lower()或 str.upper()	返回字符串的副本,全部字符小写/大写。 举例:"AbCdEfGh".lower(),结果为"abcdefgh"
str.split(sep＝None)	返回一个列表,由 str 根据 sep 被分隔的部分组成。 举例:"A,B,C".split(","),结果为['A','B','C']
str.count(sub)	返回子串 sub 在 str 中出现的次数。 举例:"an apple a day".count("a"),结果为 4
str.replace(old, new)	返回字符串 str 副本,所有 old 子串被替换为 new。 举例:"book".replace("b","c"),结果为"cook"
str.center(width[,fillchar])	字符串 str 根据宽度 width 居中,fillchar 可选。 举例:"python".center(10,"="),结果为'==python=='
str.strip(chars)	从 str 中去掉在其左侧和右侧 chars 中列出的字符。 举例:"= python= ".strip("="),结果为"python"
str.join(iter)	在 iter 变量除最后元素外每个元素后增加一个 str。 举例:",".join("12345"),结果为"1,2,3,4,5"

- "＋"表示连接两个字符串生成一个长的新字符串。"＋"也可以表示数值运算的加法。那么,到底是执行加法运算还是连接运算呢? 取决于两侧操作数的类型。如果两侧操作数全部是字符串,则执行连接运算。如果两侧操作数全部是数值类型,则执行加法运算。但是要注意,加号两侧不能一边是数值,另一边是字符串,否则系统会报错。

- "＊"表示字符串的复制。对于字符串 x 与正整数 n,"x＊n"表示将字符串 x 复制 n 次,结果是生成一个更长的新字符串。注意,执行字符串的复制操作不会改变字符串 x 的内容,而是得到一个新字符串。正整数 n 可以在＊的左侧或右侧。

- "in"用来判断一个字符串是否为另一个字符串的子串。例如"x in s",如果 x 是 s 的子串,则结果为 True,否则结果为 False。

- 函数 len(s)返回字符串 s 的长度。例如,len("AI 人工智能")结果为 6。注意,Python 中一个字母和一个汉字的长度均为 1。

- 函数 str(s)返回任意类型 x 所对应的字符串形式。例如,str(3.14)结果为'3.14',str([1,2])结果为'[1,2]',如果参数为非字符串类型,则会在参数原有内容的基础上增加引号,得到一个字符串。

- 函数 hex(s)和 oct(s)分别返回整数的十六进制和八进制小写形式字符串。例如,hex(425)结果为'0x1a9',oct(425)结果为'0o651'。

- 函数 chr(x)和 ord(ch)是一对相反操作。x 是 Unicode 编码,ch 是字符。chr(x)返回 x 对应的字符。ord(ch)返回字符 ch 所对应的 Unicode 编码。例如,通过

chr(97)得到 97 对应的字符"a",ord("a")得到字符"a"的编码值 97。

下面介绍字符串处理的一些方法,字符串处理方法的调用形式为:

字符串.方法名(参数)

- str.lower()或 str.upper()返回字符串的副本,副本中全部字符都是小写形式或全部都是大写形式。
- str.split(sep＝None)进行字符串分隔,可以指定分隔符。如不指定分隔符,则默认按照空白字符(即 None)进行分割。空白字符包括空格、制表符和回车键。
- str.count(sub) 返回子串 sub 在 str 中出现的次数。
- str.replace(old, new) 返回字符串 str 的副本,并将副本中所有 old 子串替换为 new,返回替换后的新字符串。
- str.strip(chars) 返回字符串 str 的副本,并从副本左右两侧去掉 chars 中给定的字符。

例如:

```
>>>s="=python="
>>>s.strip("=p")
```

输出结果为:

```
>>>s
'ython'
```

输出结果为:

```
'=python='
```

- str.center(width[,fillchar]) 返回 str 的副本,并将副本根据宽度 width 居中,用 fillchar 填充两侧多出来的位置。fillchar 可选,用来指定填充字符,默认用空格填充。

例如:

```
>>>s="python"
>>>s.center(10,"=")
```

输出结果为:

```
'==python=='
>>>s
```

输出结果为:

```
'python'
>>>s.center(10)
```

输出结果为:

```
'  python  '
```

注意: lower()和 upper()、replace()、center()、strip()这些方法返回的都是字符串的副本。也就是说,原字符串 str 的内容并没有发生改变。

- str.join(iter) 的作用是,在可迭代变量 iter 的每个元素(除最后元素外)后增加一个 str,连接成一个字符串并返回。前提是变量 iter 是可迭代的,比如字符串类型或列表类型。例如:",".join("12345"),结果为"1,2,3,4,5"。

【例 2.3】　从输入的手机号中的中间 4 位(第 4～7 位)替换为"****"。

【分析】　使用 replace()方法进行字符串替换。

```
telnum=input()
newnum=telnum.replace(telnum[3:7],'****')
print("old:",telnum)
print("new:",newnum)
```

运行结果为:

```
13012345678
old: 13012345678
new: 130****5678
```

程序说明: replace()第一个参数为被替换的内容,第二个参数为新替换的内容。通过切片方法,用"telnum[3:7]"得到第 4～7 位,将其替换成"****"。

(3) 字符串的格式化。

字符串的格式化是将字符串按照某种指定格式进行表达的方式。字符串的格式化使用 format()方法。

字符串的格式化形式如下:

```
<模板字符串>.format(<逗号分隔的参数>)
```

例如:

```
print("{:.2f}lb".format(ConStr))
```

其中,模板字符串中的{}表示槽,用于将 format()方法后的参数填充到槽的位置,并按指定的格式输出。{:.2f}表示将变量 ConStr 填充到此处,取小数点后两位。

format()方法槽内部对格式化的配置方式如下：

```
{<参数序号>：<格式控制标记>}
```

format()方法槽的格式化配置方式中，参数序号为 format()方法后列出的各参数的位置序号，第一个参数的序号为 0，第二个参数的序号为 1，以此类推。每个槽中对参数的格式设置了控制标记。

类型用来控制整数类型和浮点数类型的表示形式。控制整数表示形式的字符有 b、c、d、o、x、X 等。其中，b 表示输出整数的二进制形式，c 表示输出整数对应的 Unicode 字符，d 表示输出整数的十进制形式，o 表示输出整数的八进制形式，x 表示输出整数的小写十六进制形式，X 表示输出整数的大写十六进制形式。

控制浮点数表示形式的字符有 e、E、f、% 等。其中，e 表示输出浮点数的指数形式，E 表示输出浮点数的大写指数形式，f 表示输出标准浮点形式，% 表示输出浮点数的百分形式。每个格式控制标记的位置及作用如表 2-4 所示。

表 2-4　字符串的格式化模板

:	<填充>	<对齐>	<宽度>	<，>	<.精度>	<类型>
引导符号	填充的单个字符	^居中对齐 <左对齐 >右对齐	设定的宽度	数字的千位分隔符	浮点数小数精度或字符串最大输出长度	整数类型 b、c、d、o、x、X。 浮点数类型 e、E、f、%

例如：

```
>>>"{0:&^20}".format("PYTHON")
```

输出结果为：

```
'&&&&&&&PYTHON&&&&&&&'
```

使用 & 作为填充字符，宽度为 20，居中对齐。

```
>>>"{0:,.3f}".format(12345.6789)
```

输出结果为：

```
'12,345.679'
```

表示将浮点数按照保留三位小数且加千位分隔符的形式显示。

2.3　基本控制结构

程序设计的三种基本结构分别是顺序结构、分支结构和循环结构。三种结构对应的流程图如图 2-3 所示。从图中可以看出，顺序结构按照语句的先后顺序依次执行。分支结构则先进行条件判断，然后根据条件选择部分语句执行。循环结构在给定条件下循环执行某些语句。循环结构的流程存在从后往前执行的情况,构成闭合循环圈,直至条件不满足的时候,退出循环,转而执行循环语句后面的其他语句。

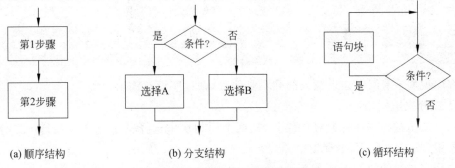

(a) 顺序结构　　　　　　(b) 分支结构　　　　　　(c) 循环结构

图 2-3　三种基本控制结构的流程图

顺序结构的实现不用保留字,直接按照语句的先后顺序依次执行。分支结构和循环结构则需要借助于特定的保留字来实现。下面分别重点介绍分支结构和循环结构。

2.3.1　分支结构

分支结构是根据条件判断的结果选择不同的执行路径。依据条件的复杂程度,分支结构可以分为单分支结构、二分支结构、多分支结构。

1. 单分支结构

单分支结构只提供一个语句块,是否要执行该语句块则取决于条件判断的结果。如果条件满足,则执行语句块;如果条件不满足,则不执行语句块。单分支结构对应的流程图如图 2-4 所示。单分支结构的语句形式如下:

```
if <条件>:
    <语句块>
```

单分支结构需要利用保留字 if 来判断条件。if 行的末尾用冒号“:”结束。if 行下面的语句块称为 if 子句。if 子句是 if 条件成立时执行的语句,可以包含多条语句,也可以只有一条语句。if 子句的位置是在 if 的基础上向右侧有一个缩进。

【例 2.4】　由用户输入一个整数,当输入的数是偶数时,输出“是偶数”。

【分析】　使用单分支语句判断输入的数是否是偶数,输入默认是字符串,需要通过 eval 或 int 转换为整数。通过除以 2 的余数是否为 0 判断是否为偶数。

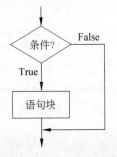

图 2-4　单分支结构流程

程序代码如下:

```
num = eval(input())
if num%2==0:
```

```
    print("是偶数")
```

运行结果为：

```
输入：88
输出：是偶数
```

程序说明：本例中如果输入的数不是偶数，则程序没有输出。

2. 二分支结构

二分支结构根据条件判断的结果，从两个语句块中选择其中一个来执行。二分支结构需要用到 if 和 else 两个保留字。

二分支结构的语句形式如下：

```
if <条件>：
    <语句块 1>
else：
    <语句块 2>
```

首先，判断条件是否成立。若条件成立，则执行语句块 1；若条件不成立，则执行语句块 2。二分支结构对应的流程图如图 2-5 所示。

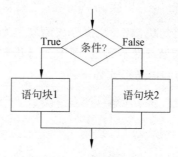

图 2-5　二分支结构流程

【**例 2.5**】　判断用户输入整数的奇偶性，若是偶数，则输出"是偶数"，否则输出"是奇数"。

【**分析**】　使用二分支 if-else 结构。

程序代码如下：

```
num = eval(input())
if num %2==0:
    print("是偶数")
else :
    print("是奇数")
```

程序说明：本例中无论输入的奇数还是偶数，均有输出。

二分支结构还有一种紧凑形式,其形式如下:

```
<表达式 1> if <条件> else <表达式 2>
```

该形式适用于简单表达式的二分支结构,将条件满足时执行的表达式 1 提前,整个 if 语句的所有内容写在一行上。

【**例 2.6**】 利用二分支结构的紧凑形式判断输入整数的奇偶性。

【**分析**】 本例要实现与例 2.5 同样的功能,紧凑写法满足条件要执行的写在 if 前。

程序代码如下:

```
num = eval(input())
print("是{}".format("偶数" if num%2==0 else "奇数"))
```

3. 多分支结构

多分支结构根据条件,在多个不同的语句块中选择一个来执行。多分支结构的实现需要使用 if、elif 和 else 等保留字。

多分支结构的形式如下:

```
if <条件 1>:
    <语句块 1>
elif <条件 2>:
    <语句块 2>
    ...
else:
    <语句块 N>
```

上述多分支结构的语句对应的结构图如图 2-6 所示。

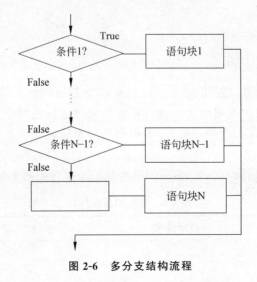

图 2-6 多分支结构流程

【例 2.7】　输入一个百分制的分数,根据所属的不同区间,进行分级。具体分级标准为:

- 90≤分数≤100,则输出等级 A。
- 80≤分数＜90,则输出等级 B。
- 70≤分数＜80,则输出等级 C。
- 60≤分数＜70,则输出等级 D。
- 分数＜60,则输出等级 E。

【分析】　成绩分级要使用多分支结构,但要注意,判断要保证先判断的条件不包含后判断的条件,即要从高到低进行,这样才能得到正确的分级结果。

程序代码如下:

```
score=eval(input())
if score>=90:
    grade='A'
elif score>=80:
    grade='B'
elif score>=70:
    grade='C'
elif score>=60:
    grade='D'
else:
    grade='E'
print("输入的成绩属于级别{}".format(grade))
```

运行结果为:

```
输入:
95
输出:
输入的成绩属于级别 A
```

程序说明:本例也可以使用 60＜=score＜70 这样精确的区间条件,使用多个并列的 if 语句进行判断。可以试着用此方法改写本示例程序。注意对于多分支的程序,要测试所有的可能性,才能验证程序的正确性,本示例至少要输入 5 个不同等级的分数,以检验程序。

分支结构离不开条件判断,Python 的条件判断操作符如表 2-5 所示。

表 2-5　条件判断操作符

操作符	数学符号	描　　述
＜	＜	小于
＜=	≤	小于或等于

续表

操作符	数学符号	描　述
>=	⩾	大于或等于
>	>	大于
==	=	等于
!=	≠	不等于

注意：观察条件判断操作符与数学符号的对应关系，尤其是等于（＝＝）和不等于（!＝）的写法。

4. 条件组合

如果判断的条件比较复杂，可以用多个简单条件进行组合。多条件的组合需要以下 3 种逻辑运算操作符，分别是：and 表示"与"，or 表示"或"，not 表示"非"。各操作符的用法如表 2-6 所示。

表 2-6　逻辑运算操作符

操作符及使用	描　述
x and y	两个条件 x 和 y 的逻辑与。 举例：y＞5 and y＜8
x or y	两个条件 x 和 y 的逻辑或。 举例：y＞5 or y＜−5
not x	条件 x 的逻辑非。 举例：not y＞5

- and 运算：只有当左右两个条件均成立时才返回 True，否则返回 False。
- or 运算：只要左右两个条件中有一个条件成立，则返回 True，只有两个条件均不成立才返回 False。
- not 运算：取条件的非，即原条件不成立时，返回 True；原条件成立时，返回 False。

【例 2.8】　对于百分制的分数，根据所属的不同区间，进行分级。对于输入的数，要考虑分数的合法性。

- 分数＜0 或分数＞100，则输出"输入错误"。
- 90≤分数≤100，则输出等级 A。
- 80≤分数＜90，则输出等级 B。
- 70≤分数＜80，则输出等级 C。
- 60≤分数＜70，则输出等级 D。
- 分数＜60，则输出等级 E。

【分析】　本例是例 2.7 的优化，首先应该考虑输入成绩的合法性，如不合法，直接输出"输入错误"，否则才根据区间进行等级分类。

程序代码如下：

```
score=eval(input())
if score<0 or score>100:
    print("输入错误")
else:
    if score>=90:
        grade='A'
    elif score>=80:
        grade='B'
    elif score>=70:
        grade='C'
    elif score>=60:
        grade='D'
    else:
        grade='E'
    print("输入的成绩属于级别{}".format(grade))
```

运行结果为：

```
输入：
112
输出：
输入错误
输入：
76
输出：
输入的成绩属于级别C
```

程序说明：

（1）本例用到了分支语句的嵌套，当成绩不合法时，直接输出"输入错误"，否则再根据区间条件进行分级判断。

（2）判断不合法的条件是两个条件的组合，即或者小于 0 或者大于 100，因此条件之间使用"or"连接。

2.3.2　循环结构

本节将从遍历循环、无限循环、循环控制保留字、循环的高级用法等方面介绍循环结构。

1. 遍历循环

遍历循环由保留字 for 和 in 组成。遍历循环的形式如下：

```
for <循环变量> in <遍历结构>
    <语句块>
```

遍历循环语句从遍历结构中逐一提取元素,放在循环变量中。每提取一次元素,就执行一次语句块,直至遍历完所有元素后结束。从遍历结构中提取几个元素,则语句块就重复执行几次。循环语句中的语句块也叫循环体,循环体就是多次重复执行的部分。循环体可以是一条语句,也可以是多条语句。

按照遍历结构的类型,遍历循环可以分为计数遍历、字符串遍历、列表遍历、文件遍历等几种形式。其中,列表遍历将在第 3 章介绍,文件遍历将在第 4 章介绍。

(1) 计数遍历。

计数遍历的形式如下:

```
for i in range(start, stop[, step]) :
    <语句块>
```

计数遍历由 range() 函数生成的数值序列,产生循环。其中,计数从 start 开始。默认是从 0 开始。计数到 stop 结束,但不包括 stop。step 为步长,默认为 1。

【例 2.9】　使用计数遍历循环输出 1 至 10 以内的奇数。

【分析】　使用 range(),首先确定范围内的最小值为 1,最大值为 10,由于只输出奇数,所以设置步长为 2,保证在奇数范围内循环。注意 range() 第二个参数的设置,终止值不在循环内。

程序代码如下:

```
for i in range(1,11,2):
    print(i)
```

运行结果为:

```
1
3
5
7
9
```

程序说明:for 循环进行了 5 次循环。如果要输出 1 至 10 以内的偶数,只要将开始值替换为 2 即可。

【例 2.10】　使用计数遍历,求 $1+1/2+\cdots+1/n$ 的值,结果保留两位小数,n 从键盘输入。

【分析】　使用 range(),分别设置起始值 1 和终止值 n+1,循环体内完成累加操作。

程序代码如下:

```
s=0
n=int(input())
for i in range(1,n+1):
    s=s+1/i
print("{:.2f}".format(s))
```

运行结果为:

```
输入:
5
输出:
2.28
```

程序说明:循环体内将每一项 1/i 累加到 s 中,注意循环前要将 s 赋初值为 0。如果要累计各个数的乘积,则最后结果的变量初值应赋值为 1。

(2) 字符串遍历。

字符串遍历循环就是遍历字符串中每个字符,产生循环。字符串遍历循环形式如下:

```
for c in s:
    <语句块>
```

其中,s 是字符串,c 是 s 中的每个字符。

【例 2.11】 遍历字符串"Python 实践"中的每个字符,在每个字符后加逗号输出。

【分析】 逗号分隔通过输出时设置 end 参数实现。

程序代码如下:

```
for c in "Python 实践":
    print(c, end=",")
```

运行结果为:

```
P,y,t,h,o,n,实,践,
```

程序说明:在给定的字符串"Python 实践"中,依次遍历每个字符并输出。在 print() 函数中设置一个参数 end 为逗号,来保证每个字符输出后都输出一个逗号。如果不设置 end 参数,会自动换行。

列表遍历和文件遍历也是典型的遍历循环应用。后文会讲到,在此先不展开介绍。

2. 无限循环

无限循环是由条件控制的循环运行方式。无限循环语句用保留字 while 实现,具体形式如下:

```
while <条件> :
    <语句块>
```

当满足条件时,反复执行语句块,直到条件不满足时结束循环。

【例 2.12】 使用无限循环求 $1+1/2+\cdots+1/n$ 的值,结果保留两位小数,n 从键盘输入。

【分析】 使用 while 循环。

程序代码如下:

```
s=0
n=int(input())
i=1
while i<=n:
    s=s+1/i
    i=i+1
print("{:.2f}".format(s))
```

运行结果为：

```
输入：
5
输出：
2.28
```

程序说明：使用 while 循环时，循环变量需在循环前赋初值，并在循环体内控制增 1。也可以从初值为 n，逐渐递减进行累加，可以尝试自行修改代码实现。

while 循环在使用时，要注意控制条件，避免出现死循环。

3. 循环控制保留字

在执行循环语句时，如果需要提前结束循环，可以借助于保留字 break 和 continue。break 和 continue 必须与 for 或 while 循环搭配使用。break 的作用是跳出循环并结束当前循环，执行循环语句之后的语句。continue 的作用是结束本次循环，继续执行后续次数循环。

【例 2.13】 依次输出字符串"hello, world"中","之外的字符。

【分析】 遍历字符串，输出每个字符，当遇到字符","时不输出，可以通过 continue 跳过本次循环。

程序代码如下：

```
for c in "hello, world":
    if c==",":
        continue
    print(c,end="")
```

运行结果为：

```
hello world
```

程序说明：遍历"hello, world"字符串过程中，遇到","时，执行 continue，结束本次循环，但后续的字符还要继续遍历，可以看到，输出结果中不含","，但是包含","之前及","之后的所有字符。

【例 2.14】 依次输出字符串"hello, world"中","之前的字符。

【分析】 循环遍历字符串，当遇到","时，提前结束循环。

程序代码如下：

```
for c in "hello, world":
    if c==",":
        break
    print(c,end="")
```

运行结果为：

```
hello
```

程序说明：遍历"hello，world"字符串过程中，遇到","时，执行 break，跳出循环，至此循环结束，只输出"hello"，而","及","之后的字符均不输出。

4. 循环的高级用法

循环的高级用法是指带 else 的循环，高级用法与 break 一起使用。

带 else 的 for 循环形式如下：

```
for <变量> in <遍历结构>：
    <语句块 1>
else:
    <语句块>
```

带 else 的 while 循环的形式如下：

```
while <条件>：
    <语句块 1>
else:
    <语句块 2>
```

带 else 的循环语句的执行逻辑是：当循环没有因 break 语句退出时，则执行 else 语句块。可以理解为，else 语句块是作为正常完成循环的奖励。

下面以判断素数为例，介绍循环的高级用法。

【例 2.15】 判断素数（素数又称质数，是大于或等于 2，只能被 1 和它本身整除的数）。

【分析】 判断素数的方法：对正整数 n，如果用 2 到 n−1 之间的所有整数去除 n，均无法整除，则为素数。当遇到能被 i 整除时，直接输出不是素数，退出循环。否则没有被 break 提前结束循环，说明 2 到 n−1 之间的数都不能整除 n，此时执行 else 部分，输出是素数。

程序代码如下：

```
n=int(input())
for i in range(2,n):
    if n%i==0:
        print("不是素数")
        break
```

```
else:
    print("是素数")
```

程序说明：

（1）本例中用到的 for-else 结构，起到了其他语言开关变量的作用，这是 Python 语言特有的用法。

（2）本例更优化的方法是，用 2 到 sqrt(n)之间的所有整数去除即可，sqrt()需要用到 math 库。math 库的介绍在 4.3.1 节。读者可以查询资料改写本示例。

2.3.3　异常处理

异常处理（exceptional handling）是编程语言里的一种机制，是为防止未知错误产生所采取的处理措施。异常处理用于处理软件或信息系统中出现的异常状况。

1. 异常处理的形式

异常处理的形式如下：

```
try:
    <语句块 1>
except:
    <语句块 2>
```

对于上面的异常处理语句，当执行语句块 1 出现异常时，则捕捉该异常，并在语句块 2 中进行错误处理。

如果在 except 后增加异常类型，即指定具体类型的处理方法。处理特定类型异常的形式如下：

```
try:
    <语句块 1>
except <异常类型>:
    <语句块 2>
```

举例：

```
num = int(input("请输入一个整数："))
print(num**2)
```

在这两行代码中，如果用户没有输入整数，则会产生异常，并弹出下面的错误提示。错误提示指明了异常发生的异常类型，即 ValueError。但是，因为没有为异常处理指定任何操作，此时程序就会异常退出，终止执行，错误提示如图 2-7 所示。

```
请输入一个整数: ab
Traceback (most recent call last):
  File "D:/tmp/python/tt.py", line 1, in <module>
    num = int(input("请输入一个整数："))
ValueError: invalid literal for int() with base 10: 'ab'
```

图 2-7　错误提示

【**例 2.16**】　编程实现下面功能。输入一个整数,输出该整数的平方值,如果用户输入的不是整数,则输出提示信息"输入不是整数"。

【**分析**】　对程序增加 try-except 异常处理。

程序代码如下:

```
try:
    num = int(input("请输入一个整数: "))
    print(num**2)
except:
    print("输入不是整数")
```

也可以增加对应的异常类型进行处理,仅响应 ValueError 此类异常。

```
try:
    num = int(input("请输入一个整数: "))
    print(num**2)
except ValueError:
    print("输入不是整数")
```

程序说明:如果对于异常类型并不明确,则可以不加异常类型,这样可以捕捉到所有的异常。

2. 异常处理的高级用法

异常处理的高级用法是在异常处理语句中增加 else 和 finally。异常处理的高级用法形式如下:

```
try:
    <语句块 1>
except:
    <语句块 2>
else:
    <语句块 3>
finally:
    <语句块 4>
```

else 对应语句块 3 在不发生异常时执行。finally 后的语句块 4,无论是否发生异常,都会执行。由此可见,finally 后的语句块 4 一定会执行。

2.4　本 章 小 结

本章介绍了 Python 概述、Python 基础知识、Python 控制结构三方面的内容。想要熟练掌握 Python 基础语法,需要自行安装 Python 编程环境,编程实践本章所有的例题,进一步加深对相关知识的理解。

2.5　拓 展 延 伸

本节介绍常用的第三方库的安装方法。

Python 语言的内置库称为标准库，其他库统称为第三方库。Python 官方的第三库安装平台为 https://pypi.org/，目前已有 30 多万个第三方库发布。Python 包括库（library）、模块（module）、类（class）和程序包（package）等多种形式的可重用代码。基于计算生态思想，Python 编程的特点不再是探究每个算法的具体设计和实现，Python 编程的关键是怎么利用各种第三方库提供的函数。

Python 标准库随着 Python 安装包一起发布，用户可以直接使用。而第三方库则需要下载安装包并安装之后，才能够使用。pip 工具是最常用高效的第三方库安装方式。pip 是 Python 的内置命令，需要在 cmd 命令行运行。

pip 支持安装（install）、下载（download）、卸载（uninstall）、列表（list）、查看（show）、查找（search）等子命令。

使用 pip 命令安装库的形式如下：

```
pip install 库名
```

例如，安装第三方库 wordcloud 可以使用下面命令，则 pip 工具自动连接网络上的安装包源，下载安装包，并安装 wordcloud 库。

```
pip install wordcloud
```

卸载已安装库的形式如下：

```
pip uninstall 库名
```

如果想浏览系统已经安装的第三方库，可以使用下面的命令形式：

```
pip list
```

如果想了解某个已安装的第三方库的具体信息，可以使用下面的命令形式：

```
pip show 库名
```

pip download 命令只下载第三方库的安装包，但是并不执行安装操作。

注意：pip 是 Python 安装第三方库的最主要形式，绝大部分的第三方库都可以通过 pip install 子命令自动安装，对于使用 pip 自动安装失败的库，可以尝试用自定义安装和文件安装等其他方式进行安装。

自定义安装是指按照第三方库提供的步骤和方法进行安装。

文件安装是指从第三方库网站找到合适的源文件（.whl 文件），下载到本地磁盘。然后采用 pip install 子命令安装该文件。

目前,应用较为广泛的重要的第三方库及其用途如表 2-7 所示。注意:pip 安装所使用的名字与库名并不完全相同。而且,用 pip install 安装以及用 import 引用的时候,库名一般都是用小写字母。

表 2-7　常见的第三方库

库　名	用　途	pip 安装命令
NumPy	存储多维数组和矩阵	pip install numpy
Matplotlib	二维数据可视化	pip install matplotlib
PIL	图像处理	pip install pillow
scikit-learn	机器学习和数据挖掘	pip install sklearn
Requests	HTTP 协议访问及网络爬虫	pip install requests
jieba	中文分词	pip install jieba
wordcloud	词云	pip install wordcloud
Beautiful Soup	HTML 和 XML 解析器	pip install beautifulsoup4
wheel	Python 第三方库文件打包工具	pip install wheel
PyInstaller	打包 Python 源文件为可执行文件	pip install pyinstaller
Django	Python 最流行的 Web 开发框架	pip install django
Flask	轻量级 Web 开发框架	pip install flask
WeRoBot	微信公众号开发框架	pip install werobot
SymPy	数学符号计算	pip install sympy
pandas	高效数据分析和计算	pip install pandas
NetworkX	复杂网络和图结构的建模和分析	pip install networkx
PyQt5	基于 Qt 的专业级 GUI 开发框架	pip install pyqt5
PyOpenGl	多平台 OpenGL 开发接口	pip install pyopengl
docopt	Python 命令行解析	pip install docopt
pygame	简单小游戏开发框架	pip install pygame

习　题　二

1. 选择题

(1) 关于 Python 程序格式框架的描述,错误的是(　　)。

A. Python 语言不采用严格的"缩进"来表明程序的格式框架

B. Python 语言的缩进可以用 Tab 键实现

C. Python 单层缩进代码属于之前最邻近的一行非缩进代码

D. 分支、循环、函数等语法形式能够通过缩进包含一组 Python 代码

（2）下面（　　）不是合法的变量名。

　　A. C_area　　　　　B. _address　　　　　C. a2　　　　　D. C-area

（3）下面代码的输出结果是（　　）。

```
print(pow(2,10))
```

　　A. 1024　　　　　B. 20　　　　　C. 100　　　　　D. 12

（4）执行以下代码段后，y 的值是（　　）。

```
x=0
y=10 if x>0 else 10
```

　　A. −10　　　　　B. 0　　　　　C. 10　　　　　D. 20

　　E. 非法的表达式

2. 编程题

（1）编写程序，使用 math 库中的 sqrt()函数，计算下列数学表达式的结果并输出，小数点后保留 3 位小数。

$$x=\sqrt{\frac{(3^4+5\times6^7)}{8}}$$

（2）用户输入矩形的长和宽，计算矩形面积并输出，将计算结果四舍五入，保留两位小数。

（3）判断用户输入的一串字符是否为回文。回文即字符串中所有字符逆序组合的结果与原来的字符串相同。比如，"12321"是回文，"as12sa"不是回文。

（4）编写一段程序，实现数学分段函数的计算。

要求：

① 从键盘输入自变量 x 的值，根据 x 的值，计算并输出函数 y 的值。

② y 值保留 2 位小数。

$$y=\begin{cases}1+\sin x, & x\leqslant-1\\|x+1|, & -1<x\leqslant2\\3+x^2, & x>2\end{cases}$$

（5）求 e 的近似值 A。自然常数 e 可以用级数 $1+1/1!+1/2!+\cdots+1/n!$ 来近似计算。

要求编程实现：输入非负整数 n，求该级数的前 n 项和，保留小数点后 8 位。

第 3 章

Python 函数及组合数据类型

本章导读

本章介绍函数和组合数据类型。函数部分包括函数的定义与调用、函数的参数传递、函数递归三个方面的内容。组合数据类型部分包括序列类型、集合类型、映射类型等。

本章重点介绍函数的定义与调用,以及列表、集合和字典类型等。

学习目标

- 能描述函数的作用。
- 会定义函数并进行调用。
- 能描述函数递归的使用场景及条件。
- 能描述各种组合数据类型的特点及作用。
- 会熟练使用列表类型的常用操作。
- 会熟练使用字典类型的常用操作。

各例题知识要点

例 3.1 定义函数求阶乘(函数的定义与调用)

例 3.2 定义函数输出固定字符串(无参数函数)

例 3.3 定义函数求三个数之和(可选参数)

例 3.4 定义函数输出学生信息(可变参数)

例 3.5 计算 1 到 n 的总和及平均值(返回多个值)

例 3.6 求阶乘(局部变量的作用范围)

例 3.7 求阶乘(使用 global 保留字)

例 3.8 追加成绩(组合数据类型为全局变量)

例 3.9 追加成绩(组合数据类型为局部变量)

例 3.10 计算 x 的 y 次方的值(lambda 函数)

例 3.11 求阶乘(函数递归)

例 3.12 求斐波那契数列(函数递归)

例 3.13 定义颜色元组(元组的定义与索引)

例 3.14 输入成绩(定义列表并追加元素)

例 3.15 删除不合理成绩(删除列表元素)

例 3.16 输出前三位的成绩(列表排序)

例 3.17 不同类型元素的集合(集合与转换)

例 3.18 去除重复的姓名(集合去重复)

3.1　函　　数

函数是一段具有特定功能的、可重用的代码。函数是功能的抽象，一般来说，每个函数表达特定的功能。

使用函数的主要目的有两个：

（1）降低编程难度。

（2）代码复用。

如果将数学公式的计算过程定义为函数，则只要调用函数即可使用该计算过程。例如，数学中的组合数计算，即从 n 个元素中不重复地选取 m 个元素，如计算公式 3.1 所示。

$$C_n^m = \frac{A_n^m}{m!} = \frac{n!}{m!\,(n-m)!} \tag{3.1}$$

从公式可以看出，计算组合数，需要多次计算阶乘。如果要编程来计算组合数的话，可以把求阶乘的代码抽象出来，定义为一个函数，然后在计算组合数的过程中多次使用求阶乘的函数。使用函数既可以降低编程难度，又能多次复用代码，提高代码效率。

函数需要先定义后调用。本节将围绕函数的定义与调用、函数的参数传递、函数的递归三方面的内容展开介绍。

3.1.1　函数的定义与调用

1. 函数的定义

函数的定义形式如下：

```
def <函数名> (<0 个或多个形式参数>):
    <函数体>
    return <返回值>
```

在函数的定义中，函数名是函数的标识。函数名后面是用圆括号括起来的形式参数列表，形式参数列表可以包含 0 个或多个形式参数。形式参数用来接收外部传递给函数的数据，如果函数的运行不需要提供参数，则可以不要形式参数，此时圆括号中是空的。但是，不管圆括号内的参数是否为空，圆括号本身都不能省略。

函数体是实现函数功能的，需要若干条语句。注意函数体要缩进。

如果函数需要给外界带回运算结果的话，可以使用 return 语句。return 后可以列出 0 个或多个数据。return 后面没有数据时，return 的作用是返回到主调语句，不带回任何数据。当 return 后面有一个数据时,将该数据作为结果带回。当 return 后面有多个数据时,将把多个数据带回。

【例 3.1】　定义求阶乘的函数,计算 n!。

【分析】　先定义一个函数 fact(),求阶乘,然后提供实际参数调用函数,并输出函数返回值。

程序代码如下:

```
def fact(n):
    s = 1
    for i in range(1, n+1):
        s *= i
        return s
m = fact(8)
print(m)
```

在本例中,变量 n 是形式参数,计算得到的阶乘值存放在变量 s 中,通过 return 返回 s 的值。

定义函数需要注意以下几点:

- 定义函数时,参数是输入、函数体是处理、return 返回的结果是输出,即遵循 IPO 流程。
- 定义函数时,圆括号中的参数是形式参数;调用函数时,圆括号中的参数是实际参数。
- 函数调用后得到返回值。
- 定义函数后,必须调用,才能真正运行函数中的形式代码。实际参数替换定义中的形式参数。
- 函数定义后,如果不调用,则不会被执行。

2. 函数的调用

在例 3.1 中,函数定义里的变量 n 是形式参数。在函数定义后,通过语句 m=fact(8) 调用函数,这里的 8 为实际参数。

整个调用过程中数据的传递情况如图 3-1 所示。在函数调用过程中,实际参数 8 传递给形式参数 n,经过计算得到结果 s=40320,通过 return 将 s 的值 40320 返回,赋值给 m 并输出。

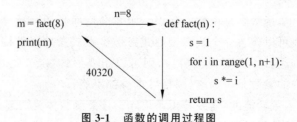

图 3-1　函数的调用过程图

3.1.2　函数的参数传递

参数传递形式有无参数传递、可选参数传递、可变参数传递等几种情况。

1. 无参数传递

无参数传递的函数定义形式如下：

```
def <函数名>() :
    <函数体>
    return <返回值>
```

注意：函数可以有参数，也可以没有参数，但即使没有参数，也必须保留圆括号。

【例 3.2】　定义一个无参数函数，输出"This is a function"。

【分析】　无参数函数即函数名后的括号内不加任何参数，注意括号不能省略。

程序代码如下：

```
def func() :
    print("This is a function")
func()
```

程序说明：这是一个无参数的函数形式，调用时没有传入参数值。

2. 可选参数传递

可选参数就是在定义函数时就指定默认值的参数。可选参数函数的定义形式如下：

```
def <函数名>(<非可选参数>, <可选参数>=<默认值>) :
    <函数体>
    return <返回值>
```

注意：可选参数必须放在非可选参数的后面。

【例 3.3】　定义求三个数之和的函数，包含 3 个参数，其中 2 个是可选参数，默认值分别是 3 和 5。

【分析】　函数参数包含可选参数时，可选参数要放在非可选参数之后。

程序代码如下：

```
def Sum(a,b=3,c=5):
    return a+b+c
print(Sum(8))
print(Sum(8,2))
```

程序运行结果为：

```
16
15
```

程序说明：

（1）在本例中，函数 Sum 共有 3 个参数，分别是 a、b、c。其中 b 和 c 是可选参数，在定义时给定了默认值，分别是 3 和 5。

（2）通过 print(Sum(8)) 调用时，只给了一个参数 8，赋给 a，因此 b 和 c 取默认值。而在通过 print(Sum(8,2)) 调用时，给了两个参数，则 c 会取默认值 5。

3. 可变参数传递

当定义函数时，如果参数数量不确定，则可以将形式参数指定为可变参数。

可变参数传递函数形式如下：

```
def <函数名>(<参数>, * b):
    <函数体>
    return <返回值>
```

其中，带星号 * 的参数即为可变参数，可变参数只能出现在参数列表的最后。一个可变参数代表一个元组。有关元组的知识将会在本章后续讲解。

【例 3.4】 定义一个可变参数函数，输出学生的学号、姓名和喜爱的运动项目。

【分析】 每个学生喜爱的运动项目可能有多个，因此，运动项目考虑用可变参数存储。

程序代码如下：

```
def stu ( num , name, * sports):
    print("num:", num, "name:", name , "sports:" , sports)
stu("2020001", "Wang")
stu("2020002", "Li", "running")
stu("2020003", "Zhao", "running", "skating")
```

输出结果为：

```
num: 2020001 name: Wang sports: ( )
num: 2020002 name: Li sports: ('running',)
num: 2020003 name: Zhao sports: ('running', 'skating')
```

程序说明：

（1）参数 sports 前面加星号，表示 sports 是可变参数。

（2）调用 stu 函数时，可以不提供值给 sports 参数；也可以为其指定一个参数值，比如"running"；还可以为 sports 提供两个或多个参数值，如"running"和"skating"两个值。

3.1.3 函数的返回值

函数可以返回 0 个或多个结果，传递返回值用 return 保留字。如果不需要返回值，则可以没有 return 语句。return 可以传递 0 个返回值，也可以传递任意多个返回值。

下面举例说明如何利用 return 传递多个返回值。

【例 3.5】 编写函数,计算 1 到 n 的总和及平均值,并返回总和值及平均值。

【分析】 函数有两个返回值,分别是总和值和平均值。使用 return 语句,逗号分隔两个返回值。

程序代码如下:

```
def func(n,m):
    s=0
    for i in range(1,n+1):
        s+=i
    return s,s/m
s,ave=func(10,10)
print(s, ave)
```

运行结果为:

```
55 5.5
```

程序说明:

(1) 在定义 func() 函数时,首先接收两个值分别存放到形式参数 n 和 m 中,然后通过 for 循环求得 1 至 n 的和,并存放在变量 s 中,最后函数返回 s 的值及 s 除以 m 的商。程序通过一个 return 返回了两个值。

(2) 在调用 func() 函数时,实际参数 10 和 10 分别传递给形式参数 n 和 m。func 函数计算并返回和值 55 及商 5.5。最后,输出带回的总和值及平均值。

3.1.4 局部变量和全局变量

根据变量的作用范围,变量可以分为局部变量和全局变量。

全局变量在整个程序范围内均有效,而局部变量仅在本函数内有效,如图 3-2 所示。

图 3-2 局部变量和全局变量的作用范围

【例 3.6】 编写函数计算 n 的阶乘,并调用该函数求 8!,在函数外和函数内有同名变量 s,在函数外 s 初始化为 10,在函数内用于返回求得的阶乘值。

【分析】 求阶乘的函数,存放结果的变量应初始化为 1。

程序代码如下:

```
n, s = 8, 10            #n 和 s 是全局变量
def fact(n) :           #fact() 函数中的 n 和 s 是局部变量
```

```
    s = 1
    for i in range(1, n+1):
        s *= i
    return s
print(fact(n), s)      #此处的 n 和 s 是全局变量
```

运行结果为：

```
40320 10
```

程序说明：

(1) 在函数 fact() 内，参数 n 以及用到的 s 均为 fact() 函数的局部变量。该函数计算得到 n! 的值，并将结果通过 s 返回。函数运行结束后，fact() 函数中的局部变量 n 和 s 将会被释放。

(2) 在 fact() 函数外，print() 输出参数中出现的 n 和 s 是全局变量。全局变量 n 为 8，全局变量 s 的值始终为 10。

注意：局部变量是函数内部的变量，有可能与全局变量重名，但它们代表不同的存储空间。

函数外部出现的变量是全局变量，函数内部出现的变量是局部变量。这一点类似于现实生活中，两栋楼均存在 201 号房间，虽然两个房间的名称一样，但是，两个 201 房间代表的是不同的实体。而且，局部变量和全局变量的存在周期不同。全局变量所占用的存储空间在程序的整个运行阶段均存在。但是，函数内部的局部变量只有在开始调用函数时才分配存储空间，函数调用结束后，局部变量所占的存储空间就会被释放掉。

1. 局部变量和全局变量是不同变量

如果想在函数内部使用全局变量，可以使用 global 保留字。例 3.7 是一个使用 global 保留字的示例。

【例 3.7】 修改例 3.6，利用保留字 global 修饰变量 s，观察输出的结果 s 有何不同。

【分析】 在函数内使用 global 关键字。

程序代码如下：

```
n, s = 8, 10              #n 和 s 是全局变量
def fact(n):              #fact() 函数中的 n 是局部变量，s 是全局变量
    global s
    for i in range(1, n+1):
        s *= i
    return s
print(fact(n), s)         #n 和 s 是全局变量
```

运行结果为：

```
403200 403200
```

程序说明：在本例中，函数 fact() 内部的变量 s 前面增加了保留字 global，表明 s 为全局变量，此处的 s 与函数 fact() 外部的 s 为同一个变量。因此，在退出函数之后，函数 fact() 内部对 s 的修改依然保留。

2. 若局部变量为组合数据类型且未创建，则该变量等同于全局变量

Python 语言有列表、集合、元组、字典等组合类型。具体在 3.2 节介绍，在此先了解其在作为全局变量和局部变量上的差别。

【例 3.8】　使用列表存储一组成绩数据，向列表中追加一个成绩，追加用函数实现。

【分析】　定义函数向列表中追加一个元素。

程序代码如下：

```
ls = [90,88,69,92]
def func(a):
    ls.append(a)
    return
func(78)
print(ls)
```

运行结果为：

```
[90, 88, 69, 92, 78]
```

程序说明：在本例中，首先创建一个列表 ls，ls 为全局变量。在函数 func() 内部没有创建 ls，向列表 ls 中追加元素值 78。这种情况下，函数内部的 ls 就等同于全局变量 ls。调用该函数，即将 78 增加到 ls 中，输出结果表示列表 ls 在函数 func() 的内部从四个元素增加为五个元素。

【例 3.9】　改写例 3.8，在函数内部创建列表后追加。

程序代码如下：

```
ls = [90,88,69,92]
def func(a):
    ls=[]
    ls.append(a)
    print("函数内 ls 为:",ls)
    return
func(78)
print("函数外 ls 为:",ls)
```

运行结果为：

```
函数内 ls 为: [78]
函数外 ls 为: [90, 88, 69, 92]
```

程序说明：

（1）在本例中，在函数 func() 内部创建一个列表 ls，且初始化为空列表。这种情况下，函数内部的 ls 为局部变量。

（2）从程序的运行结果可以看出，第一次在函数内输出的是局部变量 ls，第二次在函数外输出的是全局变量 ls。两个变量虽然名称相同，但是不同的变量，所占的存储空间不同，存储内容也不相同。

简单总结局部变量和全局变量的使用规则如下：

- 对于基本数据类型，无论是否重名，局部变量和全局变量是不同的。
- 如果想要在函数内部使用全局变量，可以使用 global 保留字。
- 对于组合数据类型，只要函数内局部变量没有真正创建，就默认为全局变量。

3.1.5 lambda 函数

lambda 函数是一种匿名函数。定义时需要使用 lambda 保留字，且直接用函数名返回结果。lambda 函数一般用于定义能够在一行内表示的简单函数。

lambda 函数形式如下：

```
<函数名> = lambda <参数>：<表达式>
```

lambda 函数可以等价替换成 def 定义的函数。冒号 : 之前可以有 0 个或多个参数。即上面的语句等价于下面的函数定义。

```
def <函数名>(<参数>) :
    <函数体>
    return <返回值>
```

【例 3.10】 定义 lambda 函数，计算 x 的 y 次方的值。

【分析】 按照 lambda 函数的定义形式，包括两个参数，分别是 x 和 y。

程序代码如下：

```
>>> f = lambda x, y : x ** y
>>> f(2, 3)
```

输出结果为：

```
8
```

程序说明：

（1）定义函数 f，包括两个参数 x 和 y。函数功能是计算 x 的 y 次方。调用并指定参数分别为 2 和 3，函数返回结果是 8。如果改写成 def 形式，如图 3-3 所示。

（2）lambda 函数主要用于一些特定函数或方法的参数，有一些固定使用方式，建议逐步掌握。一般情况下，建议使用 def 定义的普通函数。注意谨慎使用 lambda 函数。

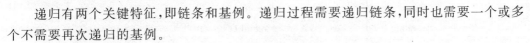

图 3-3　lambda 函数的等价形式

3.1.6　函数递归

递归是数学归纳法思维的编程体现。本节将从递归的定义、递归的实现、递归的调用过程、递归应用举例四个方面进行介绍。

1. 递归的定义

递归即函数定义中调用函数自身的方式。

递归有两个关键特征,即链条和基例。递归过程需要递归链条,同时也需要一个或多个不需要再次递归的基例。

2. 递归的实现

按照递归的两个关键特征,采用函数和分支语句来实现。

因为递归是函数调用自身的方式,因此,递归本身就应该是函数,必须用函数定义方式来描述。函数内部需要两个关键特征,即基例和链条。递归的实现方法是,判断输入参数是否是基例,如果是则直接给出结果,否则按照链条给出对应的调用自身的代码。

【例 3.11】　定义递归函数,求 $n!$。

【分析】　求阶乘的过程可以理解为递归过程。

$$n! = \begin{cases} 1, & n = 0 \\ n(n-1)!, & \text{其他} \end{cases} \qquad (3.2)$$

当 n 为 0 时,结果为 1,否则返回 $n-1$ 作为参数调用自身,并返回 n 与 $(n-1)!$ 的乘积。

程序代码如下:

```python
def fact(n):
    if n==0:
        return 1
    else:
        return n * fact(n-1)
```

程序说明:当 n 等于 0 时,阶乘值返回 1,否则通过 n 和 $(n-1)$ 的阶乘的乘积得到结果,因此需要调用函数求 $(n-1)$ 的阶乘。

有关递归的实现,需要注意以下几点:

- 递归本身是一个函数,需要函数定义方式描述。
- 递归的实现需要函数 ＋ 分支语句。
- 在函数内部,采用分支语句对输入参数进行判断。

3. 递归的调用过程

下面通过调用求阶乘的递归函数,说明递归函数的执行过程。

求 5 的阶乘,即用 5 作为实际参数调用函数 fact(),调用过程以及参数值的传递情况如图 3-4 所示。

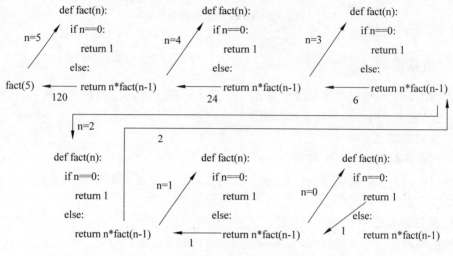

图 3-4　递归函数中数据的传递过程

从 fact(5) 开始调用 fact() 函数,直到 n＝0 时,到达基例后开始返回,逐级返回上级调用位置,并带回计算结果。

4. 递归应用举例

【例 3.12】　利用递归方法,求斐波那契数列第 10 项。

【分析】　斐波那契数列是一个典型的可以使用递归实现的示例。斐波那契数列为:1,1,2,3,5,8,13,21,34,55,…。数列各项计算公式如下:

$$F(n) = \begin{cases} 1, & n = 1 \\ 1, & n = 2 \\ F(n-1) + F(n-2), & 其他 \end{cases} \tag{3.3}$$

斐波那契数列的基例为:当 n＝1 或 n＝2 时,F(n) 的值为 1。其他情况下,使用递归链条,调用自身,得到 F(n−1) 与 F(n−2) 的和,作为 F(n) 的值。

程序代码如下:

```
def fib(n):
    if n==1 or n==2:
        return 1
    else:
        return fib(n-1)+fib(n-2)
print(fib(10))
```

输出结果为:

3.2　组合数据类型

组合数据类型是与基本数据类型相对的,基本数据类型的数据是单一的数,而组合数据类型的数据是一组数。

组合数据类型包括序列类型、集合类型、映射类型等多种类型。

3.2.1　序列类型

序列类型,顾名思义,是具有先后顺序的一组元素。序列类型相当于其他编程语言中的一维数组。序列类型与数组的区别在于,Python 中序列的各元素可以属于不同类型,而数组的各元素必须是属于同一种类型。

序列类型数据通过序号来表示元素的先后顺序,并通过序号来访问每个元素。序列是基类,序列包括字符串类型、元组类型、列表类型等形式的子类,如图 3-5 所示。其中,字符串类型已在前面基本数据类型部分进行了介绍。

图 3-5　序列类型的子类

1. 序号的定义

序列类型的序号包括正向递增序号和反向递减序号两种。其中,正向递增序号从 0 开始自左向右递增。反向递减序号从 -1 开始自右向左递减。如图 3-6 所示,为列表["China", 3.1415,1024,(2,3),[95,83,100]]中各个元素的值以及序号情况。

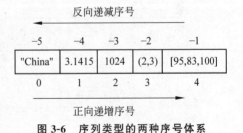

图 3-6　序列类型的两种序号体系

2. 序列类型通用操作符

序列类型的通用操作符如表 3-1 所示,表中也列出了序列常用的函数。

表 3-1　序列类型的通用操作符和函数表

操作符及应用	描　述
x in s	如果 x 是序列 s 的元素,则返回 True,否则返回 False。例如: >>>(2,3) in ["China", 3.1415, 1024, (2,3), [95,83,100]] True
x not in s	如果 x 是序列 s 的元素,则返回 False,否则返回 True。例如: >>>2 not in ["China", 3.1415, 1024, (2,3), [95,83,100]] True

续表

操作符及应用	描　述
s+t	连接两个序列 s 和 t。例如： >>>[1,2,3]+[4,5,6] [1, 2, 3, 4, 5, 6]
s*n 或 n*s	将序列 s 复制 n 次(s 为字符串,n 为整数)。例如： >>>[1,2,3]*2 [1, 2, 3, 1, 2, 3]
s[i]	索引,返回 s 中的第 i+1 个元素,i 是序列的序号。例如： >>>s=["China", 3.1415, 1024, (2,3)] >>>s[1] 3.1415
s[i:j]或 s[i:j:k]	切片,返回序列 s 中第 i+1 到 j 以 k 为步长的元素子序列。例如： >>>s=["China", 3.1415, 1024, (2,3)] >>>s[1:3] [3.1415, 1024]
len(s)	返回序列 s 的长度,即元素个数。例如： >>>s=["China", 3.1415, 1024, (2,3)] >>>len(s) 4
min(s)	返回序列 s 的最小元素,s 中元素应可比较。例如： >>>min([33,77,11,44]) 11
max(s)	返回序列 s 的最大元素,s 中元素应可比较。例如： >>>max([33,77,11,44]) 77
s.index(x)或 s.index(x, i, j)	返回序列 s,序号从 i 到 j 中,第一次出现元素 x 的位置。例如： >>>"banana".index("a") 1
s.count(x)	返回序列 s 中出现 x 的总次数。例如： >>>"banana".count("a") 3

对于常用的操作说明如下：

- in 与 not in 用于判断是否为序列中的元素,返回结果是布尔类型的数据,即 True 或 False。
- +用于连接两个序列,结果是一个更大的序列,序列内容是在第一个序列的所有元素后面追加第二个序列的所有元素。
- * 用于复制操作符,即将序列 s 复制 n 次,结果是一个更大的序列。
- []用于索引,s[i]返回其中序号为 i 的元素。
- s[i:j]或 s[i:j:k]用于切片,即截取序列的元素子序列。s[i:j]返回序列 s 中序号从 i 到 j−1 的元素子序列,s[i:j:k] 返回序列 s 中序号从 i 到 j−1、以 k 为步长的元素构成的子序列。需要注意的是,序列中第 1 个元素的序号为 0,因此序号为 i 的元素是序列中的第 i+1 个元素。

- len(s) 返回序列 s 的长度,即元素个数。
- min(s) 返回序列 s 的最小元素,s 中元素应可比较。
- max(s) 返回序列 s 的最大元素,s 中元素应可比较。
- s.index(x)或 s.index(x, i, j) 返回序列 s 从 i 开始到 j 位置第一次出现元素 x 的位置。
- s.count(x) 返回序列 s 中出现 x 的总次数。

3. 元组

元组是一种序列类型,一旦创建就不能被修改。创建元组可以使用小括号或 tuple()函数,元素间用英文逗号分隔。元组类型的变量赋值时可以使用或不使用小括号。

可以使用如下代码定义名为"color"的元组,分别是黑白和彩色。

```
>>> color="bw","multicolor"
>>> print(color)
```

运行后的输出结果如下:

```
('bw', 'multicolor')
```

给元组赋值时,小括号可以省略,输出时会自动添加小括号。

【例 3.13】 已知有元组 color 如下:

```
color=("bw",multicolor)
```

将其中的 multicolor 定义为包含红、绿、蓝三种颜色的元组,并输出其中的绿色值。

【分析】 color 是一个元组,其中的元素 multicolor 也要定义为元组。

程序代码如下:

```
multicolor=("Red","Green","Blue")
color=("bw",multicolor)
print(color)
print(color[1][1])
```

运行结果为:

```
('bw', ('Red', 'Green', 'Blue'))
Green
```

程序说明:元组 color 的第二个元素为一个元组,访问元组 color 中的元素"Green",需要首先使用索引为 1,定位到 color 的第 2 个元素;然后,进一步根据绿色所在的索引值

1，取出"Green"。

元组继承序列类型的全部通用操作。元组创建后不能修改，因此元组没有特殊操作。

4. 列表

列表是一种常用的序列类型，创建后可以被随意修改。使用方括号[]或 list()创建，元素间用英文逗号(,)分隔。列表中各元素的类型可以不同，且列表无长度限制。

列表的常用操作和函数如表 3-2 所示。

表 3-2　列表类型的操作符和函数

函数或方法	描　　述
ls[i]=x	替换列表 ls 第 i+1 个元素为 x
ls[i:j:k]=lt	用列表 lt 替换 ls 切片后所对应元素子列表
del ls[i]	删除列表 ls 中第 i+1 个元素
del ls[i:j:k]	删除列表 ls 中序号从 i 到 j 以 k 为步长的元素
ls+=lt	更新列表 ls，将列表 lt 元素增加到列表 ls 中
ls*=n	更新列表 ls，其元素重复 n 次

列表的常用方法如表 3-3 所示。

表 3-3　列表的常用方法表

函数或方法	描　　述
ls.append(x)	在列表 ls 最后增加一个元素 x
ls.clear()	删除列表 ls 中所有元素
ls.copy()	生成一个新列表，赋值 ls 中所有元素
ls.insert(i,x)	在列表 ls 的第 i+1 个位置增加元素 x
ls.pop(i)	将列表 ls 中第 i+1 个位置元素取出并删除该元素
ls.remove(x)	将列表 ls 中出现的第一个元素 x 删除
ls.reverse()	将列表 ls 中的元素反转
ls.sort()	将列表 ls 中的元素排序，使用 reverse 参数指定升序或降序

【例 3.14】　输入 6 名学生的成绩并存入列表。

【分析】　循环输入，使用 append()方法追加到列表，最后输出。

程序代码如下：

```
score_list=[]
for i in range(6):
    score=eval(input())
    score_list.append(score)
print(score_list)
```

输出结果为：

```
输入：
78
90
89
65
80
98
输出：
[78, 90, 89, 65, 80, 98]
```

程序说明：score_list 为一个列表，每输入一个成绩，添加到 score_list 中。

【例 3.15】　删除不合理的成绩数据。

【分析】　通过取列表元素、列表合并、删除列表元素体会列表的操作方法。

按照索引取列表元素的程序代码如下：

```
score_list=[99, 87,103,89, 68, 83, 98,-32]
for i in score_list:
    if i<0 or i>100:
        score_list.remove(i)
print(score_list)
```

输出结果为：

```
[99, 87, 89, 68, 83, 98]
```

程序说明：删除不合理的成绩，按照百分制成绩的范围，将低于 0 分和大于 100 分的成绩删除，需要在整个成绩列表中进行循环遍历，满足条件的执行 remove() 操作进行删除。

如果要进行两个列表的合并，可以使用如下的代码：

```
score_list=[99, 87, 89, 68, 83, 98]
new_list=[58,73,98]
score_list+=new_list
print(score_list)
```

输出结果为：

```
[99, 87, 89, 68, 83, 98, 58, 73, 98]
```

如果要删除第 5 位同学的成绩，可以使用 del，按照索引进行删除，在上述成绩列表的基础上，可以使用如下代码：

```
del score_list[4]                #删除列表中的索引为 4 的元素 83
```

得到新的列表：

```
[99, 87, 89, 68, 98, 58, 73, 98]
```

程序说明：列表元素的索引从 0 开始，两个列表可以使用"＋"进行合并，即按照顺序连接成一个列表。

插入一个元素，使用 insert()方法，可以指定插入的具体位置。例如，要在上述成绩列表的基础上，在第 5 个位置上插入成绩 100，可以使用如下代码：

```
score_list.insert(4,100)
```

由于第 5 个位置，对应的索引号为 4，因此 insert()的第一个参数是 4，第二个参数是要插入的值。得到的新成绩列表：

```
[99, 87, 89, 68, 100, 98, 58, 73, 98]
```

【例 3.16】 已知成绩列表为[99，87，89，68，100，98，58，73，98]，按照从高到低，输出前三位的成绩。

程序代码如下：

```
score_list=[99, 87, 89, 68, 100, 98, 58, 73, 98]
score_list.sort(reverse=True)
print(score_list[:3])
```

输出结果为：

```
[100, 99, 98]
```

程序说明：列表的 sort()方法功能是将列表中的元素排序。排序默认是升序排列，如要实现降序排序，需指定参数 reverse 为 True，即形如 score_list.sort(reverse＝True)。输出前三名成绩，即输出排序后列表的前三个数，使用切片得到。

列表用于数据可改变的场景。因为列表元素本身也可以是组合数据类型，因此列表也经常用于存储多维数据。元组用于元素不改变的应用场景。如果要保护数据不被改变，可以将列表数据转换成元组类型。

3.2.2　集合类型

集合类型与数学中的集合概念一致。集合是多个元素的无序组合。集合元素之间无序，每个元素唯一，不存在相同元素。

创建集合类型数据用大括号{}或 set()，元素间用逗号分隔。若建立空集合类型，则必须使用 set()。

【例 3.17】 定义集合的示例。

【分析】 集合元素分别为字符、字符串、元组三种情况,输出集合元素,体会集合元素唯一和无序的特点。

程序代码如下:

```
A=set("python")
print(A)
B={"python","java","c++"}
print(B)
C={'bw',("red","green","blue")}
print(C)
```

输出结果为:

```
{'h', 'y', 't', 'n', 'p', 'o'}
{'java', 'c++', 'python'}
{('red', 'green', 'blue'), 'bw'}
```

程序说明:

(1) 集合 A 通过函数 set() 创建,将字符串转换为集合类型,即集合中包括每个字符,且无序。集合 B 通过大括号{}创建,包含三个元素,同样无序。集合 C 包含两个元素,其中一个元素是字符串,另一个元素是元组。

注意:集合元素不能是列表。

(2) 需要注意:由于集合的元素之间是无序的,因此,在不同的计算机中运行时,每次输出集合内容时,集合元素的顺序都不一样。

集合有四个基本操作,分别是并、差、交、补。与数学上的集合运算含义相同。各个操作结果如图 3-7 所示,其中有底纹的部分为各操作的结果。

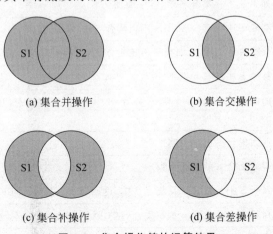

图 3-7　集合操作符的运算结果

集合的 6 个操作符,如表 3-4 所示。

表 3-4　集合的操作符

操作符及应用	描　　述
S1 | S2	并,返回一个新集合,包括在集合 S1 和 S2 中的所有元素
S1 & S2	交,返回一个新集合,包括同时在集合 S1 和 S2 中的元素
S1^S2	补,返回一个新集合,包括集合 S1 和 S2 中的非相同元素
S1-S2	差,返回一个新集合,包括在集合 S1 但不在集合 S2 中的元素
S1<=S2 或 S1<S2	返回 True/False,判断 S1 和 S2 的子集关系
S1>=S2 或 S1>S2	返回 True/False,判断 S1 和 S2 的包含关系

集合的 4 个增强操作符如表 3-5 所示,分别是并、差、交、补与赋值的结合,不仅执行并、差、交、补的操作,还会把运算结果存放到操作符左侧的集合变量 S 中。

表 3-5　集合的 4 个增强操作符

操作符及应用	描　　述
S|=T	并,更新集合 S,包括在集合 S 和 T 中的所有元素
S-=T	差,更新集合 S,包括在集合 S 但不在 T 中的元素
S&=T	交,更新集合 S,包括同时在集合 S 和 T 中的元素
S^=T	补,更新集合 S,包括集合 S 和 T 中的非相同元素

集合的常用操作函数和方法如表 3-6 所示。

表 3-6　集合的常用操作函数和方法

操作函数或方法	描　　述
S.add(x)	如果 x 不在集合 S 中,将 x 增加到 S
S.discard(x)	移除 S 中元素 x,如果 x 不在集合 S 中,不报错
S.remove(x)	移除 S 中元素 x,如果 x 不在集合 S 中,产生 KeyError 异常
S.clear()	移除 S 中所有元素
S.pop()	随机返回 S 的一个元素并在 S 中删除这个元素,更新 S,若 S 为空产生 KeyError 异常
S.copy()	返回集合 S 的一个副本
len(S)	返回集合 S 的元素个数
x in S	判断 S 中元素 x,x 在集合 S 中,返回 True,否则返回 False
x not in S	判断 S 中元素 x,x 不在集合 S 中,返回 True,否则返回 False
set(x)	将其他类型变量 x 转变为集合类型

集合类型的最重要应用场景就是数据去重。

【**例 3.18**】　集合的去重示例。将列表中的姓名进行去重,重复的姓名只保留一个。

【**分析**】　转换为集合就可以自动去重。

程序代码如下:

```
name_list=['张飞','赵云','关羽','刘备','张飞','曹操','刘备','诸葛亮']
print(name_list)
name_set=set(name_list)
print(name_set)
```

输出结果为:

```
['张飞', '赵云', '关羽', '刘备', '张飞', '曹操', '刘备', '诸葛亮']
{'曹操', '诸葛亮', '赵云', '张飞', '刘备', '关羽'}
```

程序说明:因为列表中允许有多个相同的元素,所以列表 name_list 中可以包含两个'张飞'和两个'刘备'。在语句 name_set＝set(name_list)中,函数 set()根据 name_list 的元素得到集合 name_set,因为集合中的元素不能重复,因此集合 name_set 中只保留一个'张飞'和一个'刘备'。将其他类型数据转换为集合的过程,就会把相同的元素删除,起到自动去重的目的。

3.2.3　映射类型

映射即键值对,键是对数据索引的扩展,是通过键来索引值的过程。

字典是"映射"的体现:键和值一一对应。字典中的键不允许重复。若存在重复的键,则前面的项自动失效。而且,键必须是不可变类型。字典是键值对的集合,键值对之间无序。

创建字典可以采用大括号{}和函数 dict(),键值对用英文符号冒号":"表示。下面是利用大括号创建字典的形式:

```
<字典变量> = {<键 1>:<值 1>, …, <键 n>:<值 n>}
```

【**例 3.19**】　定义字典的示例。键值对分别是三个国家的名称和首都。

【**分析**】　采用直接赋值方式,每个键值对用逗号分隔。

程序代码如下:

```
d={'China':'Beijing','France':'Paris','US':'Washington'}
print(d)
print(type(d))
```

输出结果为:

```
{'China': 'Beijing', 'France': 'Paris', 'US': 'Washington'}
<class 'dict'>
```

程序说明：使用 type(d)输出 d 的类型，dict 表示字典类型。

字典元素的引用，即通过键获得字典中的值。引用字典元素的形式如下：

```
<字典变量>[<键>]
```

修改字典元素值的形式如下：

```
<字典变量>[<键>] = <值>
```

【例 3.20】　引用字典元素值的示例。

【分析】　键作为索引，放在[]中，取得对应的值。

程序代码如下：

```
d={'China':'Beijing','France':'Paris','US':'New York'}
print(d)
print(d['China'])
d['US']='Washington'
print(d)
```

输出结果为：

```
{'China': 'Beijing', 'France': 'Paris', 'US': 'New York'}
Beijing
{'China': 'Beijing', 'France': 'Paris', 'US': 'Washington'}
```

程序说明：字典 d 的元素是国家和首都的对应关系，国家名为键，首都名为值。通过键'China'能够得到首都值'Beijing'。修改美国的首都为'Washington'，可以用赋值语句 d['US']='Washington'。利用函数 type()可以获取变量类型，变量 d 的类型为字典类型。

字典的常用函数和方法如表 3-7 所示。

表 3-7　字典的常用函数和方法

函数或方法	描　　述
del d[k]	删除字典 d 中键 k 对应的数据值
k in d	判断键 k 是否在字典 d 中，如果在返回 True,否则返回 False
d.keys()	返回字典 d 中所有的键信息
d.values()	返回字典 d 中所有的值信息
d.items()	返回字典 d 中所有的键值对信息
d.get(k,<default>)	键 k 存在，则返回相应值，若不存在则返回<default>值
d.pop(k,<default>)	键 k 存在，删除并返回值，若不存在则返回<default>值
d.popitem()	随机从字典 d 中删除一个键值对，以元组形式返回
d.clear()	删除所有的键值对
len(d)	返回字典 d 中元素的个数

【例 3.21】　字典常用函数和方法的示例。

【分析】　使用 keys()、values()、items()分别取字典所有的键、值、键值对,使用 del 删除对应的键值对,体会字典常用函数和方法的用法。

程序代码如下:

```
d={'China':'Beijing','France':'Paris','US':'Washington'}
print('Japan' in d)
print(d.keys())
print(d.values())
print(d.items())
del d["US"]
print(d)
```

输出结果为:

```
False
dict_keys(['China', 'France', 'US'])
dict_values(['Beijing', 'Paris', 'Washington'])
dict_items([('China', 'Beijing'), ('France', 'Paris'), ('US', 'Washington')])
{'China': 'Beijing', 'France': 'Paris'}
```

程序说明:

(1) 字典 d 创建时包含三个国家和首都的键值对。

(2) 'Japan' in d,用于判断'Japan' 是否是字典 d 中的键,结果是 False。

(3) d.keys()可以获取字典 d 中所有的键。

(4) d.values()可以获取字典 d 中所有的值。

(5) d.items()可以获取字典 d 中所有的键值对。

(6) del d["US"]作用是删除键为 US 的元素,则 US:Washington 键值对被删除。

(7) 字典 d 包含三个国家和首都的键值对。d.get('England','London')作用是获取键为'England'的值,若字典 d 中没有该键,则返回'London'。

字典类型的应用场景包括所有映射的场合。可以说,映射无处不在,键值对无处不在。例如,根据身份证号检索员工信息、根据姓名检索电话号码、根据用户名检索密码、根据国家检索首都等应用场景都会用到映射。

【例 3.22】　查询城市的区号。

【分析】　城市和区号以键值对的形式存放在字典中,用户输入城市名,按照城市名,从字典中取对应的值输出。

程序代码如下:

```
dic={'北京':'010','天津':'022','上海':'021','重庆':'023'}
city=input("请输入城市名:")
print("区号是:",dic.get(city,"查询不到"))
```

运行结果为：

请输入城市名：上海
区号是：021
请输入城市名：南京
区号是：查询不到

程序说明：本例中按照键取对应的值，使用了 get() 方法，第一个参数为要查询的键，第二个参数是当字典中查询不到时，返回的值。使用 dic[city] 也可以通过键取对应的值，但是如果 city 不存在，程序会报错。使用 get() 方法就避免了这个问题。

3.3　本章小结

本章主要介绍了函数和组合数据类型两方面的知识。

在函数部分，介绍了如何使用 def 保留字定义函数。函数可以没有参数也可以有多个参数，函数的参数分为非可选参数、可选参数和可变参数等。返回计算结果使用 return 保留字。声明全局变量使用 global。

组合数据类型包括序列类型、集合类型、映射类型。从应用场景看，元组用于数据不可改变的场景，集合用于数据去重，字典用于键值对匹配。组合数据类型有众多的函数和方法，需要通过加强实践练习掌握其用法。

3.4　拓展延伸

3.4.1　jieba 库

本节介绍一个处理中文文本时常用的分词库 jieba。jieba 是优秀的中文分词库。jieba 分词利用一个中文词库，确定中文字符之间的关联概率。中文文本需要通过分词获得单个的词语。在中文词库中，出现概率大的中文字符组合生成词组，形成分词结果。除了既有的分词结果，用户也可以把自认为在某个行业使用频率较高的词组添加到词库。

jieba 是第三方库，因此需要额外安装。jieba 库的安装方法是在 cmd 命令行输入 pip install jieba。

jieba 库提供 3 种分词模式，分别为精确模式、全模式、搜索引擎模式，各分词模式见表 3-8。3 种分词模式的特点如下：

表 3-8　jieba 库常用函数

函　　数	描　　述
jieba.lcut(s)	精确模式，返回一个列表类型的分词结果。例如： >>>jieba.lcut("社会主义事业建设者和接班人") ['社会主义', '事业', '建设者', '和', '接班人']

续表

函　　数	描　　述
jieba.lcut(s, cut_all＝True)	全模式,返回一个列表类型的分词结果,存在冗余。例如: >>>jieba.lcut("社会主义事业建设者和接班人",cut_all＝True) ['社会', '社会主义', '会主', '主义', '事业', '建设', '建设者', '和', '接班', '接班人']
jieba.lcut_for_search(s)	搜索引擎模式,返回一个列表类型的分词结果,存在冗余。例如: >>>jieba.lcut_for_search("社会主义事业建设者和接班人") ['社会', '会主', '主义', '社会主义', '事业', '建设', '建设者', '和', '接班', '接班人']
jieba.add_word(w)	向分词词典增加新词 w。例如: >>>jieba.add_word("python 世界")

（1）精确模式把文本精确地切分开,不存在冗余单词。

（2）全模式把文本中所有可能的词语都扫描出来,有冗余。

（3）搜索引擎模式在精确模式基础上,对长词再次切分。

3.4.2　词频统计

词频统计是指对文档中词语出现的次数进行统计。词频统计可以有效帮助读者了解和分析文章。而词语和对应的出现次数,构成了键值对,因此使用字典处理该问题非常适合,本节将分析人工智能发展报告部分内容的词频统计的实现。

【例 3.23】　统计人工智能发展报告节选的词频,并输出词频最高的前 5 个词。

【分析】　使用 jieba 库对报告内容进行中文分词,使用字典存储"词语:频率"的键值对。剔除中文文档中的标点符号。

程序代码:

```
import jieba
excludes = {'的','和','中','在','了','已经','多','从'}
txt="人工智能在过去十年中从实验室走向产业化生产,重塑传统行业模式、\
引领未来的价值已经凸显,并为全球经济和社会活动做出了不容忽视的贡献。\
当前,人工智能已经迎来其发展史上的第三次浪潮。人工智能理论和技术取得了\
飞速发展,在语音识别、文本识别、视频识别等感知领域取得了突破,达到或超过\
人类水准,成为引领新一轮科技革命和产业变革的战略性技术。人工智能的应用领域\
也快速向多方向发展,出现在与人们日常生活息息相关的越来越多的场景中。"
for c in '、,。!;':
    txt=txt.replace(c,'')
words = jieba.lcut(txt)
counts = {}
for word in words:
    counts[word] = counts.get(word,0) +1
for word in excludes:
```

```
    del counts[word]
newwords = list(counts.items())
newwords.sort(key=lambda x:x[1], reverse=True)
print("词频最高的前 5 位是: ")
for i in range(5):
    word, count = newwords[i]
    print ("{}:\t{}次".format(word, count))
```

运行结果为：

```
词频最高的前 5 位是:
人工智能:     4次
识别:        3次
引领:        2次
技术:        2次
取得:        2次
```

程序说明：

（1）进行中文分词前，首先通过 replace 去掉中文标点。

（2）中文分词后，通过遍历循环，计算所有词的出现频率并存储到字典 counts 中。

（3）由于中文文档中有大量的"的""了"等无意义的词，因此需要将它们剔除。集合 excludes 中存放要剔除的词语，需要根据具体的文档进行相应的调整。

习　题　三

1. 选择题

（1）Python 中定义函数的关键字是（　　）。

    A. def   B. define   C. function   D. defunc

（2）下列代码正确的结果是（　　）。

```
a=[3]
alist=[1,2,3,4,5]
print(a in alist)
```

    A. 0   B. False   C. 1   D. True

（3）关于映射类型，描述正确的是（　　）。

    A. 映射类型中的键值对是一种一元关系

    B. 键值对(key, value)在字典中表示形式为<键1>－－<值1>

    C. 字典类型可以直接通过值进行索引

    D. 映射类型是"键值"数据项的组合，每个元素是一个键值对，元素值之间是无序的

2. 编程题

（1）斐波那契数列（Fibonacci sequence）指的是这样一个数列：1、1、2、3、5、8、13、21、34、……在数学上，斐波那契数列以如下方法递推定义：

$F(1)=1,F(2)=1,F(n)=F(n-1)+F(n-2)(n \geqslant 3, n \in N^+)$。编写函数 Fibonacci(n)，并调用该函数获取斐波那契序列中的第 20 个数。

（2）已知鸡和兔的总数量为 n，总腿数为 m。当输入 n 和 m 后，计算并输出鸡和兔的数目，如果无解，则输出"该问题无解"。请编写 func(n,m)函数实现计算功能，并调用该函数。

（3）创建一个列表，其包含 1～100 内所有能被 3 整除的数，打印输出列表中所有数，并输出所有数的和。

（4）按照下面的要求实现对列表的操作：

① 创建一个具有 10 个元素的列表，每个元素都从键盘上输入。

② 输出该列表元素。

③ 统计高于平均值的元素个数。

④ 按照元素从大到小降序排序输出列表。

（5）统计英文字符串 str＝"the next morning he jumps out of bed he runs to the door"中每个字母出现的次数，并按照字母出现的频率降序输出。

第 4 章

Python 数据处理

本章导读

本章首先介绍文件的概念、文件的打开和关闭、文件读写操作。然后介绍数据的格式，主要介绍二维和高维数据格式，最后介绍与数据处理相关的库及其使用方法。

学习目标

- 能使用文件读写的基本操作读取或保存文件的内容。
- 能描述二维数据和高维数据的格式。
- 能使用标准库、科学计算库、数据分析库、数据可视化库解决实际问题。
- 能描述 AI 相关的库。

各例题知识要点

例 4.1 解析给定的二进制字符(解码)

例 4.2 以文本文件模式打开文件,从文件中读出一行(读文本文件,readline)

例 4.3 以二进制模式打开文件,从文件中读出一行(读二进制文件,readline)

例 4.4 文件的全文本遍历(读文本文件,read)

例 4.5 文件的按行遍历(文件遍历)

例 4.6 将列表 ls 写入文件(写文件,writelines,seek)

例 4.7 将"grade.csv"中的数据保存到列表(CSV 文件转列表)

例 4.8 使用 JSON 格式表示中国及直辖市(JSON 格式)

例 4.9 将字典 dic 转换为 JSON 格式字符串(JSON 编码)

例 4.10 把 JSON 格式字符转换为 Python 对象格式(JSON 解码)

例 4.11 读"rtest.csv"文件内容并显示(使用 csv 库,读文件)

例 4.12 将列表 ls 写入"wtest.csv"文件(使用 csv 库,写文件)

例 4.13 将文件"example.csv"转换为 JSON 格式并保存(CSV 转换为 JSON)

例 4.14 读"example.json",将其按照键和值各一列保存为 CSV 文件(JSON 转换为 CSV)

例 4.15 生成 4 行 5 列的全 1 矩阵,输出属性(使用 NumPy 库)

例 4.16 生成 5 行 3 列的随机数矩阵,输出指定行(使用 NumPy 库,切片)

例 4.17 获取百度知道的网页信息(使用 Requests 库)

例 4.18 获取当当网上某本图书的信息(使用 Requests 库,设置 headers)

例 4.19 爬取豆瓣电影排名前 250 名的电影信息(使用 Requests、bs4 库)

例 4.20 读"stu.csv"文件,并显示前 5 行数据(使用 pandas 库,读文件)

例 4.21 将城市名和区号写入 CSV 文件(使用 pandas 库,写文件)

4.1 文 件

4.1.1 文件的概念

文件是数据存储的一种形式,是存储在辅助存储器上的数据序列,是数据的抽象和集合。按照展现方式,可以分为文本文件和二进制文件。虽然形式上的展现方式不同,但本质上,所有文件都以二进制形式存储。

文本文件是由单一特定编码组成的文件,如 UTF-8 编码,被看成是存储的长字符串,例如,.txt 文件、.py 文件等。二进制文件直接由比特 0 和 1 组成,没有统一的字符编码,二进制 0 和 1 的组织结构,例如,.png 文件、.avi 文件等。

下面举例说明文本文件和二进制文件形式的不同。例如,"人工智能正改变未来";而按照文本形式存储,就是"人工智能正改变未来";而按照二进制形式,则为这样一串字符"b'\xC8\xCB\xB9\xA4\xD6\xC7\xC4\xDC\xD5\xFD\xB8\xC4\xB1\xE4\xCE\xB4\xC0\xB4'",即一串编码,\x 是转义字符,表示其后面是十六进制。

【例 4.1】 解析给定的二进制字符。

【分析】 按照字节形式的 GBK 编码格式,通过 decode()方法解析为文本字符串。

程序代码如下:

```
s=b'\xC8\xCB\xB9\xA4\xD6\xC7\xC4\xDC\xD5\xFD\xB8\xC4\xB1\xE4\xCE\xB4\xC0\
xB4'
print(s.decode('gbk'))
```

运行结果:

人工智能改变未来

程序说明:GBK 全称为《汉字内码扩展规范》,默认以二进制方式打开文件,采用的是 GBK 编码。

4.1.2 文件的打开和关闭

文件处理的步骤包括:打开—操作—关闭。通过打开文件,文件从存储状态变为占用状态,进行读或写操作后,关闭文件,文件从占用状态转为存储状态。

文件打开通过 Python 内置的 open()函数,创建一个 file 对象,相关的方法才可以调用它进行读写。打开方法如下:

```
fileObject = open(file_name [, access_mode][, buffering])
```

其中:

- file_name:file_name 变量是一个包含了用户要访问的文件名称的字符串值。
- access_mode:access_mode 决定了打开文件的模式:只读,写入,追加等。所有可取值如表 4-1 所示。这个参数是非强制的,默认文件访问模式为只读(r)。
- buffering:如果 buffering 的值被设为 0,就不会有寄存。如果 buffering 的值取 1,访问文件时会寄存行。如果将 buffering 的值设为大于 1 的整数,表明了这就是寄存区的缓冲大小。不指定时,寄存区的缓冲大小则为系统默认值。

表 4-1　文件的打开模式

文件的打开模式	描　　　　述
r	只读模式,默认值,如果文件不存在,则返回 FileNotFoundError
w	覆盖写模式,文件不存在则创建,存在则完全覆盖
x	创建写模式,文件不存在则创建,存在则返回 FileExistsError
a	追加写模式,文件不存在则创建,存在则在文件最后追加内容
b	二进制文件模式
t	文本文件模式,默认值
+	与 r、w、x、a 连用,同时以读写模式打开

b 为二进制模式,t 为文本文件模式,与 r、w、x、a 连用。默认为文本文件模式读写。打开后赋值的变量 file_object,称为文件句柄。

文件操作后要及时关闭,文件关闭的形式:

```
fileObject.close()
```

执行关闭操作时,会刷新缓冲区里任何还没写入的信息,并关闭该文件。

4.1.3　文件的读写

1. 读文件

Python 提供了多个读文件的操作方法,包括 read()、readline()、readlines(),具体操作方法如表 4-2 所示。

read()方法被传递的参数 count 是要从已打开文件中读取的字节计数。该方法从文件的开头开始读入,如果没有传入 count,则会读出文件的全部内容。

表 4-2　读文件的操作方法

操 作 方 法	描　　　　述
fileObject.read([count])	读入前 count 个，如果没有参数，则全部读入
fileObject.readline([count])	读入一行的前 count 个，如果没有参数，则读入一行
fileObject.readlines([count])	读入前 count 行，如果没有参数，则读入全部的行。每行为元素形成列表

readline()方法如果无参数，则每次读入一行；如果传递参数 count，则读入一行中的前 count 个。

readlines()方法会将读入的内容以列表形式返回，每行为一个列表元素。如果传递参数 count，则读入前 count 行，否则读入全部行。

【例 4.2】　以文本文件模式打开 file.txt 文件，从文件中读出一行，并显示。

【分析】　以文本文件模式读文件，应采用"rt"模式，读入一行使用 readline()方法。

代码如下：

```
tfile = open("file.txt", "rt",encoding='utf-8')
print(tfile.readline())
tfile.close()
```

运行结果为：

```
人工智能(Artificial Intelligence),英文缩写为 AI
```

程序说明：以字符形式读入一行。如果要读入多行，需要结合循环进行。

【例 4.3】　以二进制模式打开 file.txt 文件，从文件中读出一行，并显示。

【分析】　以文本文件模式读文件，应采用"rb"模式，读入一行使用 readline()方法。

代码如下：

```
bfile = open("file.txt", "rb")
print(bfile.readline())
bfile.close()
```

运行结果为：

```
b'\xe4\xba\xba\xe5\xb7\xa5\xe6\x99\xba\xe8\x83\xbd\xef\xbc\x88Artificial
Intelligence\xef\xbc\x89\xef\xbc\x8c\xe8\x8b\xb1\xe6\x96\x87\xe7\xbc\xa9\xe5
\x86\x99\xe4\xb8\xbaAI\xe3\x80\x82\r\n'
```

程序说明：以二进制形式读入一行，二进制方式读入使用较少。

通常，从文件中进行全文本遍历可以采用两种方法：一种是一次读入，统一处理；另一种是按数量读入，分别处理。一次读入用 read()方法，不加参数。按数量读入则在 read 中指定参数，通过循环进行。

【例 4.4】 文件的全文本遍历。

【分析】 使用 read()方法不带参数,一次读入文件的全部内容。如果指定参数,则按照指定的长度,循环读入文件的内容。

方法 1 的代码如下:

```
fo = open('file.txt',"r")
alltxt=fo.read()
#处理 alltxt
fo.close()
```

方法 2 的代码如下:

```
fo = open('file.txt',"r")
while txt !='':
    txt=fo.read(5)
    #处理 txt
fo.close()
```

程序说明:本例中方法 1 是一次读入全部文本赋给 alltxt,然后再处理。方法 2 则是每次读入 5 个字符,然后处理。

同样,从文件中进行按行遍历方法,也有两种:一种是一次读入,分行处理。另一种是分行读入,逐行处理。

【例 4.5】 文件的按行遍历。

【分析】 使用 readlines()方法一次读入文件中的全部行进行统一处理;也可以通过 for 遍历循环,分行读入文件中的内容,进行处理。

方法 1 的代码如下:

```
fo = open('file.txt',"r")
lines= fo.readlines()
for line in lines:
    #分行处理
    print(line)
fo.close()
```

方法 2 的代码如下:

```
fo = open('file.txt',"r")
for line in fo:
    #分行读入处理
    print(line)
fo.close()
```

程序说明:本例中方法 1 通过 readlines()方法一次读入全部文本赋给 lines,然后在

lines 中通过遍历处理每行文本 line,方法 2 则是直接通过遍历按行读入进行处理。

2. 写文件

写文件的操作方法包括 write()方法和 writelines()方法。write()方法向文件写一个字符串。writelines()方法向文件写一个列表。注意写入后不会按照列表元素分行。

文件定位操作 seek()方法可以改变文件指针的位置。按照给定的参数 offset,将文件指针定位到文件开头,或当前位置,或文件结尾。如表 4-3 所示。

表 4-3　写文件和文件定位操作方法

操 作 方 法	描　　述
fileObject.write(s)	向文件写入一个字符串或字节流。 例如:f.write("幸福都是奋斗出来的!")
fileObject.writelines(lines)	将一个元素全为字符串的列表写入文件。 写入文件时列表元素之间不会加入任何分隔符
fileObject.seek(offset)	改变当前文件操作指针的位置,offset 含义如下: 0 为文件开头;1 为当前位置;2 为文件结尾

【例 4.6】　将列表 ls 写入文件 output.txt,并将写入文件的内容读出显示在屏幕上。

【分析】　使用 writelines()方法将列表 ls 中的内容写入文件。还要同时对文件进行读写操作,打开模式使用 w+。

程序代码如下:

```
fo = open("output.txt","w+")
ls = ["Python 语言", "Java 语言", "C 语言"]
fo.writelines(ls)
fo.seek(0)
for line in fo:
    print(line)
fo.close()
```

运行结果为:

```
Python 语言 Java 语言 C 语言
```

程序说明:刚刚写入后,文件指针在最后,要输出文件内容,必须将指针通过 seek()方法指向开头。如上述代码,增加 seek()方法后,即可输出结果。使用 tell()可以返回文件指针的当前位置。

4.2　数 据 格 式

将从数据的维度、一维数据格式、二维数据格式、高维数据格式这几个方面进行学习。

数据的维度是一组数据的组织形式。可分为一维、二维、多维、高维。一维数据由一组有序或无序数据构成,采用线性方式组织。一般使用列表,集合表示。在上一章已经进行了阐述。二维数据由多个一维数据构成,是一维数据的组合形式。多维数据是由一维或二维数据在新维度上扩展形成。例如二维表格,加上时间维度,即可扩展为多维数据。

本节主要对二维数据格式和高维数据格式进行详细阐述。

4.2.1　二维数据格式

表格是典型的二维数据。如表 4-4 所示的成绩表,属于二维数据。

表 4-4　二维数据表格

学号	姓名	高等数学	大学英语	程序设计
2020001	张三	95	89	96
2020002	李四	88	90	86
2020003	小明	82	79	90

接下来介绍一种通用的二维数据存储格式:CSV 格式(Comma－Separated Values,逗号分隔值)。这种格式使用逗号分隔的一维数据,在商业和科学上应用广泛。该格式的特点是:

(1) 以行为单位,行之间没有空行,开头不留空行。

(2) 每行表示一个一维数据,多行表示二维数据。

(3) 以逗号(英文半角状态)分隔每列数据,列数据为空也要保留逗号。

表 4-4 中的二维数据采用 CSV 存储后的内容如下:

```
学号,姓名,高等数学,大学英语,程序设计
2020001,张三,95,89,96
2020002,李四,88,90,86
2020003,小明,82,79,90
```

CSV 格式存储的文件一般采用 csv 为扩展名,通过 Excel 工具或记事本软件都可以打开。可以通过 Excel 工具将数据另存为 CSV 格式。

【例 4.7】　将"grade.csv"中的数据保存到列表。

【分析】　采用分行读入方式遍历文件。读取该 CSV 文件,每行作为列表的一个元素,返回该列表。

程序代码如下:

```
fp=open("grade.csv","r")
ls=[]
for line in fp:
    line=line.replace('\n','')
    ls.append(line.split(','))
print(ls)
fp.close()
```

运行结果为：

```
[['2020001', '张三', '95', '89', '96'], ['2020002', '李四', '88', '90', '86'],
['2020003', '小明', '82', '79', '90']]
```

程序说明：

(1) 每行最后都包含了一个换行符(\n)，通过 replace() 方法将其去掉。

(2) 每行中各列使用逗号分隔，通过 split() 方法可以按照指定字符分隔得到列表。再将得到的列表加入到列表 ls 中。ls 中存储的每一个元素都是一个列表，即原有文件中的一行。

4.2.2 高维数据格式

高维数据利用最基本的二元关系展示数据间更为复杂的结构，由键值对类型的数据构成，常用在网络系统中，JSON、HTML、XML 等都是高维数据组织的语法结构。超文本标记语言(Hyper Text Markup Language，HTML)是一种标记语言，用来描述网页结构使用的标记。可扩展标记语言(Extensible Markup language，XML)是用来为 Internet 传送数据信息提供的标准格式。本节以 JSON 为例，给出高维数据的表示形式。

JSON(JavaScript Object Notation)是一种轻量级的数据交换格式，键值对都保存在双引号中，基本格式如下：

```
"key":"value"
```

【例 4.8】 使用 JSON 格式表示中国及直辖市。

【分析】 使用键值对描述中国的名称，所属省，直辖市。其中直辖市内包括列表，分别是四个直辖市，每个都是键值对表示。

程序代码：

```
{
    "name":"中国",
    "continent":"Asia",
    "municipality":[
        {
            "name":"北京",
            "code":"010"
        },
        {
            "name":"天津",
            "code":"022"
        },
        {
            "name":"上海",
            "code":"021"
```

```
        },
        {
            "name":"重庆",
            "code":"023"
        }
    ]
}
```

程序说明：JSON 格式基于两种结构，一种是键值对的集合，一种是列表。可以看到直辖市 municipality 是以方括号[]表示的多个值的列表组成，每个值间以逗号分隔，而每一项则是包含名称和区号的键值对。

4.3 常用标准库

Python 安装程序通常包含整个标准库，标准库以外还存在成千上万且不断增加的其他组件，称为第三方库。本节介绍 4 种常用的标准库，分别是数字和数学模块中的 math 库、random 库，互联网数据处理中的 json 库，以及文件格式模块中的 csv 库。其他的标准库介绍可以通过本章拓展延伸部分给出的官方文档链接进行查看。

4.3.1 math 库

利用函数库编程是 Python 语言的特色，众多功能强大的函数库也推动着 Python 的不断发展。Python 函数库分为标准函数库和第三方库两种。其中，标准函数库也叫内置函数库，是 Python 环境默认支持的函数库，而第三方库由第三方提供且需要下载安装才能使用。

数学计算函数库 math 库是 Python 标准函数库，math 库共提供 4 个数学常量和 44 个函数。44 个函数分为数值表示函数（16 个）、幂对数函数（8 个）、三角对数函数（16 个）和高等特殊函数（4 个）等四类。math 库不支持复数类型。

如果需要调用 math 库里的函数或常量，首先要使用保留字 import 引用 math 库，然后才能调用函数。函数库有三种引用方式，在不同引用方式下，调用函数的方法也不同。下面以 math 为例，讲解函数库的不同引用方式，以及不同引用方式下的函数调用方式。

（1）直接引用 math 库。

直接引用 math 库的形式：

```
import math
```

在 math 库的这种引用方式下，需要用 math.函数名( )的形式来调用库函数。例如：

```
>>>import math
>>>math.sqrt(9)
```

运行结果为：

```
3.0
```

（2）标明要调用 math 库中的特定函数。

如果需要调用 math 库中某一个或某几个函数，可以用下面的形式引用库：

```
from math import 函数名 1, 函数名 2
```

在这种情况下，直接用函数名（）的形式调用这几个函数。例如：

```
>>>from math import fabs
>>>fabs(-125)
```

运行结果为：

```
125.0
```

（3）引用 math 库中所有函数。

引用 math 库中所有函数的形式：

```
from math import *
```

在这种情况下，直接用函数名（）的形式调用 math 库中任意函数或常数。例如：

```
>>>from math import *
>>>floor(10.6)
```

运行结果为：

```
10
```

数学函数库 math 提供了数学函数的访问。包含了数论与表示函数（如表 4-5 所示）、幂函数与对数函数（如表 4-6 所示）、三角函数（如表 4-7 所示）、角度转换（如表 4-8 所示）、双曲函数（如表 4-9 所示）、特殊函数（如表 4-10 所示）、常量（如表 4-11 所示）、高等特殊函数（如表 4-12 所示）。在此给出 3.9 版本的常用函数。值得说明的是，如果计算复数的数学运算，则需要使用 cmath 库中的同名函数。

表 4-5   math 库中的数论与表示函数

函　　数	描　　述	举　　例
ceil(x)	返回 x 的上限，即大于或者等于 x 的最小整数	>>>math.ceil(3.5) 4
floor(x)	返回 x 的向下取整，小于或等于 x 的最大整数	>>>math.floor(3.5) 3

续表

函　数	描　述	举　例
trunc(x)	返回 Real 值 x 截断为 Integral（通常是整数）	>>>math.trunc(5.6) 5
comb(n,k)	返回不重复且无顺序地从 n 项中选择 k 项的方式总数。即从 n 取出 m 的组合数。当 k> n 时取值为零	>>>comb(5,3) 10
perm(n,k=None)	返回不重复且有顺序地从 n 项中选择 k 项的方式总数。即从 n 取出 m 的排列数。当 k>n 时取值为零。如果 k 未指定或为 None，则 k 默认值为 n 且函数将返回 n!	>>>perm(5,3) 60 >>>perm(5) 120
copysign(x,y)	返回一个基于 x 的绝对值和 y 的符号的浮点数	>>>math.copysign(3.2,−3) −3.2
fabs(x)	返回 x 的绝对值	>>>math.fabs(−9.2) 9.2
factorial(x)	以一个整数返回 x 的阶乘	>>>math.factorial(4) 24
fmod(x, y)	返回 x 除以 y 的余数。在浮点数运算时，与 x%y 可能返回不同的结果。使用浮点数时通常是首选	>>>math.fmod(5,3.0) 2.0
gcd(* integers)	返回给定的整数参数的最大公约数。如果所有参数为零，则返回值为 0	>>>math.gcd(4,6) 2
lcm(* integers)	返回给定的整数参数的最小公倍数。如果参数之一为零，则返回值为 0	>>>lcm(12,8) 24
prod(iterable, * ,start=1)	计算输入的 iterable 中所有元素的积。积的默认 start 值为 1	>>>prod([2,4,5]) 40

表 4-6　幂函数和对数函数

函　数	描　述	举　例
exp(x)	返回 e 次 x 幂，其中 e=2.718281…是自然对数的基数。通常比 math.e**x 或 pow(math.e,x)更精确	>>>math.exp(3) 20.085536923187668
expm1(x)	返回 e 的 x 次幂，减 1。这里 e 是自然对数的基数。对于小浮点数 x，提供了一种将此数量计算为全精度的方法	>>>math.expm1(1e−5) 1.0000050000166667e−05
trunc(x)	返回 Real 值 x 截断为 Integral（通常是整数）	>>>math.trunc(5.6) 5
log(x[，base])	使用一个参数，返回 x 的自然对数(底为 e)。 使用两个参数，返回给定的 base 的对数 x，计算为 log(x)/log(base)。	>>>math.log(4) 1.3862943611198906

续表

函　数	描　述	举　例
log1p(x)	返回 1＋x 的自然对数（以 e 为底）。以对于接近零的 x 精确的方式计算结果	>>> math.log1p(4) 1.6094379124341003
log2(x)	返回 x 以 2 为底的对数。这通常比 log(x, 2) 更准确	>>> math.log2(4) 2.0
log10(x)	返回 x 底为 10 的对数。这通常比 log(x, 10) 更准确	>>> math.log10(4) 0.6020599913279624
pow(x,y)	返回 x 的 y 次幂。与内置的**运算符不同，math.pow()将其参数转换为 float 类型。使用**或内置的 pow()函数来计算精确的整数幂	>>> math.pow(2,3) 8.0
sqrt(x)	返回 x 的平方根	>>> math.sqrt(4) 2.0

表 4-7　三角函数

函　数	描　述	举　例
acos(x)	返回以弧度为单位的 x 的反余弦值。结果范围在 0 到 pi 之间	>>> math.exp(3) 20.085536923187668
asin(x)	返回以弧度为单位的 x 的反正弦值。结果范围在−pi/2 到 pi/2 之间	>>> math.expm1(1e−5) 1.0000050000166667e−05
atan(x)	返回以弧度为单位的 x 的反正切值。结果范围在−pi/2 到 pi/2 之间	>>> math.atan(2) 1.1071487177940904
atan2(y,x)	以弧度为单位返回 atan(y/x)。结果是在−pi 和 pi 之间	>>> math.atan2(1,2) 0.4636476090008061
cos(x)	返回 x 弧度的余弦值	>>> math.cos(1) 0.5403023058681398
sin(x)	返回 x 弧度的正弦值	>>> math.sin(1) 0.8414709848078965
tan(x)	返回 x 弧度的正切值	>>> math.tan(1) 1.5574077246549023
dist(p,q)	返回 p 与 q 两点之间的欧几里得距离，以一个坐标序列（或可迭代对象）的形式给出。两个点必须具有相同的维度	>>> dist((1,2),(3,4)) 2.8284271247461903
hypot(* coordinates)	返回欧几里得范数，sqrt(sum(x**2 for x in coordinates))。这是从原点到坐标给定点的向量长度	>>> hypot(2.4,3.6,4.2) 8.270429251254134

表 4-8 角度转换函数

函　　数	描　　述	举　　例
degrees(x)	将角度 x 从弧度转换为度数	>>> math.degrees(2) 114.59155902616465
radians(x)	将角度 x 从度数转换为弧度	>>> math.radians(120) 2.0943951023931953

表 4-9 双曲函数

函　　数	描　　述	举　　例
acosh(x)	返回 x 的反双曲余弦值	>>> math.acosh(2) 1.3169578969248166
asinh(x)	返回 x 的反双曲正弦值	>>> math.asinh(2) 1.4436354751788103
atanh(x)	返回 x 的反双曲正切值	>>> math.atanh(0.5) 0.5493061443340549
cosh(x)	返回 x 的双曲余弦值	>>> math.cosh(2) 3.7621956910836314
sinh(x)	返回 x 的双曲正弦值	>>> math.sinh(2) 3.6268604078470186
tanh(x)	返回 x 的双曲正切值	>>> math.tanh(2) 0.9640275800758169

表 4-10 特殊函数

函　　数	描　　述	举　　例
erf(x)	返回 x 处的 error function	>>> math.erf(3) 0.9999779095030014
erfc(x)	返回 x 处的互补误差函数	>>> math.erfc(3) 2.2090496998585434e−05
gamma(x)	返回 x 处的伽马函数值	>>> math.gamma(3) 2.0
lgamma(x)	返回 Gamma 函数在 x 绝对值的自然对数	>>> math.lgamma(3) 0.693147180559945

表 4-11 常量

函　　数	描　　述	举　　例
pi	数学常数 $\pi = 3.141592\ldots$，精确到可用精度	>>> math.pi 3.141592653589793

续表

函　数	描　　述	举　例
e	数学常数 e＝2.718281...,精确到可用精度	>>>math.e 2.718281828459045
inf	浮点正无穷大。（对于负无穷大,使用－math.inf)相当于 float('inf')的输出	>>>math.inf inf
nan	浮点"非数字"(NaN)值。相当于 float('nan')的输出	>>>math.nan nan

表 4-12　math 库的高等特殊函数(4 个)

常　　数	数 学 表 示	描　　述
math.erf(x)	$\dfrac{2}{\sqrt{\pi}}\displaystyle\int_0^x e^{-t^2}\,dt$	高斯误差函数
math.erfc(x)	$\dfrac{2}{\sqrt{\pi}}\displaystyle\int_x^\infty e^{-t^2}\,dt$	余补高斯误差函数
math.gamma(x)	$\displaystyle\int_0^\infty x^{t-1}e^{-x}\,dx$	伽马函数,也叫欧拉第二积分函数
math.lgamma(x)	ln(gamma(x))	伽马函数的自然对数

4.3.2　random 库

random 库是产生并使用随机数的 Python 标准库,random 库采用梅森旋转算法生成随机序列中的元素。因为计算机产生的随机数遵循固定算法,不可能做到真正的随机,因此计算机产生的随机数也称伪随机数。

与 math 库类似,random 库也有三种引用方式。形式如下所示:

(1) import random。

(2) from random import 函数名。

(3) from random import *。

random 库包括基本随机数函数和扩展随机数函数两类函数,共 8 个常用函数,如表 4-13 所示。

基本随机数函数,包含 seed()、random()。

扩展随机数函数,包含 randint()、getrandbits()、uniform()、randrange()、choice()、shuffle()。

random()用于生成伪随机数,该模块实现了各种分布的伪随机数生成器。使用 random 库时,需要使用 import random 提前导入。seed()用于初始化随机数生成器,即设置随机数的种子,如果设置相同的随机数种子,可以保证产生的序列相同,这样可用于复现。

用于产生整数随机数的函数包括 randrange()、randint()、getrandbits()。产生随机实数的函数包括 random()、uniform()等。从序列中产生随机数使用 choice()、choices()、 shuffle()、sample()等。3.9 版本新增了产生随机字节的函数 randbytes()。

表 4-13   random 库的常用函数

函 数	描 述	举 例
random.seed(a=None)	初始化随机数生成器。如果 a 被省略或为 None,则使用当前系统时间。seed 必须是下列类型之一：NoneType,int,float,str,bytes 或 bytearray	设置随机数种子为 3。 >>>random.seed(3)
randrange(start,stop[,step])	从 range(start,stop,step)返回一个随机选择的元素	产生[1,9]的随机奇数。 >>>random.randrange(1,10,2) 3
randint(a,b)	返回随机整数 N 满足 a<=N<=b。相当于 randrange(a,b+1)	产生[0,100]的随机整数。 >>>random.randint(0,100) 75
getrandbits(k)	返回具有 k 个随机比特位的非负 Python 整数	产生 3 个比特位的整数。 >>>random.getrandbits(3) 5
random()	返回[0.0,1.0)范围内的下一个随机浮点数	产生[0.0,1.0)的随机浮点数 >>>random.random() 0.5409738856290388
uniform(a,b)	返回一个随机浮点数 N,当 a<=b 时 a<=N<=b,当 b<a 时 b<=N<=a	产生[1,10]的随机浮点数 >>>random.uniform(1,10) 5.94668050324305
choice(seq)	从非空序列 seq 返回一个随机元素。如果 seq 为空,则引发 IndexError	>>>ls [1,2,3,4,5,6,7,8,9,10] >>>random.choice(ls) 7
choices(population, weights=None, *, cum _ weights=None,k=1)	从 population 中选择替换,返回大小为 k 的元素列表。如果 population 为空,则引发 IndexError。如果指定 weight 序列,则根据相对权重进行选择。或者,如果给出 cum_weights 序列,则根据累积权重	>>>ls [1,2,3,4,5,6,7,8,9,10] >>>random.choices(ls,k=2) [7,9]
shuffle(x[,random])	将序列 x 随机打乱位置。 可选参数 random 是一个 0 参数函数,在[0.0,1.0)中返回随机浮点数;默认情况下,这是函数 random()	>>>random.shuffle(ls) >>>ls [3,4,5,10,2,8,6,1,7,9]
sample(population, k, *, counts=None)	返回从总体序列或集合中选择的唯一元素的 k 长度列表。用于无重复的随机抽样	>>>ls [3,4,5,10,2,8,6,1,7,9] >>>random.sample(ls,3) [2,1,6]
randbytes(n)	3.9 版新增,生成 n 个随机字节	>>>random.randbytes(4) b'\x9e\xfe\x01\xed'

4.3.3 json 库

json 库是处理 JSON（JavaScript Object Notation）格式的 Python 标准库。

json 库包含两个过程：编码（encoding）和解码（decoding）。编码是将 Python 数据类型转换成 JSON 格式的过程，解码是从 JSON 格式中解析数据对应到 Python 数据类型的过程。本质上，编码和解码是数据类型序列化和反序列化的过程。

1. json 库的编码函数

使用 dump 函数可以将 obj 序列化为 JSON 格式化流形式的 fp。

```
json.dump(obj, fp, *, skipkeys=False, ensure_ascii=True, check_circular=
True, allow_nan=True, cls=None, indent=None, separators=None, default=None,
sort_keys=False, **kw)
```

使用 dumps 函数可以将 obj 序列化为 JSON 格式的 str。

```
json.dumps(obj, *, skipkeys=False, ensure_ascii=True, check_circular=True,
allow_nan=True, cls=None, indent=None, separators=None, default=None, sort_
keys=False, **kw)
```

【例 4.9】 将字典 dic 转换为 JSON 格式字符串。

【分析】 使用 dump 或 dumps 进行编码。

程序代码如下：

```
import json
dic={'ID':'1001','age':22}
print(dic)
print(type(dic))
s=json.dumps(dic)
print('通过 json.dumps 处理后:')
print(s)
print(type(s))
```

输出结果为：

```
{'ID': '1001', 'age': 22}
<class 'dict'>
通过 json.dumps 处理后:
{"ID": "1001", "age": 22}
<class 'str'>
```

程序说明：使用 dumps 将字典转换为 JSON 格式的字符串。

2. json 库的解码函数

（1）json.load(fp, *, cls=None, object_hook=None, parse_float=None, parse_ int＝None，parse_constant＝None，object_pairs_hook＝None，**kw）。

使用这个转换表将 fp（一个支持.read()并包含一个 JSON 文档的 text file 或者 binary file)反序列化为一个 Python 对象。

（2）json.loads(s，*，cls＝None，object_hook＝None，parse_float＝None，parse_int＝None，parse_constant＝None，object_pairs_hook＝None，**kw）。

使用这个转换表将 s(一个包含 JSON 文档的 str、bytes 或 bytearray 实例)反序列化为 Python 对象。

【例 4.10】　把 JSON 格式字符转换为 Python 对象格式。

【分析】　使用 load()或 loads()进行 JSON 解码。

程序代码如下：

```python
import json
json_str='{"ID":"100","age":22}'
print(json_str)
print(type(json_str))
d=json.loads(json_str)
print('通过 json.loads 处理后：')
print(d)
print(type(d))
```

运行结果为：

```
{"ID":"100","age":22}
<class 'str'>
通过 json.loads 处理后：
{'ID': '100', 'age': 22}
<class 'dict'>
```

程序说明：loads()与 dumps()对应,将一个字符串转换为 Python 对象。

4.3.4　csv 库

CSV(Comma Separated Values)格式是电子表格和数据库中最常见的输入、输出文件格式。csv 库实现了 CSV 格式表单数据的读写。其提供了诸如"以兼容 Excel 的方式输出数据文件"或"读取 Excel 程序输出的数据文件"的功能,程序员无须知道 Excel 所采用 CSV 格式的细节。

csv 库中的 reader 类和 writer 类可用于读写序列化的数据。

1. 读文件函数：csv.reader(csvfile，dialect＝'excel'，fmtparams)**

返回一个 reader 对象,该对象将逐行遍历 csvfile。csv 文件的每一行都被读取为一个由字符串组成的列表。

【例 4.11】　读"rtest.csv"文件内容并显示。

【分析】　使用 csv 库,读取"rtest.csv",按行显示。

程序代码如下:

```
import csv
with open('rtest.csv', newline='') as f:
    reader = csv.reader(f)
    for row in reader:
        print(', '.join(row))
```

运行结果为:

```
学号, 姓名, 成绩
2021001, 张三, 96
2021002, 小红, 87
2021003, 小明, 79
2021004, 李四, 85
2021005, 王五, 93
```

程序说明:使用 csv.reader 返回的是一个 reader 对象,row 为其中的每一行,是一个列表。使用', '.join(row),将 row 中的列表元素以逗号分隔并显示。

2. 写文件函数:csv.writer(csvfile,dialect='excel',**fmtparams)

返回一个 writer 对象,该对象负责将用户的数据在给定的文件类对象上转换为带分隔符的字符串。

【例 4.12】 将列表 ls 写入到"wtest.csv"文件。

【分析】 使用 csv.writer()。

程序代码如下:

```
import csv
ls=[[1,2,3],['a','b','c']]
with open('wtest.csv', 'w', newline='') as f:
    writer = csv.writer(f)
    writer.writerows(ls)
```

运行结果:本示例程序运行后会在当前文件夹下生成"wtest.csv"文件。文件内容如图 4-1 所示。

程序说明:列表 ls 包括两个列表元素,上述写文件代码会将[1,2,3]和['a','b','c']分别写入文件的第一行和第二行,并且以逗号作为列分隔符。还可以使用 writerow 分行写入。

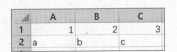

图 4-1 生成的"wtest.csv"
文件内容

【例 4.13】 将文件"example.csv"转换为 JSON 格式并保存到"example.json"。

【分析】 读取 CSV 文件,将文件中的两列分别按照键值对转换为 JSON 格式,并写入文件中。

程序代码如下:

```
#csv2json.py
import json
fr = open("example.csv", "r")
ls = []
for line in fr:
    line = line.replace("\n","")
    ls.append(line.split(','))
fr.close()
print(ls)
fw = open("example.json", "w")
for i in range(1,len(ls)):
    ls[i] = dict(zip(ls[0], ls[i]))
json.dump(ls[1:],fw, sort_keys=True, indent=4)
fw.close()
```

运行结果：本例程序运行后,生成的"example.json"文件如下所示：

```
[
    {
        "id": "1",
        "value": "a"
    },
    {
        "id": "2",
        "value": "b"
    },
    {
        "id": "3",
        "value": "c"
    }
]
```

程序说明：读取 csv 文件时,按行处理,并将其加入列表中,通过 zip 函数打包成元组,再转换为字典类型,最后通过 dump 编码为 json 格式。

【例 4.14】 读取"example.json"文件,将其按照键和值各一列转换为"example.csv"文件,保存到"example.csv"文件中。

【分析】 读取文件,使用 json 库解码函数将其解码为 Python 数据格式。

程序代码如下：

```
#json2csv.py
import json
fr = open("example.json", "r")
ls = json.load(fr)
```

```
data = [ list(ls[0].keys()) ]
for item in ls:
    data.append(list(item.values()))
fr.close()
fw = open("example.csv", "w")
for item in data:
    fw.write(",".join(item) +"\n")
fw.close()
```

运行结果：本例运行后，生成的"example.csv"文件如图 4-2 所示。

id	value
1	a
2	b
3	c

图 4-2　生成的"example.csv"文件内容

程序说明：通过 load 对 JSON 格式进行解码，分别提取其中的键和值，并写入"example.csv"文件中。

4.4　科 学 计 算

NumPy(Numerical Python)是 Python 的一种开源的数值计算扩展。这种工具可用来存储和处理大型矩阵。支持大量的维度数组与矩阵运算，此外也针对数组运算提供大量的数学函数库。NumPy 库属于第三方库，需要通过以下命令安装后使用。

```
pip install numpy
```

用于处理含有同种元素的多维数组运算的第三方库。

最基础数据类型是由同种元素构成的多维数组(ndarray)，简称"数组"。数组中所有元素的类型必须相同，数组中元素可以用整数索引，序号从 0 开始。

ndarray 类型的维度(dimensions)称为轴(axes)，轴的个数称为秩(rank)。一维数组的秩为 1，二维数组的秩为 2，二维数组相当于由两个一维数组构成。NumPy 库的常用属性和函数分别如表 4-14 和表 4-15 所示。

表 4-14　NumPy 常用属性

属　　　性	描　　　述
ndarray.ndim	数组轴的个数，也称为秩
ndarray.shape	数组在每个维度上大小的整数元组
ndarray.size	数组元素的总个数
ndarray.dtype	数组元素的数据类型，dytpe 类型可以用于创建数组中

续表

属　　　性	描　　　述
ndarray.itemsize	数组中每个元素的字节大小
ndarray.data	包含实际数组元素的缓冲区地址
ndarray.flat	数组元素的迭代器

表 4-15　NumPy 常用函数

函　　　数	描　　　述
np.array([x,y,z],dtype=int)	从 Python 列表和元组创造数组
np.arrange(x,y,i)	创建一个由 x 到 y,以 i 为步长的数组
np.linspace(x,y,n)	创建一个由 x 到 y,等分成 n 个元素的数组
np.indices((m,n))	创建一个 m 行 n 列的矩阵
np.random.rand(m,n)	创建一个 m 行 n 列的随机数组
np.ones((m,n),dtype)	创建一个 m 行 n 列全 1 的数组,dtype 是数据类型
np.empty((m,n),dtype)	创建一个 m 行 n 列全 0 的数组,dtype 是数据类型

【例 4.15】　生成一个 4 行 5 列全 1 的矩阵,输出该矩阵以及矩阵的秩、维度大小和元素的类型。

【分析】　使用 NumPy 库中的常用属性输出即可。

程序代码如下:

```
import numpy as np
a=np.ones((4,5))
print(a)
print(a.ndim)
print(a.shape)
print(a.dtype)
```

输出结果为:

```
[[1. 1. 1. 1. 1.]
 [1. 1. 1. 1. 1.]
 [1. 1. 1. 1. 1.]
 [1. 1. 1. 1. 1.]]
2
(4, 5)
float64
```

程序说明:第一行 import numpy as np,含义是:导入 NumPy 库,并起别名为 np,使用时直接使用 np 即可。使用 np 是 numpy 的缩略式,也是通常的做法。

NumPy 提供了一个 n 维数组类型的 ndarray,它描述了相同类型的"items"的集合。ndarray 的常用操作方法如表 4-16 所示。

表 4-16 ndarray 形态操作

函　　数	描　　述
ndarray.reshape(n,m)	不改变数组 ndarray,返回一个维度为(n, m)的数组
ndarray.resize(new_shape)	与 reshape()作用相同,直接修改数组 ndarray
ndarray.swapaxes(ax1,ax2)	将数组 n 个维度中任意两个维度进行调换
ndarray.flatten()	对数组进行降维,返回一个展开后的一维数组
ndarray.ravel()	作用同 flatten()。但是返回数组的一个视图
x[i]	索引第 i+1 个元素
x[−i]	从后向前索引第 i 个元素
x[n:m]	默认步长为1,从前往后索引,不包含 m
x[−m:−n]	默认步长为1,从后往前索引,结束位置为 n
x[n,m,i]	指定 i 步长的由 n 到 m 的索引

【例 4.16】 生成一个 5 行 3 列的矩阵,矩阵元素由 random 随机产生。分别输出该矩阵的第 3 行,第 2 行和第 3 行,第 1 行和第 3 行。

【分析】 使用 rand 产生矩阵元素。

程序代码如下:

```
import numpy as np
a=np.random.rand(5,3)
print("矩阵为:")
print(a) #输出 5 行 3 列的矩阵
print("第 3 行为:")
print(a[2]) #输出第 3 行
print("第 2、3 行为:")
print(a[1:3]) #输出第 2 行和第 3 行
print("第 1、3 行为:")
print(a[0:3:2]) #输出第 1 行和第 3 行
```

运行结果为:

```
矩阵为:
[[0.5143365 0.70769947 0.71615551]
 [0.43067238 0.03944313 0.68312807]
 [0.39230715 0.04507882 0.85053889]
 [0.38457674 0.47078248 0.70874887]
 [0.98562597 0.33947028 0.05329284]]
```

第 3 行为:
[0.39230715 0.04507882 0.85053889]
第 2 行和第 3 行为:
[[0.43067238 0.03944313 0.68312807]
[0.39230715 0.04507882 0.85053889]]
第 1 行和第 3 行为:
[[0.5143365 0.70769947 0.71615551]
[0.39230715 0.04507882 0.85053889]]

程序说明: 由于本示例程序产生随机数,所以每次运行结果产生的矩阵会不同。

NumPy 算术运算操作及描述如表 4-17 所示,比较运算及描述如表 4-18 所示。其他运算及描述如表 4-19 所示。

表 4-17   NumPy 算术运算操作

算 术 运 算	描　　述
np.add(x1,x2,[,y])	y＝x1＋x2
np.substract(x1,x2,[,y])	y＝x1－x2
np.multiply(x1,x2,[,y])	y＝x1 * x2
np.divide(x1,x2,[,y])	y＝x1/x2
np.floor_divide(x1,x2,[,y])	y＝x1//x2(返回值取整)
np.negative(x[,y])	y＝－x
np.power(x1,x2,[,y])	y＝x1**x2
np.remainder(x1,x2,[,y])	y＝x1％x2

表 4-18   NumPy 比较运算操作

比 较 运 算	描　　述
np.equal(x1,x2,[,y])	y＝x1＝＝x2
np.not_equal(x1,x2,[,y])	y＝x1！＝x2
np.less(x1,x2,[,y])	y＝x1＜x2
np.less_equal(x1,x2,[,y])	y＝x1＜＝x2
np.greater(x1,x2,[,y])	y＝x1＞x2
np.greater_equal(x1,x2[,y])	y＝x1＞＝x2
np.where(condition[x,y])	根据给出的条件判断输出 x 还是 y

表 4-19   NumPy 其他运算操作

其 他 运 算	描　　述
np.abs(x)	计算基于元素的整型、浮点或复数的绝对值
np.sqrt(x)	计算每个元素的平方根

续表

其 他 运 算	描　　述
np.square(x)	计算每个元素的平方
np.sign(x)	计算每个元素的符号：1(+),0,−1(−)
np.ceil(x)	计算大于或等于每个元素的最小值
np.floorl(x1,x2[,y])	计算小于或等于每个元素的最大值
np.rint(x,[out])	圆整,取每个元素为最近的整数,保留数据类型
np.exp(x,[out])	计算每个元素指数值
np.log(x),np.log10(x),np.log2(x)	计算自然对数(e),基于 10 和 2 的对数

4.5　数　据　获　取

　　数据获取是人工智能算法训练的基础,数据可以通过多种途径,如果人工收集,一般将数据保存为文本文件或 csv 文件备用。如果通过互联网收集,则可以通过网络爬虫,获取自己所需的信息,并保存为文件。

　　互联网是目前最大的一个数据库,互联网信息具有数据量大、更新快的特点。机器学习和数据挖掘等领域的快速发展,对数据集提出了越来越高的要求,很多研究者倾向于通过网络进行数据采集。从网络上直接采集数据,就需要用到网络爬虫技术。即通过向网站发起请求,获取资源后分析并提取其中有用的数据。

　　使用网络爬虫程序获取信息,不需要掌握网络通信方面的知识,但是,肆意爬取网络数据会给服务器造成很大的压力,同时爬取信息不能涉及个人隐私数据,也不能用于商业用途,使用网络爬虫要遵守 Robots 排除协议(Robots Exclusion Protocol)。Robots 排除协议是网站管理者表达是否希望爬虫自动获取网络信息意愿的方法。网站根目录下会放置一个 robots.txt 文件,在文件中列出哪些链接不允许爬虫爬取,一般搜索引擎的爬虫会首先获取这个文件,并根据文件要求爬取网站内容。因此网络爬虫程序要遵守 Robots 排除协议,并合理使用爬虫技术。

　　Python 语言提供了用于网络爬虫的函数库,包括 urllib、Requests、Beautiful Soup4、Scrapy 等。网络爬虫应用一般分两个步骤:

　　(1) 通过网络链接获取网页内容。

　　(2) 对获得的网页内容进行处理。

　　本节我们将通过两个实例介绍网络爬虫。

　　按照实现的技术和结构,网络爬虫可以分为通用网络爬虫、聚焦网络爬虫、增量式网络爬虫和深层网络爬虫几种类型。

　　(1) 通用网络爬虫,又称为全网爬虫,是搜索引擎抓取系统的重要组成部分。由于通用网络爬虫的爬取范围和数量巨大,爬取的是海量数据,对爬行速度和存储空间要求很高,一般采用并行的工作方式。

（2）聚焦网络爬虫，又称为主题网络爬虫，是面向某个特定主题的网络爬虫程序。与通用网络爬虫的区别在于，抓取时会按照预先确定的主题，对内容进行过滤，有选择地进行网页抓取，尽量保证只抓取与需求相关的网页信息。

（3）增量式网络爬虫，是在抓取数据时，只抓取新产生或更新过的页面，对于没有发生变化的页面，不会抓取。这样可以有效减少下载量，减少开销。

（4）深层网络爬虫，是抓取那些隐藏在深层网页中的信息的爬虫。该类型获取的是那些不通过静态链接获取，而需要提交一些表单才能获得的页面。互联网上很多信息都是隐藏在深层网页中的，因此深层网页是主要的抓取对象。

Requests 库是基于 urllib 简洁易用的处理 HTTP 请求的第三方库，该库的使用更接近 URL 访问过程。默认安装 Python 后是没有 Requests 模块的，需要通过 pip 命令单独安装后才能使用。

【例 4.17】 使用 Requests 库获取百度知道上的网页信息。

【分析】 使用 Requests 库的 get() 方法获取网页信息。

程序代码如下：

```python
import requests
url="https://zhidao.baidu.com/"
try:
    res=requests.get(url)
    res.raise_for_status()
    res.encoding=res.apparent_encoding
    print(res.text[:300])
except:
    print("爬取失败")
```

运行结果为：

```
<!DOCTYPE html>
<!--STATUS OK-->
<html>
<head>
<meta http-equiv="X-UA-Compatible" content="IE=Edge" />
<meta http-equiv="content-type" content="text/html;charset=gbk" />
<meta property="wb:webmaster" content="3aababe5ed22e23c" />
<meta name="referrer" content="always" />
<title>百度知道-全球领先中文互动问答平台</
```

程序说明：

（1）本程序使用 Requests 库的 get() 方法获取百度知道主页的信息，由于网页信息很多，我们只输出了前 300 个字符。从运行结果可以看出，程序成功获取了百度知道主页上的信息，该信息包括了所有的 HTTP 网页信息。

（2）本程序采用了 try-except 结构，保证在爬取出现异常时，程序不会崩溃。

（3）encoding 是从 http 中的 header 中的 charset 字段中提取的编码方式，若 header 中没有 charset 字段则默认为 ISO-8859-1 编码模式，则无法解析中文，apparent_encoding 会从网页的内容中分析网页编码的方式。为了避免出现由于中文可能显示乱码的问题，程序中将 encoding 赋值为 apparent_encoding，可以保证提取信息的正确显示。

（4）res.text 使用 text 属性获取 HTTP 响应内容的字符串形式，即 str 类型，还可以通过 content 属性获取二进制形式的内容。

【例 4.18】 使用 Requests 库获取当当网上的某本图书的信息。

【分析】 首先使用浏览器打开当当网主页，找到要访问的图书，我们以余华所著的图书《活着》为例，复制其链接作为 url。使用 Requests 库的 get() 方法获取网页信息。

程序代码如下：

```
import requests
url="http://product.dangdang.com/29311943.html"
try:
    header={'user-agent':'Mozilla/5.0'}
    res=requests.get(url,headers=header)
    res.raise_for_status()
    res.encoding=res.apparent_encoding
    print(res.text[:500])
except:
    print("爬取失败")
```

运行结果为：

```
<!DOCTYPE html>
<html>
<head>
    <title>《活着(2021新版,精装,易烊千玺推荐阅读。当当专享印签藏书票+限量赠珍藏复
刻手稿)》(余华 著 )【简介_书评_在线阅读】-当当图书</title>
    <meta http-equiv="X-UA-Compatible" content="IE=Edge">
<meta name="description" content="当当网图书频道在线销售正版《活着(2021新版,精
装,易烊千玺推荐阅读。当当专享印签藏书票+限量赠珍藏复刻手稿)》,作者:余华 著 ,出版社:
北京十月文艺出版社。最新《活着(2021新版,精装,易烊千玺推荐阅读。当当专享印签藏书票
+限量赠珍藏复刻手稿)》简介、书评、试读、价格、图片等相关信息,尽在 DangDang.com,网购《活
着(2021新版,精装,易烊千玺推荐阅读。当当专享印签藏书票+限量赠珍藏复刻手稿)》,就上当
当网。">
<meta charset="gbk">
<link href="/29311943.html" rel="canonical">
<l
```

程序说明：

（1）本程序设置了 get() 方法中的 headers 关键字，指定了 user-agent，即将发起的 HTTP 请求伪装成浏览器，这样做是因为很多网站使用了反爬虫设置。为了防止恶意采

集信息,拒绝了用户的访问。

当当网就是这样,读者可以试着将程序改写为如下形式,运行后观察输出结果。

```
import requests
url="http://product.dangdang.com/29311943.html"
try:
    res=requests.get(url)
    res.raise_for_status()
    res.encoding=res.apparent_encoding
    print(res.text[:500])
except:
    print("爬取失败")
```

上述代码的运行结果是:

```
爬取失败
```

这是因为当当网的反爬虫设置阻止了网络爬虫程序的访问。如果不用 try-except 结构处理异常,则会显示"由于目标计算机积极拒绝,无法连接。"的错误提示。

(2) 有的网站做了浏览频率的限制,如果请求该网站频率过高,则该网站会封掉访问者的 IP,禁止访问。为了解决该问题,可以使用代理来解决,即在调用 get()函数时,对 proxies 参数。具体的使用方法,读者可以参考 Requests 库官方文档的示例用法,Requests 库官方文档的网址见本章的拓展延伸部分。

使用 Requests 库获取 HTML 页面并将其转换成字符串后,需要进一步解析 HTML 页面格式,提取其中有用的信息,这时就需要处理 HTML 和 XML 的函数库。

Beautiful Soup4 库,也称为 bs4 库,用于解析和处理 HTML 和 XML。可以根据 HTML 和 XML 语法建立解析树,从而高效解析其中的内容。Beautiful Soup4 是第三方库,需要通过 pip 命令单独安装,使用命令如下:

```
pip install bs4
```

接下来我们通过一个综合使用 Requests 库和 bs4 库,完成豆瓣电影评论的爬取。

【例 4.19】 爬取豆瓣电影排名前 250 名的电影信息,并将其保存到一个 CSV 文件中。

【分析】 使用 Requests 库获取豆瓣排名前 250 名的 HTML 页面信息。然后使用 bs4 库解析 HTML 页面,提取出其中的排名序号、电影标题、评分、推荐语、网址,保存到 CSV 文件中。

程序代码如下:

```
import requests
import random
import bs4
```

```
import csv

#1.创建文件对象
f = open('douban_Top250.csv', 'w', encoding='utf-8')
csv_writer = csv.writer(f)
#2.构建列表头
csv_writer.writerow(["豆瓣电影 Top250","\n""序号", "电影名称", "评分", "推荐
语","网址"])
for x in range(10):
    #3.标记了请求从什么设备,什么浏览器上发出
    headers = {
    'user-agent':'Mozilla/5.0 (Windows NT 10.0; Win64; x64) AppleWebKit/537.36
(KHTML, like Gecko) Chrome/81.0.4044.122 Safari/537.36'

    }
    url = 'https://movie.douban.com/top250? start=' +str(x * 25) +'&filter='
    res = requests.get(url,headers=headers)
    bs = bs4.BeautifulSoup(res.text, 'html.parser')
    bs = bs.find('ol', class_="grid_view")
    for titles in bs.find_all('li'):
        num = titles.find('em',class_="").text
        title = titles.find('span', class_="title").text
        comment = titles.find('span',class_="rating_num").text
        url_movie = titles.find('a')['href']
        #4.AttributeError: 'NoneType' object has no attribute 'text',为避免此
类报错,增加一个条件判断
        if titles.find('span',class_="inq") != None:
            tes = titles.find('span',class_="inq").text
            csv_writer.writerow([num, title, comment, tes,url_movie])
        else:
            csv_writer.writerow([num, title,comment,'none', url_movie])
f.close()
```

运行后会在当前文件夹下生成名为"douban_Top250.csv"的文件。部分内容如图 4-3
所示。

豆瓣电影Top250				
序号"	电影名称	评分	推荐语	网址
1	肖申克的救赎	9.7	希望让人自由。	https://movie.douban.com/subject/1292052/
2	霸王别姬	9.6	风华绝代。	https://movie.douban.com/subject/1291546/
3	阿甘正传	9.5	一部美国近现代史。	https://movie.douban.com/subject/1292720/
4	这个杀手不太冷	9.4	怪蜀黍和小萝莉不得不说的故事。	https://movie.douban.com/subject/1295644/
5	泰坦尼克号	9.4	失去的才是永恒的。	https://movie.douban.com/subject/1292722/
6	美丽人生	9.6	最美的谎言。	https://movie.douban.com/subject/1292063/
7	千与千寻	9.4	最好的宫崎骏，最好的久石让。	https://movie.douban.com/subject/1291561/
8	辛德勒的名单	9.5	拯救一个人，就是拯救整个世界。	https://movie.douban.com/subject/1295124/
9	盗梦空间	9.3	诺兰给了我们一场无法盗取的梦。	https://movie.douban.com/subject/3541415/
10	忠犬八公的故事	9.4	永远都不能忘记你所爱的人。	https://movie.douban.com/subject/3011091/

图 4-3 生成的"douban_Top250.csv"文件内容

程序说明：

（1）由于豆瓣电影排名前 250 名的电影并不是显示在一个页面上，而是分 10 个页面显示，每个页面上显示 25 部的信息。因此通过遍历循环 10 次，每次均根据网页的更新地址，更新 url 信息。

（2）对页面解析时，采用 bs4 库，首先通过 find 找到满足标签名为"ol"、类名为"grid_view"的 HTML 信息，然后使用 find_all 方法提取标签名为"li"的所有信息，最后分别在其中提取所需的排名、标题、评分、推荐语、网址等信息。

（3）本例通过调用 csv 库，使用其中的 writer()、writerow()等方法完成写文件的操作。

4.6 数据分析

pandas 是基于 NumPy 的一个开源库，提供了高效操作大型数据集的工具，可用于解决数据分析问题。pandas 属于第三方库，需使用如下命令安装。

```
pip install pandas
```

通常，pandas 的引用方式为：

```
import pandas as pd
```

pandas 兼容所有 Python 的数据类型，除此之外，还支持两种数据结构：
- Series：一维数组。
- DataFrame：二维表格型数据结构。

Series 与 NumPy 的数组（array）、Python 的列表（list）相似，区别在于列表中的元素可以是各种不同的数据类型，而数组中只允许存储相同的数据类型。DataFrame 是指二维的表格型数据结构，DataFrame 可以理解为 Series 的容器。

pandas 可以方便快速地读取本地文件，如 CSV、txt 格式等。

【例 4.20】 读"stu.csv"文件，并显示前 5 行数据。

【分析】 使用 pandas 库的 read_csv 读取文件。

程序代码如下：

```
import pandas as pd
data=pd.read_csv("stu.csv",encoding='gbk')
print(data[:5])
```

输出结果为：

```
     stuid   name  age
0   202101   张江   19
1   202102   王华   18
2   202103   刘红   20
3   202104   赵一   19
4   202105   李明   20
```

程序说明：

（1）使用 read_csv 读取 stu.csv，得到的 data 为 DataFrame 结构。第一列自动显示的是每一行的索引，可以通过该索引读取某一行信息。输出前 5 行，所以使用 data[:5]。

（2）如果想要读取某一列的信息，则可以通过列标题，即 data['name'] 读取姓名列。

【例 4.21】 将城市名和区号写入 CSV 文件。

【分析】 使用 pandas 库中的 to_csv 写文件。

程序代码如下：

```
import pandas as pd
data={'city':['北京','上海','广州','天津'],'code':['010','021','020','022']}
frame=pd.DataFrame(data)
print(frame)
frame.to_csv("citycode.csv")
```

输出结果为：

```
    city  code
0   北京    010
1   上海    021
2   广州    020
3   天津    022
```

程序说明：本程序运行后还会在当前文件夹下生成"citycode.csv"文件。可以通过 index 指定索引。

pandas 的输入/输出 API 提供了对文本、二进制和结构化查询语言（SQL）等不同格式类型文件的读/写函数，主要方法如表 4-20 所示。

表 4-20 pandas 的输入输出 API

格式类型	数据描述	读	写
文本	CSV	read_csv( )	to_csv( )
文本	JSON	read_json( )	to_json( )
文本	HTML	read_html( )	to_html( )
文本	Local clipboard	read_clipboard( )	to_clipboard( )
二进制	MS Excel	read_excel( )	to_excel( )
二进制	HDFS Format	read_bdf( )	to_hdf( )
二进制	Feather Fomat	read_feather( )	to_feather( )
二进制	Python Pickle Format	read_pickle( )	to_pickle( )
SQL	SQL	read_sql( )	to_sql( )

4.7 数据可视化

4.7.1 Matplotlib 库

Matplotlib 是 Python 著名的绘图库之一。pyplot 是其中绘制各类可视化图形的命令子库,其格式为:

```
plt.plot(x, y, format_string, **kwargs)
```

当绘制多条曲线时,各条曲线的 x 不能省略。其中:

- x:x 轴数据,列表或数组,可选。
- y:y 轴数据,列表或数组。
- format_string:控制曲线的格式字符串,可选。
- **kwargs:第二组或更多(x,y,format_string)。

【例 4.22】 绘制纵坐标为[3,2,4,1,5]的折线图。

【分析】 使用 pyplot 子库,通过 plot()函数绘制,由于只要求了纵坐标,默认横坐标对应[1,2,3,4,5],横坐标参数可以省略。

程序代码如下:

```
import matplotlib.pyplot as plt
plt.plot([3,2,4,1,5])
plt.savefig('figtest',dpi=600)
plt.show()
```

运行后的展示效果如图 4-4 所示。

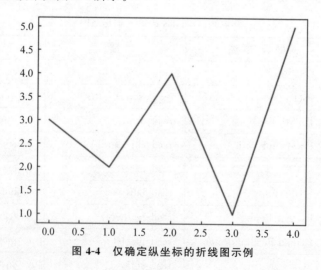

图 4-4 仅确定纵坐标的折线图示例

程序说明:plt.savefig()将输出图形存储为文件,默认为 png 格式,可以通过 dpi 修改输出质量。

【例 4.23】 绘制横坐标为 [1,3,5,7,9]，纵坐标为 [3,2,4,1,5] 的折线图。添加横坐标标签和纵坐标标签。

【分析】 本例中使用 plot() 函数，两个参数分别是给定的横坐标和纵坐标，来绘制折线图，通过 xlabel 和 ylabel 添加横坐标和纵坐标的标签。绘制的效果如图 4-5 所示。

程序代码如下：

```
import matplotlib.pyplot as plt
plt.plot([2,4,6,8,10],[3,2,4,1,5])
plt.xlabel('id')
plt.ylabel('grade')
plt.savefig('figtest',dpi=600)
plt.show()
```

运行后的展示效果如图 4-5 所示。

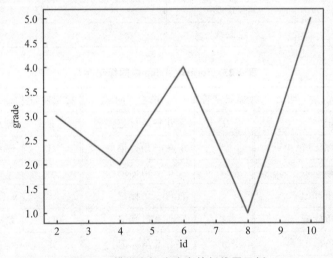

图 4-5 横纵坐标均确定的折线图示例

程序说明：当 plt.plot(x,y) 有两个以上参数时，按照 x 轴和 y 轴顺序绘制数据点。

【例 4.24】 绘制 y=2x，y=3x，y=4x，y=5x 四条直线，分别设置为绿色实线、蓝色带 x 标记、绿色带 * 标记虚线、青绿色点画线。

【分析】 根据 format_string 确定直线颜色和标记等，format_string 的颜色字符如表 4-21 所示，风格字符如表 4-22 所示，标记字符如表 4-23 所示。绘制效果如图 4-6 所示。

程序代码如下：

```
import matplotlib.pyplot as plt
import numpy as np
a = np.arange(1,11)
plt.plot(a,a*2,'r-',a,a*3,'bx',a,a*4,'g*:',a,a*5,'c-.')
plt.show()
```

表 4-21　format_string 中的颜色字符

颜色字符	说　　明	颜色字符	说　　明
'b'	蓝色	'm'	洋红色
'g'	绿色	'y'	黄色
'r'	红色	'k'	黑色
'c'	青绿色	'w'	白色
'#008000'	RGB 颜色	'0.8'	灰度值字符串

表 4-22　format_string 中的风格字符

风格字符	说　　明	风格字符	说　　明
'-'	实线	':'	虚线
'--'	破折线	'' '	无线条
'-.'	点画线		

表 4-23　format_string 中的标记字符

标记字符	说　　明	标记字符	说　　明	标记字符	说　　明
'.'	点标记	'1'	下花三角标记	'h'	竖六边形标记
','	像素标记(极小点)	'2'	上花三角标记	'H'	横六边形标记
'o'	实心圈标记	'3'	左花三角标记	'+'	十字标记
'v'	倒三角标记	'4'	右花三角标记	'x'	x 标记
'^'	上三角标记	's'	实心方形标记	'D'	菱形标记
'>'	右三角标记	'p'	实心五角标记	'd'	瘦菱形标记
'<'	左三角标记	'*'	星形标记	'|'	垂直线标记

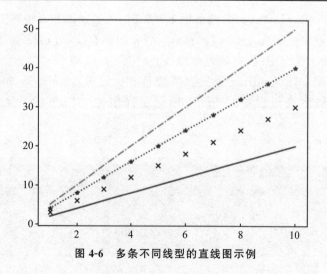

图 4-6　多条不同线型的直线图示例

pyplot 默认并不支持中文显示,如要显示中文,有两种方法:

(1)通过 rcParams 修改字体。

(2)在有中文输出的地方,增加一个属性 fontproperties。

【例 4.25】 绘制余弦函数。横轴和纵轴的标签分别为:时间、振幅。通过 rcParams 修改字体,保证中文的显示。

【分析】 通过 rcParams 修改字体设置,选择黑体显示中文文字。绘制效果如图 4-7 所示。

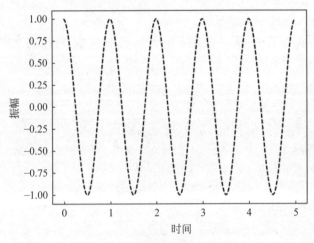

图 4-7 余弦函数可视化示例

代码如下:

```python
import matplotlib.pyplot as plt
import matplotlib
import numpy as np
matplotlib.rcParams['font.family']='SimHei'
matplotlib.rcParams['font.size']=10
plt.rcParams['axes.unicode_minus'] = False
a = np.arange(0.0,5.0,0.01)
plt.xlabel('时间')
plt.ylabel("振幅")
plt.plot(a,np.cos(2 * np.pi * a),'k--')
plt.show()
```

程序说明:

(1)修改 rcParams 的各参数,保证中文显示,其中的 font.family 设置字体,font.size 设置字号,如表 4-24 所示。

(2)axes.unicode_minus 设置为 False,是为了保证负号能正常显示。否则负号会显示为一个方框。

表 4-24   rcParams 参数

属 性	说 明
'font.family'	用于显示字体的名字
'font.style'	字体风格，正常'normal'或斜体'italic'
'font.size'	字体大小，整数字号或者'large'、'x - small'

【例 4.26】   绘制余弦函数。横轴和纵轴的标签分别为：时间、振幅。通过增加 fontproperties 属性，保证中文的显示。

【分析】   在添加标签时，通过设置 fontproperties 参数，将中文文字显示为黑体。
代码如下：

```python
import matplotlib.pyplot as plt
import numpy as np
plt.rcParams['axes.unicode_minus'] = False
a = np.arange(0.0,5.0,0.01)
plt.xlabel('时间',fontproperties='SimHei',fontsize=10)
plt.ylabel("振幅",fontproperties='SimHei',fontsize=10)
plt.plot(a,np.cos(2 * np.pi * a),'k--')
plt.show()
```

程序说明：在需要中文显示的地方，增加 fontproperties 属性设置字体，fontsize 设置字号。文本显示函数如表 4-25 所示。

表 4-25   文本显示函数

函 数	说 明	函 数	说 明
plt.xlabel()	对 X 轴增加文本标签	plt.text()	在任意位置增加文本
plt.ylabel()	对 Y 轴增加文本标签	plt.annotate()	在图形中增加带箭头的注解
plt.title()	对图形整体增加文本标签		

如果希望绘制的图中包含多个子图，则可以使用 subplot()函数。其格式如下：

```python
subplot(nrows, ncols, index, **kwargs)
```

上述格式中 nrows 表示画面中总的行数，ncols 表示画面中总的列数，index 表示当前图所在的位置。例如如图 4-8 所示的画面共有 6 个子图，分布在三行两列，如果要绘制左上角的子图，则需要使用 subplot(3,2,1)，然后再通过调用函数完成绘制。

【例 4.27】   subplot()函数的应用。按照 2×2 的布局结构，绘制四个子图，其中两个正弦信号，两个余弦信号。

【分析】   按照 2×2 的布局，分别以 subplot(221)、subplot(222)、subplot(223)、subplot(224)从左到右，从上到下绘制 4 个子图。绘制效果如图 4-9 所示。

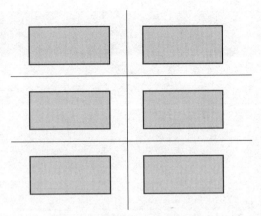

图 4-8　包含多个子图的示例

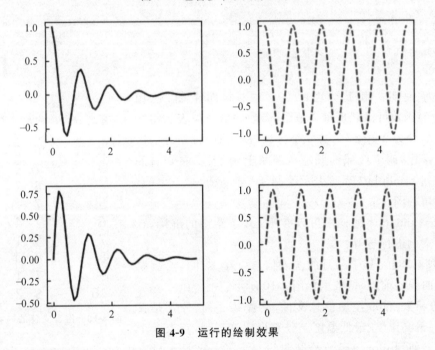

图 4-9　运行的绘制效果

程序代码如下：

```
import numpy as np
import matplotlib.pyplot as plt

def f(t):
    return np.exp(-t) * np.cos(2 * np.pi * t)
def g(t):
    return np.exp(-t) * np.sin(2 * np.pi * t)

t1 = np.arange(0.0, 5.0, 0.1)
```

```
t2 = np.arange(0.0, 5.0, 0.02)

plt.figure(1)
plt.subplot(221)
plt.plot(t1, f(t1), 'b')

plt.subplot(222)
plt.plot(t2, np.cos(2 * np.pi * t2), 'r--')

plt.subplot(223)
plt.plot(t1, g(t1), 'b')

plt.subplot(224)
plt.plot(t2, np.sin(2 * np.pi * t2), 'r--')

plt.show()
```

程序说明：由于呈现的是 2×2 共四个图，使用 subplot()函数可以展现每个子图，参数的前两位表示将绘图区域划分为 2 行 2 列，共 4 个区域，绘制时，将划分的区域进行排序，四个区域的顺序按照从上到下、从左到右的顺序排列。subplot(221)表示绘制 4 个区域的第一个图。即左上角的图。

text、annotate 的使用可以参照 4.5 节给出的链接，查看官网案例进行学习。

【例 4.28】 基于某月的温度信息(txt 文件)，绘制温度变化曲线。前 10 行数据如图 4-10 所示。

temp.txt - 记事本
文件(F) 编辑(E) 格式(O) 查看(V) 帮助(H)

1	5	0
2	6	0
3	7	3
4	6	2
5	7	-1
6	7	4
7	6	1
8	8	0
9	7	1
10	5	2

图 4-10 温度文件的内容格式

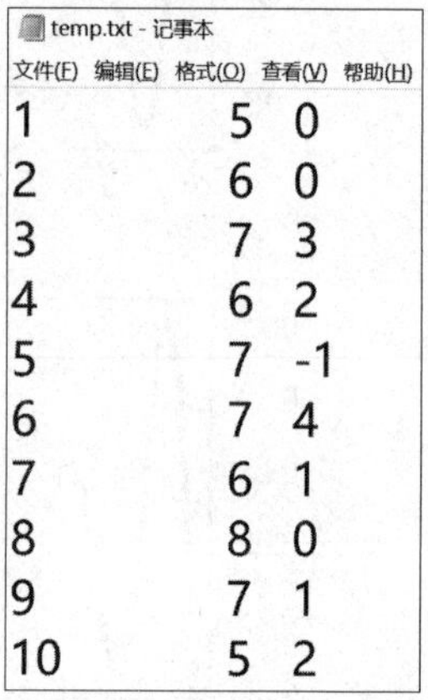

【分析】 读取温度信息文件，文件共 3 列，分别是日期(日)、最高温度、最低温度。分别提取这三列，存入 3 个列表中。使用 plot()函数绘制曲线。为了温度显示更直观，绘制一条 0 度基准线。最高和最低气温分别设置不同的颜色和格式标记。

程序代码如下：

```
import matplotlib.pyplot as plt

def read_txt(file):
    with open(file, 'r') as temp:
        ls = [x.strip().split() for x in temp]
    return ls

def plot_line(ls):
```

```
    x = [int(x[0]) for x in ls]
    higher = [int(x[1]) for x in ls]
    lower = [int(x[2]) for x in ls]

    plt.plot(x, higher, marker='o', color='r')
    plt.plot(x, lower, marker='*', color='b')
    plt.xticks(list(range(1, 32,2)))
    plt.yticks(list(range(-10, 30, 5)))
    plt.axhline(0, linestyle='--', color='g')
    plt.show()
    plt.savefig('temp_curve.png')


filename = 'temp.txt'
temp_list = read_txt(filename)
plot_line(temp_list)
```

运行结果如图 4-11 所示。

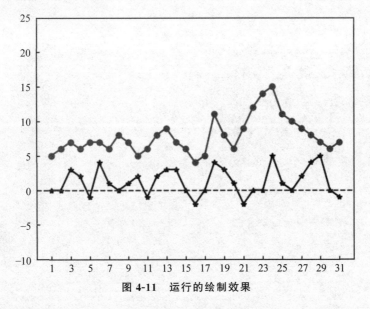

图 4-11   运行的绘制效果

程序说明：

（1）读取存储温度值的文本文件，由于文本中每行均以空格间隔，因此使用 split() 函数将其拆分转换为列表。

（2）绘制每天的温度变化曲线，设置 x 轴的坐标刻度为日，即文本文件中的第一列，y轴的坐标刻度根据文件中最高温和最低温进行设置，最低刻度要低于最低温，最高刻度要高于最高温。

（3）绘制温度曲线，最高温设为红色，使用圆圈标记绘制，最低温设为蓝色，使用星号标记。0 度基准线则设为绿色，使用虚线绘制。

【例 4.29】 基于目前主流程序设计语言及其热度数据，数据文件内容如图 4-12 所示，据此数据绘制饼图。

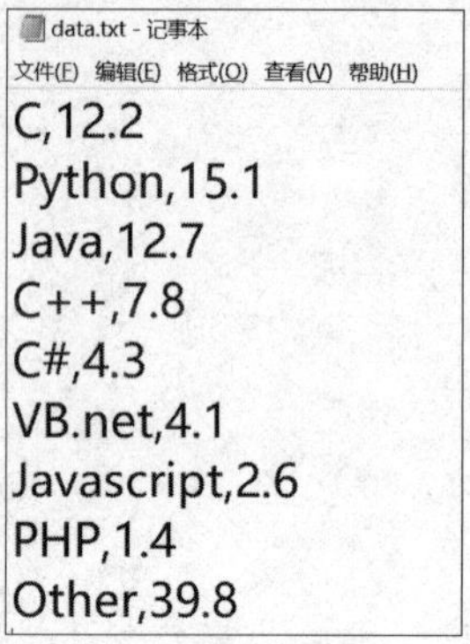
data.txt - 记事本
文件(F) 编辑(E) 格式(O) 查看(V) 帮助(H)

```
C,12.2
Python,15.1
Java,12.7
C++,7.8
C#,4.3
VB.net,4.1
Javascript,2.6
PHP,1.4
Other,39.8
```

图 4-12 数据文件内容格式

【分析】 读取数据文件，共 2 列，分别是程序设计语言和百分比，中间以逗号分隔。首先提取所有数据，存入列表中，读文件采用函数实现。使用 pie()函数绘制饼图。

程序代码如下：

```
import matplotlib.pyplot as plt

def read_txt(file):
    with open(file, 'r') as temp:
        ls = [x.strip().split(',') for x in temp]
    return ls

ls=read_txt('data.txt')

labels =[x[0] for x in ls]
sizes = [x[1] for x in ls]

plt.rcParams['font.sans-serif'] = ['SimHei']   #解决保存图像是负号'-'显示为方
                                                 块的问题
plt.rcParams['axes.unicode_minus'] = False

explode = [0, 0.1, 0, 0, 0, 0, 0, 0, 0]          #使 Python 突出显示
plt.axes(aspect=1)
plt.figure(figsize=(10,6.5))
plt.pie(sizes, explode=explode, labels=labels,
        labeldistance=1.1, autopct='%2.1f%%',
        shadow=True, startangle=90,
        pctdistance=0.7)
plt.legend(loc='lower left', bbox_to_anchor=(-0.35, 0.1))
plt.show()
plt.savefig('program.png')
```

运行效果如图 4-13 所示。

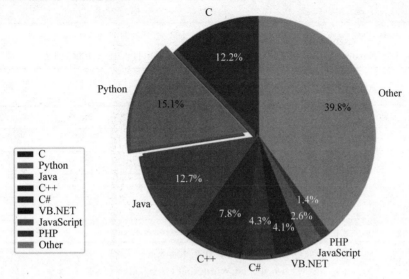

图 4-13　运行的绘制效果

程序说明：

（1）调用读文件函数 read_txt()得到的列表 ls，每个元素是文件中的一行，即包括程序设计语言及对应的百分比两项数据。为了绘制饼图，需要将二者分离在两个列表中，因此使用列表生成式"[x[0] for x in ls]"提取程序设计语言，存入 labels 列表，即饼图中的每块的名称。同样的方式，得到每个饼图对应的大小 sizes 列表。

（2）为使绘制的饼图是圆形的，设置参数 aspect 为 1。

（3）通过设置 explode 参数，第二项设为 0.1，使 Python 对应的部分突出显示，即从饼图中离开中心的距离。

（4）pctdistance 用于设置圆内文本距圆心的距离。通过设置该参数，可以有效避免饼图中百分比较小块上文字重叠的问题。

（5）legend 用于设置图例，bbox_to_anchor 可以设置图例的具体位置，参数的具体含义可以参考 4.10 节给出的 Matplotlib 官方网站说明。

4.7.2　wordcloud 库

wordcloud 库称为词云库，是分析文本数据进行可视化广泛使用的库。过滤掉文本中大量的低频信息，对出现频率较高的关键字进行视觉化的呈现，可以帮助浏览者快速领略文本的主旨。

wordcloud 属于第三方库，需要通过 pip install wordcloud 命令进行安装。值得注意的是，直接安装可能会提示缺少 C++编译环境的错误，可以先安装 C++编译环境后再安装 wordcloud，也可以直接下载 wheel 文件，根据本地的 Python 版本和操作系统版本选择对应的 wheel 文件下载即可。wordcloud 的常用方法如表 4-26 所示，常用参数如表 4-27 所示。

表 4-26   wordcloud 常用方法

方 法	描 述
w.generate(txt)	向 WordCloud 对象 w 中添加文本 txt
w.to_file(filename)	将词云输出为图像文件,JPG 或者 PNG 格式

表 4-27   wordcloud 常用参数

参 数	描 述
width	词云图片宽度,默认为 400
height	词云图片高度,默认为 200
min_font_size	词云中最小字号,默认为 4
max_font_size	词云中最大字号,根据高度自动调节
font_step	词云中字体字号的步进间隔,默认为 1
font_path	指定字体文件路径,默认为 None, >>> w = wordcloud.WordCloud(font_path='msyh.ttc')
max_words	显示最大单词数量,默认为 200
stopwords	不显示的单词列表
backgroud_color	指定词云的背景颜色,默认为黑色
mask	指定词云形状,默认为长方形,需要引入 imageio 库中的 imread()函数

【**例 4.30**】 分析《人工智能发展报告 2020》中关于"人工智能未来技术研究方向"部分的文件 data.txt,按照文件内容制作中文词云。

【**分析**】 文件以记事本文件保存,首先读取文件内容,调用 jieba 库进行中文分词,然后调用 wordcloud 库生成词云。

程序代码如下:

```
import jieba
import wordcloud
stopwords = ['需要','采用','以及','可以','可能']
f = open("data.txt", "r", encoding="utf-8")
t = f.read()
f.close()
ls = jieba.lcut(t)
txt = " ".join(ls)
wc = wordcloud.WordCloud(\
    width = 1000, height = 700,\
    background_color = "white",
    font_path = "msyh.ttc", stopwords=stopwords
    )
wc.generate(txt)
wc.to_file("mywc.png")
```

运行效果如图 4-14 所示。

图 4-14 词云效果图

程序说明:

(1) 通过运行结果可以看出,人工智能未来的技术方向中"智能技术""解释性""知识"等相关领域会更受关注。

(2) 设置 stopwords 可以剔除无意义的词汇,使其不显示在词云中,实际应用中可以根据需要进行设置。

(3) 可以通过设置 mask 属性,设置词云展示的形状。读者可以自行实现。

4.8 AI 相关的库

scikit-learn(sklearn)是机器学习中常用的第三方模块,是简单高效的数据挖掘和数据分析工具。对常用的机器学习方法进行了封装,包括回归(Regression)、降维(Dimensionality Reduction)、分类(Classfication)、聚类(Clustering)等方法。

与人工智能相关的框架还包括:TensorFlow、Keras、PyTorch。Keras 是一个用Python 编写的高级神经网络 API,它能够以 TensorFlow、CNTK 或者 Theano 作为后端运行。相关资料可以查阅对应的官网。

4.9 本 章 小 结

本章介绍了文件的概念及常用的读写方法,常用的二维数据和高维数据格式,以及Python 中的常用库。科学计算方面 NumPy 是常用库,数据可视化常用的 Matplotlib 库,与 AI 相关的库和框架较多,后续的项目实践部分我们将用其中的 sklearn 库和深度学习框架进行实践。pandas 库是常用的数据分析库,在人工智能应用中也使用较多,具体的使用方法将在项目实践中介绍。

文件操作是数据处理中很重要的方面,人工智能项目所需的数据大多会保存在不同格式的文件中,因此通过读文件来获取数据或按照指定的格式将数据写入文件都是开发时必备的技能。

4.10　拓 展 延 伸

本节提供 Python 标准库和第三方库的官网链接,以便查阅相关说明和使用方法等。

1. 标准库:https://docs.python.org/zh-cn/3.9/library/index.html

2. NumPy 官方文档:https://numpy.org/doc/stable/reference/

3. Requests 库官方文档:https://docs.python-requests.org/en/latest/

4. Beautiful Soup 库官方网站:https://www.crummy.com/software/BeautifulSoup/

5. Matplotlib 库:https://matplotlib.org/

6. scikit-learn 库:https://scikit-learn.org/stable/

习　题　四

1. 选择题

(1) 键值对是高维数据的特征,以下可以表达和存储高维数据的格式是(　　　)。

    A. JSON　　　　　　　B. CSV　　　　　　　C. TXT

(2) 以下文件操作方法中打开后能读取 CSV 格式文件的选项是(　　　)。

    A. fo＝open("123.csv","r")　　　　　　B. fo＝open("123.csv","w")

    C. fo＝open("123.csv","x")　　　　　　D. fo＝open("123.csv","a")

(3) 以下程序输出到文件 text.csv 里的结果是(　　　)。

```
fo = open("text.csv",'w')
x = [95,87,93]
z = []
for y in x:
    z.append(str(y))
fo.write(",".join(z))
fo.close()
```

    A. 95,87,93　　　　　　　　　　　　B. [95,87,93]

    C. '95,87,93'　　　　　　　　　　　D. '[95,87,93]'

(4) AI 相关的框架包括(　　)。

    A. MindSpore　　　　B. TensorFlow　　　　C. PyTorch　　　　D. time

2. 判断题

(1) f＝open("file.txt","r")，通过该代码打开文件 file.txt，可以修改文件中的内容。
（　　）

(2) 二维数据用 CSV 格式的文件存储时，每行是一个一维数组，一行中的数据间采用英文逗号分隔。
（　　）

(3) 使用以下代码，表示接下来要绘制的是上下两个子图中的上方子图。　　（　　）

```
import matplotlib.pyplot as plt
plt.subplot(211)
```

(4) 文件打开模式为"r"，则当文件不存在时会返回文件找不到的错误。　（　　）

(5) 当文件打开模式为"w"，文件不存在时，会返回文件找不到的错误。　（　　）

3. 编程题

(1) 文件"data.txt"中保存了多人的姓名和电话，每个人的信息占一行，姓名和电话之间用逗号分隔。编写程序，读取文件内容，并将其保存到字典中。当用户输入姓名后，查询对应的电话号码并输出。

(2) 有函数表达式如下所示：利用 Matplotlib 绘制[0,pi]区间的函数曲线。

$$y = \cos(2\pi x)e^{-x} + 0.8$$

第 5 章

人工智能数学基础

本章导读

学习人工智能的知识首先要打好数学基础,数学基础知识蕴含着处理智能问题的基本思想与方法,也是理解复杂算法的必备要素。人工智能技术建立在数学模型之上,要了解人工智能,首先要掌握必备的数学基础知识。本章介绍在人工智能领域常用的数学知识,包括线性代数、概率论及最优化问题求解等。

学习目标

- 能使用线性代数解决常见数学问题并阐述其在人工智能中的应用。
- 能使用概率论解决常见数学问题并阐述其在人工智能中的应用。
- 能阐述最优化问题及其在人工智能中的应用。

各例题知识要点

例 5.1 矩阵乘法

例 5.2 求方程组的最小二乘解

例 5.3 计算矩阵的逆

例 5.4 计算分块矩阵的逆

例 5.5 计算行列式的值——第一种方法

例 5.6 计算行列式的值——第二种方法

例 5.7 求特征值和特征向量

例 5.8 将矩阵转化为对角形

例 5.9 奇异值分解

例 5.10 求离散随机变量的期望与方差

例 5.11 求连续随机变量的期望与方差

例 5.12 判断相关性

5.1 数学与人工智能

人工智能领域离不开数学,不论是机器学习还是深度机器学习,都会用到大量的数学知识,要想学好人工智能,首先要拥有一定的数学基础。

人工智能需要通过应用数学进行建模,然后进行数据采集、数据挖掘,最后通过适当的方法进行模型验证。将规律性事物总结为数学模型,不仅要还原所见的现象,还要基于现象进行仿真、模拟实验,并在这样的模型上进一步调控策略、定量评估,最终才能预测研判、解决问题。现代人工智能的产生与提出是在学科交叉中涌现的,但它需要精准的数学刻画,故而需要应用数学知识的介入,从而开展更深入的研究。

5.2　线性代数

线性代数是代数学的一个分支,主要处理线性问题。线性问题是指数学对象之间的关系是以一次形式来表达的。线性代数诞生于求解线性方程组,行列式、矩阵及向量是处理线性问题的有力工具。线性代数在人工智能领域的应用越来越多,神经网络中的所有参数都被存储在矩阵中,而线性代数使矩阵运算变得更加快捷简便。深度学习算法在 GPU 上训练模型时,GPU 可以并行地以向量和矩阵运算。图像在计算中被表示为按序排列的二维像素数组。视频游戏使用庞大的矩阵来产生令人炫目的游戏体验。

5.2.1　矩阵的概念及矩阵运算

标量(Scalar):一个数。例如 $x=3$。

向量(Vector):一个有序排列的列数。例如 $\boldsymbol{x}=\begin{bmatrix} x_1 \\ x_2 \\ \vdots \\ x_n \end{bmatrix}$。

矩阵(Matrix):由 $m \times n$ 个数 $a_{ij}(i=1,2,\cdots,m;j=1,2,\cdots,n)$ 排成 m 行 n 列的数表,称为 m 行 n 列矩阵,简称为 $m \times n$ 矩阵,记作:

$$\boldsymbol{A}_{mn} = \begin{bmatrix} a_{11} & a_{12} & \cdots & a_{1n} \\ a_{21} & a_{22} & \cdots & a_{2n} \\ \vdots & \vdots & \ddots & \vdots \\ a_{m1} & a_{m2} & \cdots & a_{mn} \end{bmatrix} \tag{5.1}$$

a_{ij} 表示第 i 行第 j 列元素,简记为 $A=(a_{ij})_{m \times n}$,有时候,为了指明所讨论的矩阵的级数,可以把 $m \times n$ 矩阵写成 $\boldsymbol{A}_{mn}$。另外,只有完全一样的矩阵才称为相等。

特殊地,行数与列数都等于 n 的矩阵称为 n 阶矩阵或 n 阶方阵。矩阵就是一个数表,且它是数学中一个极重要的应用广泛的工具。

5.2.2　张量

张量(Tensor)是深度学习中的一个重要概念,是 TensorFlow、PyTorch 等很多深度学习框架的重要组成部分。深度学习中的很多运算与模型优化过程都是基于 Tensor 完成的。

张量的定义:从代数角度讲它是向量的推广,可以看作是一个多维数组。目的是能够创造更高维度的矩阵、向量。零阶张量为一个标量;一阶张量为向量;二阶张量为矩阵。

下面举例说明张量:

从表 5-1 中可以看到,0 阶标量只有大小,例如 $\boldsymbol{x}$ 为 3;1 阶张量即向量,有大小和方向,例如 $\boldsymbol{v}=[1,2,3]$;2 阶张量即矩阵,类似数据表,例如矩阵 $\boldsymbol{m}$,每行均为一个列表,则

m 是二维列表,即列表中包含列表;3 阶张量,是数据立方体,例如 t,其中[1],[2],[3]分别是向量,这三个向量组成一个矩阵,这个矩阵是 t 中的一个元素。

表 5-1 Python 示例

阶	数学含义	Python 示例
1	标量	$x = 3$
2	向量	$v = [1, 2, 3]$
3	矩阵	$m = \begin{bmatrix} 1 & 2 & 3 \\ 4 & 5 & 6 \\ 7 & 8 & 9 \end{bmatrix}$
4	3 阶张量	$t = [[[1],[2],[3]],[[4],[5],[6]],[[7],[8],[9]]]$
5	n 阶张量	...

5.2.3 向量和矩阵的应用

在计算机视觉中,声音、图像、视频、标注信息等均被保存在向量或矩阵中,如一幅图像会以矩阵的形式进行存储。在进行图像识别时,常常会把图像矩阵转换为向量,然后对向量进行降维处理和识别,如图 5-1 所示,将灰度图像存储在矩阵 A_{mn} 中。也可以将灰度图像按列或行存储为 $A_{n \times m, 1} = [a_{11} a_{21} a_{31} \cdots a_{12} \cdots a_{mn}]^{\mathrm{T}}$ 或 $A_{m \times n, 1} = [a_{11} a_{12} a_{13} \cdots a_{21} \cdots a_{mn}]^{\mathrm{T}}$。彩色图像则可以存储在三个矩阵中,分别为对应的红、绿、蓝三原色矩阵。

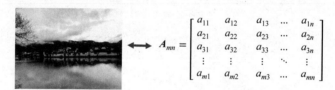

图 5-1 灰度图像与二维矩阵对应

5.2.4 矩阵的运算

矩阵的运算是矩阵之间的一些最基本的关系,本节介绍矩阵的加法、乘法,矩阵与数的乘法及矩阵的转置。我们确定一个数域 P,以下所讨论的矩阵全是由数域 P 中的数组成的。

1. 加法

设:

$$A_{sn} = \begin{bmatrix} a_{11} & a_{12} & \cdots & a_{1n} \\ a_{21} & a_{22} & \cdots & a_{2n} \\ \vdots & \vdots & \ddots & \vdots \\ a_{s1} & a_{s2} & \cdots & a_{sn} \end{bmatrix} \tag{5.2}$$

$$B_{sn} = \begin{bmatrix} b_{11} & b_{12} & \cdots & b_{1n} \\ b_{21} & b_{22} & \cdots & b_{2n} \\ \vdots & \vdots & \ddots & \vdots \\ b_{s1} & b_{s2} & \cdots & b_{sn} \end{bmatrix} \tag{5.3}$$

是两个 $s \times n$ 矩阵,则矩阵

$$C_{sn} = \begin{bmatrix} a_{11}+b_{11} & a_{12}+b_{12} & \cdots & a_{1n}+b_{1n} \\ a_{21}+b_{21} & a_{22}+b_{22} & \cdots & a_{2n}+b_{2n} \\ \vdots & \vdots & \ddots & \vdots \\ a_{s1}+b_{s1} & a_{s2}+b_{s2} & \cdots & a_{sn}+b_{sn} \end{bmatrix} \tag{5.4}$$

称为 A 与 B 的和,记为:

$$C = A + B \tag{5.5}$$

矩阵的加法就是矩阵对应元素相加,当然,相加的矩阵必须要有相同的行数和列数。由于矩阵的加法归结为它们的元素的加法,也就是数的加法,所以不难验证,它有:

结合律: $A + (B+C) = (A+B) + C$;

交换律: $A + B = B + A$。

元素全为零的矩阵称为零矩阵,记为 O,对所有的 A,有 $A + O = A$。

矩阵:

$$\begin{bmatrix} -a_{11} & -a_{12} & \cdots & -a_{1n} \\ -a_{21} & -a_{22} & \cdots & -a_{2n} \\ \vdots & \vdots & \ddots & \vdots \\ -a_{s1} & -a_{s2} & \cdots & -a_{sn} \end{bmatrix} \tag{5.6}$$

称为矩阵 A 的负矩阵,记为 $-A$,显然有 $A + (-A) = O$。

矩阵的减法定义为: $A - B = A + (-B)$。

根据矩阵加法的定义应用关于向量组秩的性质,很容易看出:秩 $(A+B) \leqslant$ 秩 (A) + 秩 (B)。

2. 乘法

设 A_{sn} 为 $s \times n$ 矩阵, B_{nm} 为 $n \times m$ 矩阵,那么矩阵 C_{sm},其中元素:

$$c_{ij} = a_{i1}b_{1j} + a_{i2}b_{2j} + \cdots + a_{in}b_{nj} = \sum_{k=1}^{n} a_{ik}b_{kj} \tag{5.7}$$

称为 A_{sn} 与 B_{nm} 的乘积,记为 $C = AB$。

由矩阵乘法的定义可以看出,矩阵 A_{sn} 与 B_{nm} 的乘积 C_{sm} 的第 i 行第 j 列的元素等于第一个矩阵 A_{sn} 的第 i 行与第二个矩阵 B_{nm} 的第 j 列的对应元素乘积之和,当然,在乘积的定义中,我们要求第二个矩阵的行数与第一个矩阵的列数相等。

【例 5.1】 设矩阵 A 与 B,求 A 与 B 的乘积。

$$A = \begin{bmatrix} 1 & 0 & -1 & 2 \\ -1 & 1 & 3 & 0 \\ 0 & 5 & -1 & 4 \end{bmatrix}, \quad B = \begin{bmatrix} 0 & 3 & 4 \\ 1 & 2 & 1 \\ 3 & -1 & -1 \\ -1 & 2 & 1 \end{bmatrix} \tag{5.8}$$

解：

$$C = AB = \begin{bmatrix} 1 & 0 & -1 & 2 \\ -1 & 1 & 3 & 0 \\ 0 & 5 & -1 & 4 \end{bmatrix} \begin{bmatrix} 0 & 3 & 4 \\ 1 & 2 & 1 \\ 3 & -1 & -1 \\ -1 & 2 & 1 \end{bmatrix} = \begin{bmatrix} -5 & 8 & 7 \\ 10 & -4 & -6 \\ -2 & 19 & 10 \end{bmatrix} \tag{5.9}$$

矩阵 C 中各个元素是根据式(5.7)得出的,例如,第二行第一列的元素 10 是矩阵 A 的第二行元素与矩阵 B 的第一列的对应元素乘积之和:

$$(-1) \times 0 + 1 \times 1 + 3 \times 3 + 0 \times (-1) = 10$$

矩阵的乘法可用于坐标变换,如在空间中作为一坐标系的转轴,设坐标系(x_1, y_1, z_1)到(x_2, y_2, z_2)的坐标变换矩阵为:

$$A = \begin{bmatrix} a_{11} & a_{12} & a_{13} \\ a_{21} & a_{22} & a_{23} \\ a_{31} & a_{32} & a_{33} \end{bmatrix} \tag{5.10}$$

如果令:

$$X_1 = \begin{bmatrix} x_1 \\ y_1 \\ z_1 \end{bmatrix}, \quad X_2 = \begin{bmatrix} x_2 \\ y_2 \\ z_2 \end{bmatrix} \tag{5.11}$$

那么坐标变换的公式可以写成:

$$X_1 = AX_2 \tag{5.12}$$

如果再次作为坐标系的转轴,设由第二个坐标系(x_2, y_2, z_2)到第三个坐标系(x_3, y_3, z_3)的坐标变换公式为:

$$X_2 = BX_3 \tag{5.13}$$

其中:

$$B = \begin{bmatrix} b_{11} & b_{12} & b_{13} \\ b_{21} & b_{22} & b_{23} \\ b_{31} & b_{32} & b_{33} \end{bmatrix}, \quad X_3 = \begin{bmatrix} x_3 \\ y_3 \\ z_3 \end{bmatrix} \tag{5.14}$$

那么,由第一个坐标系到第三个坐标系的坐标变换矩阵为:

$$C = AB \tag{5.15}$$

矩阵的乘法适合结合律:

$$(AB)C = A(BC) \tag{5.16}$$

但不适合交换律,一般来说:

$$AB \neq BA \tag{5.17}$$

矩阵的乘法和加法适合分配率,即:

$$A(B + C) = AB + AC \tag{5.18}$$

$$(B + C)A = BA + CA \tag{5.19}$$

应该指出的是,由于矩阵的乘法不适合交换律,所以以上两式为不同的规律。

还可以定义矩阵的方幂,设 A 是一个 $n \times n$ 矩阵,定义

$$\begin{cases} \boldsymbol{A}^1 = \boldsymbol{A} \\ \boldsymbol{A}^{k+1} = \boldsymbol{A}^k \boldsymbol{A} \end{cases} \tag{5.20}$$

换句话说，$\boldsymbol{A}^k$ 就是 k 个 $\boldsymbol{A}$ 连乘。当然，方幂只能对行数与列数相等的矩阵来定义，由乘法的结合律不难证明

$$\boldsymbol{A}^k \boldsymbol{A}^l = \boldsymbol{A}^{k+l} \tag{5.21}$$

$$(\boldsymbol{A}^k)^l = \boldsymbol{A}^{kl} \tag{5.22}$$

这里 k 和 l 是任意正整数。因为矩阵的乘法不适合交换律，所以 $(\boldsymbol{AB})^k$ 与 $\boldsymbol{A}^k \boldsymbol{B}^k$ 一般不相等。

3. 数量乘法

矩阵：

$$\begin{bmatrix} ka_{11} & ka_{12} & \cdots & ka_{1n} \\ ka_{21} & ka_{22} & \cdots & ka_{2n} \\ \vdots & \vdots & \ddots & \vdots \\ ka_{s1} & ka_{s2} & \cdots & ka_{sn} \end{bmatrix}$$

称为矩阵 $\boldsymbol{A}_{sn}$ 与数 k 的数量乘积，记为 $k\boldsymbol{A}$，换句话说，用数 k 乘矩阵就是把矩阵的每个元素都乘上 k。数量乘积适合以下规律：

$$(k+l)\boldsymbol{A} = k\boldsymbol{A} + l\boldsymbol{A} \tag{5.23}$$

$$k(\boldsymbol{A} + \boldsymbol{B}) = k\boldsymbol{A} + k\boldsymbol{B} \tag{5.24}$$

$$k(l\boldsymbol{A}) = (kl)\boldsymbol{A} \tag{5.25}$$

$$1\boldsymbol{A} = \boldsymbol{A} \tag{5.26}$$

$$k(\boldsymbol{AB}) = (k\boldsymbol{A})\boldsymbol{B} = \boldsymbol{A}(k\boldsymbol{B}) \tag{5.27}$$

矩阵：

$$k\boldsymbol{E} = \begin{bmatrix} k & 0 & \cdots & 0 \\ 0 & k & \cdots & 0 \\ \vdots & \vdots & \ddots & \vdots \\ 0 & 0 & \cdots & k \end{bmatrix} \tag{5.28}$$

通常称为数量矩阵，如果 $\boldsymbol{A}$ 是一个 $n \times n$ 矩阵，那么有：

$$k\boldsymbol{A} = (k\boldsymbol{E})\boldsymbol{A} = \boldsymbol{A}(k\boldsymbol{E}) \tag{5.29}$$

式(5.29)说明，数量矩阵与所有的 $n \times n$ 矩阵作乘法是可交换的。

4. 转置

把一矩阵 $\boldsymbol{A}$ 的行列互换，所得到的矩阵称为 $\boldsymbol{A}$ 的转置，记为 $\boldsymbol{A}'$ 或 $\boldsymbol{A}^{\mathrm{T}}$，确切的定义如下：

设：

$$\boldsymbol{A} = \begin{bmatrix} a_{11} & a_{12} & \cdots & a_{1n} \\ a_{21} & a_{22} & \cdots & a_{2n} \\ \vdots & \vdots & \ddots & \vdots \\ a_{s1} & a_{s2} & \cdots & a_{sn} \end{bmatrix} \tag{5.30}$$

所谓 A 的转置是指矩阵

$$A' = \begin{bmatrix} a_{11} & a_{21} & \cdots & a_{s1} \\ a_{12} & a_{22} & \cdots & a_{s2} \\ \vdots & \vdots & \ddots & \vdots \\ a_{1n} & a_{2n} & \cdots & a_{sn} \end{bmatrix} \tag{5.31}$$

显然,$s \times n$ 矩阵转置是 $n \times s$ 矩阵。矩阵的转置适合以下规律:

$$(A')' = A \tag{5.32}$$
$$(A + B)' = A' + B' \tag{5.33}$$
$$(AB)' = B'A' \tag{5.34}$$
$$(kA)' = kA' \tag{5.35}$$

5.2.5 矩阵的应用

矩阵在模式识别算法中可以存放原始数据、距离矩阵,在参与运算时可存放中间数据等,下面简要介绍一下。

1. 存放原始数据

(1) 灰度图像:用一个二维矩阵表示。

可以将一幅灰度图像存储在一个二维矩阵中,例如 A_{mn} 中存放一幅灰度图像,则矩阵中每一个元素 a_{ij} 代表一个灰度值。可以对 A_{mn} 进行处理,如边缘提取、余弦变换等,处理后将得到一个新的矩阵。

$$A_{mn} = \begin{bmatrix} a_{11} & a_{12} & a_{13} & \cdots & a_{1n} \\ a_{21} & a_{22} & a_{23} & \cdots & a_{2n} \\ a_{31} & a_{32} & a_{33} & \cdots & a_{3n} \\ \vdots & \vdots & \vdots & \ddots & \vdots \\ a_{m1} & a_{m2} & a_{m3} & \cdots & a_{mn} \end{bmatrix} \tag{5.36}$$

(2) 深度图像:用一个二维矩阵表示。

深度图像的生成方法为将三维数据各点垂直投影到一个固定平面,由此每个点在平面上产生一个投影点,将各点到这个固定平面的距离转化为投影点的灰度值,最后使用线性插值将各点灰度值规整到二维网格中。图 5-2 第二行为第一行中四个三维人脸对应的深度图像。

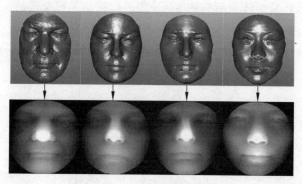

图 5-2 三维人脸深度图

（3）彩色图像：用三个二维矩阵表示。

每一个像素点由 **R**、**G**、**B** 三个矩阵中对应的点表示。如图 5-3 中左上角第一个像素点由 **R**、**G**、**B** 三个矩阵中的 (r_{11}, g_{11}, b_{11}) 表示。

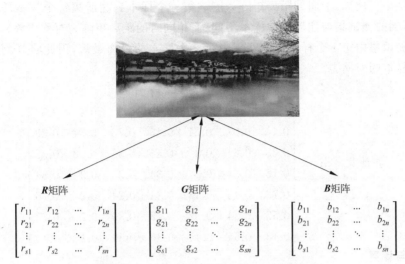

图 5-3　**R**、**G**、**B** 三个矩阵表示一幅彩色图像

（4）三维数据：用四个二维矩阵表示。

该数据形式可将三维数据存储在四个大小相同的矩阵中，前三个矩阵（**X** 矩阵、**Y** 矩阵、**Z** 矩阵）分别存储数据的三维坐标值，这三个矩阵中相同位置的点，例如 $[X(i,j),$ $Y(i,j), Z(i,j)]$ 代表三维数据上一个点的空间位置坐标，如图 5-4 所示。第四个矩阵为有效点索引矩阵，白色部分索引值为 1，黑色部分索引值为 0。白色部分对应的前三个矩阵中相同位置的点为有效点，而黑色部分则对应无效点。

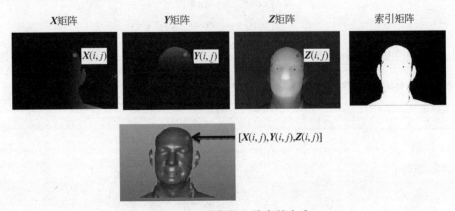

图 5-4　三维数据矩阵存储方式

这种存储格式有两个优点。其一可以表明各点的相对位置关系。其二这种数据形式可以变换为点云形式与深度图形式，即将矩阵中的有效点按顺序存储在 $N \times 3$ 的矩阵中，可以得到点云数据，将 **Z** 矩阵中各点的值转化为深度值可得到数据的深度图。

2. 距离矩阵

例如在使用主成分分析算法（Principal Component Analysis，PCA）时，使用降维的数据集进行模式识别，将计算出的距离存储在距离矩阵中，通过分析距离矩阵中的数据，可以得出识别率。例如，下面的距离矩阵为测试集每个样本到注册集每个样本的距离组成的矩阵（本例的测试集与注册集中样本不同，而相同时的距离矩阵为对称矩阵），从矩阵中可分析出测试集中第 1 个样本与注册集中第 2 个样本的距离最短，因此将其判为注册集中第二个样本的所属类。

测试集 probe

$$
\text{注册集 gallery}
\begin{bmatrix}
0.2 & 0.4 & 0.63 & 0.73 & 0.3 & 0.4 & 0.5 \\
0.1 & 0.07 & 0.21 & 0.43 & 0.73 & 0.34 & 0.23 \\
0.23 & 0.6 & 0.3 & 0.43 & 0.35 & 0.92 & 0.32 \\
0.15 & 0.34 & 0.2 & 0.34 & 0.35 & 0.3 & 0.34 \\
0.78 & 0.45 & 0.43 & 0.34 & 0.24 & 0.2 & 0.76 \\
0.53 & 0.34 & 0.32 & 0.43 & 0.39 & 0.2 & 0.75 \\
0.43 & 0.54 & 0.44 & 0.36 & 0.39 & 0.1 & 0.4
\end{bmatrix}
$$

3. 参与计算

（1）求线性方程组的解。解线性方程，实质上是利用矩阵简化计算过程。

（2）解析几何中的坐标变换。如果只考虑坐标系的转轴（反时针方向转轴），那么平面直角坐标的变换公式为：

$$
\begin{cases}
x = x'\cos\theta - y'\sin\theta \\
y = x'\sin\theta + y'\cos\theta
\end{cases}
\tag{5.37}
$$

其中 θ 为 x 轴与 x' 轴的夹角。显然，新旧坐标之间的关系完全可以通过公式中系数所排成的 2×2 矩阵表示出来：

$$
\begin{bmatrix}
\cos\theta & -\sin\theta \\
\sin\theta & \cos\theta
\end{bmatrix}
$$

通常上面的矩阵称为坐标变换 $\begin{cases} x = x'\cos\theta - y'\sin\theta \\ y = x'\sin\theta + y'\cos\theta \end{cases}$ 的矩阵。在空间的情形中，保持原点不动的仿射坐标系的变换有公式：

$$
\begin{cases}
x = a_{11}x' + a_{12}y' + a_{13}z' \\
y = a_{21}x' + a_{22}y' + a_{23}z' \\
z = a_{31}x' + a_{32}y' + a_{33}z'
\end{cases}
\tag{5.38}
$$

同样，矩阵：

$$
\begin{bmatrix}
a_{11} & a_{12} & a_{13} \\
a_{21} & a_{22} & a_{23} \\
a_{31} & a_{32} & a_{33}
\end{bmatrix}
$$

称为式（5.38）变换矩阵。

（3）规划问题。在讨论国民经济的数学问题中也常常用到矩阵。例如，假设在某一地区，某一种物资，比如说煤，有 s 个产地 $A_1, A_2, \cdots, A_s$ 和 n 个销售地 $B_1, B_2, \cdots, B_n$，那么一个调运方案就可以用一个矩阵来表示：

$$\begin{bmatrix} a_{11} & a_{12} & \cdots & a_{1n} \\ a_{21} & a_{22} & \cdots & a_{2n} \\ \vdots & \vdots & \ddots & \vdots \\ a_{s1} & a_{s2} & \cdots & a_{sn} \end{bmatrix}$$

其中 a_{ij} 表示由产地 A_i 运到销售地 B_j 的数量。具体算法可参照运筹学中的相关算法。

（4）最小二乘拟合。可以把统计的数据拟合成直线或者一些特定的曲线，其本质是高维空间到低维空间的投影。

【例 5.2】　求下列方程组的最小二乘解：

$$\begin{cases} 0.84x_1 + 0.56x_2 = 0.37 \\ 0.51x_1 + 0.36x_2 = 0.28 \\ 0.71x_1 + 0.53x_2 = 0.43 \\ 0.23x_1 + 0.75x_2 = 0.25 \end{cases} \tag{5.39}$$

解：令

$$\boldsymbol{A} = \begin{bmatrix} 0.84 & 0.56 \\ 0.51 & 0.36 \\ 0.71 & 0.53 \\ 0.23 & 0.75 \end{bmatrix}, \quad \boldsymbol{B} = \begin{bmatrix} 0.37 \\ 0.28 \\ 0.43 \\ 0.25 \end{bmatrix} \tag{5.40}$$

则原方程组可以表示为：

$$\boldsymbol{A} \begin{bmatrix} x_1 \\ x_2 \end{bmatrix} = \boldsymbol{B} \tag{5.41}$$

最小二乘解所满足的线性方程组为：

$$\boldsymbol{A}^{\mathrm{T}} \boldsymbol{A} \begin{bmatrix} x_1 \\ x_2 \end{bmatrix} = \boldsymbol{A}^{\mathrm{T}} \boldsymbol{B} \tag{5.42}$$

即

$$\begin{cases} 1.52x_1 + 1.20x_2 = 0.82 \\ 1.20x_1 + 1.29x_2 = 0.73 \end{cases} \tag{5.43}$$

解方程组得：

$$\begin{cases} x_1 = 0.35 \\ x_2 = 0.24 \end{cases} \tag{5.44}$$

（5）信息压缩。例如传输视频时由于视频过大导致传输时间较长，因此可以对每一帧图像进行压缩，可以利用矩阵的各类分解公式或变换来进行压缩，如矩阵的余弦变换，收到压缩后的数据进行解压，就可以得到所传输的视频。在压缩时会丢失一小部分数据，但不影响视频播放效果。

（6）n 维向量也可以看成矩阵的特殊情形。n 维行向量就是 $1 \times n$ 矩阵，n 维列向量就是 $n \times 1$ 矩阵。

4. 图像处理

我们以灰度图像为例，将图像中的每一个像素点的灰度值存储在矩阵中，然后对矩阵进行不同的处理,接着将每一个像素点的灰度值规范化为 0～255 的整数,最后显示处理后的图像。下面介绍一些常用的图像处理方法。

(1) 图像几何变换。

包括图像的平移、水平镜像、垂直镜像、图像转置、旋转变换等,均可将图像存储在矩阵中,然后应用不同的算法得到变换结果。图 5-5 为对原始图像进行水平、垂直、对角变换的示例。

(a) 原始图像　　　　　　　　　　(b) 水平镜像

(c) 垂直镜像　　　　　　　　　　(b) 对角镜像

图 5-5　图像几何变换

(2) 图像二值化。

图像二值化是图像处理中十分常见且重要的操作,它是将灰度图像中每个点的灰度值转换为 0 或 255 的过程。一幅图像,应用不同的阈值,可以得到不同的二值化结果。图 5-6中对原始图像二值化时应用的阈值为 128。

(3) 直方图均衡化。

对一幅灰度图像,其直方图反映了该图像中不同灰度级的统计情况。图 5-7 给出了一个直方图的示例,其中图 5-7(a)是一幅图像对应的二维矩阵示意图,其灰度直方图可表示为图 5-7(b),其中横轴表示图像的各灰度级,纵轴表示图像中各灰度级像素的个数。

直方图均衡化是一种简单有效的图像增强技术,通过改变图像的直方图来改变图像中各像素的灰度,主要用于增强动态范围偏小图像的对比度。直方图均衡化经常用于模

(a) 原始图像　　　　　　　　　　(b) 二值化结果

图 5-6　图像二值化

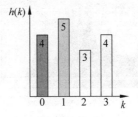

(a) 图像对应的二维矩阵示意图　　　　(b) 直方图

图 5-7　图像直方图示意图

式识别流程中的预处理阶段。原始图像由于其灰度分布可能集中在较窄的区间,造成图像不够清晰(较暗或较明亮)。例如过曝光图像的灰度级集中在高亮度范围内,而曝光不足将使图像灰度级集中在低亮度范围内。采用直方图均衡化,可以把原始图像的直方图变换为较均衡的形式,这样就增加了像素之间灰度值差别的动态范围,从而达到增强图像整体对比度的效果。

　　直方图均衡化的基本原理为:对在图像中像素个数多的灰度值(即对画面起主要作用的灰度值)进行展宽,而对像素个数少的灰度值进行归并,从而增大对比度,使图像清晰,达到增强的目的。图 5-8(a)为原始图像,图 5-8(b)为直方图均衡化后的图像。直方图的对比如图 5-9 所示。

　　(4) 边缘提取。

　　① Roberts 算子。Roberts 算子是一种最简单的算子,它是一种利用局部差分算子寻找边缘的算子,如图 5-10 所示。Roberts 算子采用对角线方向相邻两像素之差,近似地求梯度幅值的方法来检测边缘。它检测垂直边缘的效果好于斜向边缘,定位精度高,但它对噪声敏感,无法抑制噪声的影响。Roberts 算子对具有陡峭的低噪声的图像处理效果较好,但是提取边缘的结果比较粗,因此边缘的定位不是很准确。

　　② Sobel 算子。Sobel 算子,如图 5-11 所示,是一个离散的一阶差分算子,用来计算图像亮度函数的一阶梯度之近似值。在图像的任何一点使用此算子,将会产生该点对应的梯度向量或是其法向量。

(a) 原始图像　　　　　　　　　(b) 均衡化后的图像

图 5-8　直方图均衡化结果图

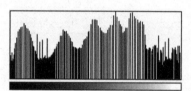

(a) 原始图像直方图　　　　　　(b) 均衡化后的图像直方图

图 5-9　直方图对比

1	0
0	−1

0	−1
1	0

图 5-10　Roberts 算子

−1	0	1
−2	0	2
−1	0	1

−1	−2	−1
0	0	0
1	2	1

图 5-11　Sobel 算子

③ Prewitt 算子。Prewitt 算子是一种一阶微分算子的边缘检测算子,如图 5-12 所示,利用像素点上下、左右邻点的灰度差,在边缘处达到极值,从而有效地检测边缘,同时可以去掉部分伪边缘,对噪声具有平滑作用。

−1	0	1
−1	0	1
−1	0	1

−1	−1	−1
0	0	0
+1	+1	+1

其原理是在图像空间利用两个方向模板与图像进行邻域卷积,这两个方向模板一个用于检测水平边缘,另一个用于检测垂直边缘。Prewitt 算子检测方

图 5-12　Prewitt 算子

法对灰度渐变和噪声较多的图像处理效果较好。但边缘较宽,且间断点较多。

对数字图像 $f(x, y)$,Prewitt 算子的定义如下:

$$G(i) = \{[f(i+1, j-1) + f(i+1, j) + f(i+1, j+1)] - [f(i-1, j-1) + f(i-1, j) + f(i-1, j+1)]\}$$

$$G(j) = \{[f(i-1, j+1) + f(i, j+1) + f(i+1, j+1)] - [f(i-1, j-1) + f(i, j-1) + f(i+1, j-1)]\}$$

则
$$P(i,j) = \max[G(i), G(j)] \quad \text{或} \quad P(i,j) = G(i) + G(j) \tag{5.45}$$

图 5-13 为对图 5-8(a) 的原始图像采用三种算子进行边缘检测的结果,可以看出三种算法各有优缺点。

(a) Roberts算子　　　　(b) Sobel算子　　　　(c) Prewitt算子

图 5-13　采用不同算子的边缘提取结果图

(5) 余弦变换(DCT 变换)。

二维 DCT 变换是在一维 DCT 变换的基础上再做一次 DCT 变换,其公式如下:

$$F(u,v) = c(u)c(v) \sum_{i=0}^{N-1} \sum_{j=0}^{N-1} f(i,j) \cos\left[\frac{(i+0.5)\pi}{N}u\right] \cos\left[\frac{(j+0.5)\pi}{N}v\right]$$

$$c(u) = \begin{cases} \sqrt{\dfrac{1}{N}}, & u = 0 \\[3mm] \sqrt{\dfrac{2}{N}}, & u \neq 0 \end{cases} \tag{5.46}$$

由公式可以看出,只讨论了二维图像数据为方阵的情况,在实际应用中,如果不是方阵的数据,一般都是补齐之后再做变换,重构之后可以去掉补齐的部分,得到原始的图像信息。

另外,由于 DCT 变换高度的对称性,可以使用更简单的矩阵处理方式:

$$\boldsymbol{F} = \boldsymbol{A} f \boldsymbol{A}^{\mathrm{T}} \tag{5.47}$$

$$\boldsymbol{A}(i,j) = c(i) \cos\left[\frac{(j+0.5)\pi}{N}i\right] \tag{5.48}$$

余弦变换可用于图像压缩。可将原始图像进行余弦变换,将左上角的数据进行传输,收到信息后进行反变换,得到原始图像。余弦变换前后对比如图 5-14 所示。

5.2.6　线性变换

线性空间 V 到自身的映射通常称为 V 的一个变换。我们先通过几个小例子认识一下线性变换。对于任意一点 $\boldsymbol{P}$,通过下列矩阵 $\boldsymbol{A}_i$ 与 $\boldsymbol{P}$ 相乘,确定了什么样的变换呢?

$$(1)\ \boldsymbol{A}_1 = \begin{bmatrix} 1 & 0 \\ 0 & -1 \end{bmatrix}; \quad (2)\ \boldsymbol{A}_2 = \begin{bmatrix} \lambda & 0 \\ 0 & \lambda \end{bmatrix}; \quad (3)\ \boldsymbol{A}_3 = \begin{bmatrix} \cos(\theta) & -\sin(\theta) \\ \sin(\theta) & \cos(\theta) \end{bmatrix} \tag{5.49}$$

(a) 原始图像　　　　　　　　(b) 余弦变换结果

图 5-14　余弦变换

解：对于任意一点 $\boldsymbol{P}=\begin{pmatrix}x\\y\end{pmatrix}$，有：

(1) $\boldsymbol{P}'_1=\begin{bmatrix}1&0\\0&-1\end{bmatrix}\begin{pmatrix}x\\y\end{pmatrix}=\begin{pmatrix}x\\-y\end{pmatrix}$ （5.50）

(2) $\boldsymbol{P}'_2=\begin{bmatrix}\lambda&0\\0&\lambda\end{bmatrix}\begin{pmatrix}x\\y\end{pmatrix}=\begin{pmatrix}\lambda x\\\lambda y\end{pmatrix}$ （5.51）

(3) $\boldsymbol{P}'_3=\begin{bmatrix}\cos(\theta)&-\sin(\theta)\\\sin(\theta)&\cos(\theta)\end{bmatrix}\begin{pmatrix}x\\y\end{pmatrix}=\begin{bmatrix}\cos(\theta)&-\sin(\theta)\\\sin(\theta)&\cos(\theta)\end{bmatrix}\begin{pmatrix}r\cos(\varphi)\\r\sin(\varphi)\end{pmatrix}=\begin{bmatrix}r\cos(\theta+\varphi)\\r\sin(\theta+\varphi)\end{bmatrix}$ （5.52）

$\boldsymbol{A}_1$ 确定的变换为将 $\boldsymbol{P}$ 变换到它关于 x 轴对称的点 $\boldsymbol{P}'_1$，即进行了反射或镜像变换，如图 5-15(a)所示。

$\boldsymbol{A}_2$ 确定的变换为将 $\boldsymbol{P}$ 变换到它与原点连线上，$\lambda>0$ 为伸缩倍数，即进行了相似变换，如图 5-15(b)所示。

$\boldsymbol{A}_3$ 确定的变换为将 $\boldsymbol{P}$ 绕原点旋转了角度 θ。即进行了旋转变换，如图 5-15(c)所示。

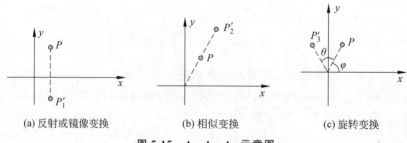

(a) 反射或镜像变换　　　(b) 相似变换　　　(c) 旋转变换

图 5-15　$\boldsymbol{A}_1$、$\boldsymbol{A}_2$、$\boldsymbol{A}_3$ 示意图

在上述的讨论中，变换由矩阵 $\boldsymbol{A}$ 确定，因此称 $\boldsymbol{A}$ 为变换矩阵。$\boldsymbol{A}_1$ 确定的变换称为反射或镜像变换，$\boldsymbol{A}_2$ 确定的变换称为相似变换（λ 为相似比），$\boldsymbol{A}_3$ 确定的变换称为旋转变换。

在线性空间中，一个矩阵就对应一个线性变换，通过矩阵乘法实现。这些变换包括对于向量的旋转、缩放和映射。

线性变换的定义：线性空间 V 的一个变换 T 称为线性变换，如果对于 V 中任意的元素 α_1,α_2 和数域 $\boldsymbol{P}$ 中的任意数 λ 都有：

（1）任一元素 $\alpha_1,\alpha_2 \in V_n$（从而 $\alpha_1+\alpha_2 \in V_n$），有：

$$T(\alpha_1+\alpha_2)=T(\alpha_1)+T(\alpha_2) \tag{5.53}$$

（2）任一元素 $\alpha \in V_n,\lambda \in R$（从而 $\lambda\alpha \in V_n$），有：

$$T(\lambda\alpha)=\lambda T(\alpha) \tag{5.54}$$

$T(\alpha_1)$ 代表元素 α_1 在变换 T 下的像。定义中 $T(\alpha_1+\alpha_2)=T(\alpha_1)+T(\alpha_2)$ 与 $T(\lambda\alpha)=\lambda T(\alpha)$ 有时也说成线性变换保持向量的加法与数量乘法。

不难从定义推出线性变换的以下简单性质：

（1）设 T 是线性空间 V 的一个线性变换，则：

$$T(0)=0,T(-\alpha)=-T(\alpha) \tag{5.55}$$

（2）线性变换保持线性组合与线性关系式不变。如果 β 是 $\alpha_1,\alpha_2,\cdots,\alpha_r$ 的线性组合：

$$\beta=k_1\alpha_1+k_2\alpha_2+\cdots+k_r\alpha_r \tag{5.56}$$

那么经过线性变换 T 之后，$T(\beta)$ 是 $T(\alpha_1),T(\alpha_2),\cdots,T(\alpha_r)$ 同样的线性组合：

$$T(\beta)=k_1T(\alpha_1)+k_2T(\alpha_2)+\cdots+k_rT(\alpha_r) \tag{5.57}$$

（3）线性变换把线性相关的向量组变成线性相关的向量组。

注意：（3）的逆是不对的，线性变换可能把线性无关的向量组也变成线性相关的向量组，例如零变换就是这样。

可以将线性代数看作是讨论空间变换与向量运动的科学，而空间变换与向量运动都是由线性变换实现的。线性变换在深度学习中最直观的应用为通过矩阵乘法对图像或语音数据集进行增强。如将图像沿着某个方向平移、对图像进行旋转或缩放等以产生新的图像。

5.2.7 特殊矩阵

1. 单位矩阵

所有沿主对角线的元素都是 1，而其他位置的所有元素都是 0 的矩阵：

$$I_n=\begin{bmatrix} 1 & 0 & \cdots & 0 \\ 0 & 1 & \cdots & 0 \\ \vdots & \vdots & \ddots & \vdots \\ 0 & 0 & \cdots & 1 \end{bmatrix} \tag{5.58}$$

称为 n 级单位矩阵。在不至于引起含混的时候简单写成 I。任意矩阵与单位矩阵相乘，都不会改变，显然有

$$\boldsymbol{A}_{sn}\boldsymbol{I}_n=\boldsymbol{A}_{sn} \tag{5.59}$$

$$\boldsymbol{I}_s\boldsymbol{A}_{sn}=\boldsymbol{A}_{sn} \tag{5.60}$$

2. 正交矩阵

设 n 阶方阵 $\boldsymbol{A}=(a_{ij})_{n\times n}$，满足 $\boldsymbol{A}\boldsymbol{A}^{\mathrm{T}}=\boldsymbol{A}^{\mathrm{T}}\boldsymbol{A}=\boldsymbol{I}_n$，则称 $\boldsymbol{A}$ 为正交矩阵，即 $\boldsymbol{A}^{-1}=\boldsymbol{A}^{\mathrm{T}}$。若 $\boldsymbol{A}$ 是正交矩阵，那么 $|\boldsymbol{A}|=1$ 或者 $|\boldsymbol{A}|=-1$。

正交矩阵的行向量之间与列向量之间都是两两正交（向量点积为 0）的单位向量。

n 阶正交矩阵可以看作 n 维空间中任意相互垂直(正交)的坐标基。

将一个向量乘以一个正交矩阵:可以看作是对向量只进行旋转,而没有伸缩和空间映射作用。行列式等于 $+1$ 的正交变换通常称为旋转,或称第一类的;行列式等于 -1 的正交变换称为第二类的。正交矩阵是可逆的,因此正交变换也是可逆的。正交变换实际上是一个欧氏空间到自身的同构映射,因而正交变换的乘积与正交变换的逆变换还是正交变换。在标准正交基下,正交变换与正交矩阵对应,因此,正交矩阵的乘积与正交矩阵的逆矩阵也是正交矩阵。

正交矩阵的应用包括:循环神经网络 RNN 中防止梯度消失和维度爆炸的方法等。对于正交矩阵,可以将求逆矩阵的过程转化为求矩阵转置,从而大大减小了计算量。

3. 旋转矩阵

旋转矩阵

$$A = \begin{bmatrix} \cos\theta & -\sin\theta \\ \sin\theta & \cos\theta \end{bmatrix} \tag{5.61}$$

是正交矩阵,因为其行列式的值为 1。

作用于图像时,即与图像中所有点的坐标相乘,得到所有点的新坐标,将原坐标的灰度值作为新坐标的灰度值。对图像进行旋转变换保持图像的形状和大小不变,如图 5-16 所示。

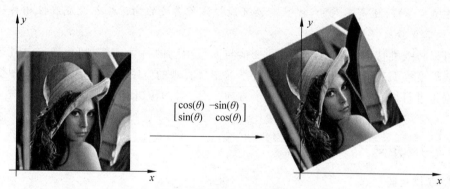

图 5-16　图像旋转示意图

4. 对角矩阵

主对角线之外的元素皆为 0 的矩阵。常写为 $\mathrm{diag}(\lambda_1, \lambda_2, \cdots, \lambda_n)$,即

$$D = \begin{bmatrix} \lambda_1 & 0 & \cdots & 0 \\ 0 & \lambda_2 & \cdots & 0 \\ \vdots & \vdots & \ddots & \vdots \\ 0 & 0 & \cdots & \lambda_n \end{bmatrix} \tag{5.62}$$

对角矩阵的和、差、积、方幂为主对角线上元素的和、差、积、方幂。D 的逆矩阵为

$$D^{-1} = \begin{bmatrix} \lambda_1^{-1} & 0 & \cdots & 0 \\ 0 & \lambda_2^{-1} & \cdots & 0 \\ \vdots & \vdots & \ddots & \vdots \\ 0 & 0 & \cdots & \lambda_n^{-1} \end{bmatrix} \tag{5.63}$$

5. 对称矩阵

设方阵 $\boldsymbol{A}=(a_{ij})_{n \times n}$：

$$\boldsymbol{A}=(a_{ij})_{n \times n}=\begin{bmatrix} a_{11} & a_{12} & \cdots & a_{1n} \\ a_{21} & a_{22} & \cdots & a_{2n} \\ \vdots & \vdots & \ddots & \vdots \\ a_{n1} & a_{n2} & \cdots & a_{nn} \end{bmatrix} \tag{5.64}$$

如果 $\boldsymbol{A}$ 与 $\boldsymbol{A}$ 的转置矩阵 $\boldsymbol{A}^{\mathrm{T}}$ 满足：

$$\boldsymbol{A}^{\mathrm{T}}=\begin{bmatrix} a_{11} & a_{21} & \cdots & a_{n1} \\ a_{12} & a_{22} & \cdots & a_{n2} \\ \vdots & \vdots & \ddots & \vdots \\ a_{1n} & a_{2n} & \cdots & a_{nn} \end{bmatrix}=\begin{bmatrix} a_{11} & a_{12} & \cdots & a_{1n} \\ a_{21} & a_{22} & \cdots & a_{2n} \\ \vdots & \vdots & \ddots & \vdots \\ a_{n1} & a_{n2} & \cdots & a_{nn} \end{bmatrix}=\boldsymbol{A} \tag{5.65}$$

即 $a_{ij}=a_{ji}$，则称 $\boldsymbol{A}$ 为对称矩阵。

当测试集(Testing Set)与注册集(Probe Set)相同时，距离矩阵为对称矩阵，如图 5-17 所示，例如，a 到 b 的距离与 b 到 a 的距离相等，因此距离矩阵为对称矩阵。距离矩阵可以用于分类，如用最近邻分类法，分析与测试样本最近的注册样本，可将测试样本与该注册样本分为一类。

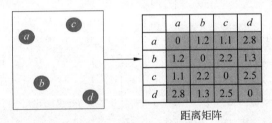

	a	b	c	d
a	0	1.2	1.1	2.8
b	1.2	0	2.2	1.3
c	1.1	2.2	0	2.5
d	2.8	1.3	2.5	0

距离矩阵

图 5-17　距离矩阵示意图

协方差矩阵如下式所示：

$$\Sigma=\begin{bmatrix} \mathrm{Var}(X) & \mathrm{Cov}(X,Y) \\ \mathrm{Cov}(X,Y) & \mathrm{Var}(Y) \end{bmatrix} \tag{5.66}$$

为对称矩阵，从上式中可以看出，其转置与其自身相同。

6. 逆矩阵

对于任意的 n 级方阵 $\boldsymbol{A}$ 都有

$$\boldsymbol{AE}=\boldsymbol{EA}=\boldsymbol{A} \tag{5.67}$$

这里 $\boldsymbol{E}$ 是 n 级单位矩阵。因之，从乘法的角度来看，n 级单位矩阵在 n 级方阵中的地位类似于 1 在复数中的地位。一个复数 $a \neq 0$ 的倒数 a^{-1} 可以用等式

$$aa^{-1}=1 \tag{5.68}$$

来刻画，因此相仿地引入：

n 级方阵 $\boldsymbol{A}$ 称为可逆的，如果有 n 级方阵 $\boldsymbol{B}$，使得

$$\boldsymbol{AB}=\boldsymbol{BA}=\boldsymbol{E} \tag{5.69}$$

这里 $\boldsymbol{E}$ 是 n 级单位矩阵。$\boldsymbol{B}$ 称为 $\boldsymbol{A}$ 的逆矩阵，记为 $\boldsymbol{A}^{-1}$。

由于矩阵的乘法规则，只有方阵才能满足式(5.69)。其次，对于任意的矩阵 $\boldsymbol{A}$，适合

等式(5.69)的矩阵 $\boldsymbol{B}$ 是唯一的(如果有的话)。事实上,假设 $\boldsymbol{B}_1$、$\boldsymbol{B}_2$ 是两个适合上式的矩阵,就有

$$\boldsymbol{B}_1 = \boldsymbol{B}_1\boldsymbol{E} = \boldsymbol{B}_1(\boldsymbol{A}\boldsymbol{B}_2) = (\boldsymbol{B}_1\boldsymbol{A})\boldsymbol{B}_2 = \boldsymbol{E}\boldsymbol{B}_2 = \boldsymbol{B}_2 \tag{5.70}$$

矩阵可逆的充分必要条件是 $\boldsymbol{A}$ 非退化($|\boldsymbol{A}| \neq 0$)。

对于 n 级方阵 $\boldsymbol{A}$、$\boldsymbol{B}$,如果

$$\boldsymbol{A}\boldsymbol{B} = \boldsymbol{E} \tag{5.71}$$

那么 $\boldsymbol{A}$、$\boldsymbol{B}$ 就都是可逆的且它们互为逆矩阵。

如果矩阵 $\boldsymbol{A}$、$\boldsymbol{B}$ 可逆,那么 $\boldsymbol{A}'$ 与 $\boldsymbol{A}\boldsymbol{B}$ 也可逆,且

$$(\boldsymbol{A}')^{-1} = (\boldsymbol{A}^{-1})' \tag{5.72}$$

$$(\boldsymbol{A}\boldsymbol{B})^{-1} = \boldsymbol{B}^{-1}\boldsymbol{A}^{-1} \tag{5.73}$$

下面我们用一个例子来介绍用初等变换求逆矩阵的方法。

【例 5.3】 求下面矩阵的逆矩阵:

$$\boldsymbol{A} = \begin{bmatrix} 0 & 1 & 2 \\ 1 & 1 & 4 \\ 2 & -1 & 0 \end{bmatrix} \tag{5.74}$$

$$\begin{bmatrix} 0 & 1 & 2 & 1 & 0 & 0 \\ 1 & 1 & 4 & 0 & 1 & 0 \\ 2 & -1 & 0 & 0 & 0 & 1 \end{bmatrix} \rightarrow \begin{bmatrix} 1 & 1 & 4 & 0 & 1 & 0 \\ 0 & 1 & 2 & 1 & 0 & 0 \\ 2 & -1 & 0 & 0 & 0 & 1 \end{bmatrix}$$

$$\rightarrow \begin{bmatrix} 1 & 1 & 4 & 0 & 1 & 0 \\ 0 & 1 & 2 & 1 & 0 & 0 \\ 0 & -3 & -8 & 0 & -2 & 1 \end{bmatrix} \rightarrow \begin{bmatrix} 1 & 1 & 4 & 0 & 1 & 0 \\ 0 & 1 & 2 & 1 & 0 & 0 \\ 0 & 0 & -2 & 3 & -2 & 1 \end{bmatrix}$$

$$\rightarrow \begin{bmatrix} 1 & 1 & 4 & 0 & 1 & 0 \\ 0 & 1 & 0 & 4 & -2 & 1 \\ 0 & 0 & -2 & 3 & -2 & 1 \end{bmatrix} \rightarrow \begin{bmatrix} 1 & 1 & 0 & 6 & -3 & 2 \\ 0 & 1 & 0 & 4 & -2 & 1 \\ 0 & 0 & -2 & 3 & -2 & 1 \end{bmatrix}$$

$$\rightarrow \begin{bmatrix} 1 & 0 & 0 & 2 & -1 & 1 \\ 0 & 1 & 0 & 4 & -2 & 1 \\ 0 & 0 & -2 & 3 & -2 & 1 \end{bmatrix} \rightarrow \begin{bmatrix} 1 & 0 & 0 & 2 & -1 & 1 \\ 0 & 1 & 0 & 4 & -2 & 1 \\ 0 & 0 & 1 & -\dfrac{3}{2} & 1 & -\dfrac{1}{2} \end{bmatrix} \tag{5.75}$$

于是得出

$$\boldsymbol{A}^{-1} = \begin{bmatrix} 2 & -1 & 1 \\ 4 & -2 & 1 \\ -\dfrac{3}{2} & 1 & -\dfrac{1}{2} \end{bmatrix} \tag{5.76}$$

逆矩阵可用于坐标变换,如

$$\begin{cases} \varepsilon_1 = (1,0,\cdots,0) \\ \varepsilon_2 = (0,1,\cdots,0) \\ \qquad \cdots \\ \varepsilon_n = (0,0,\cdots,1) \end{cases} \tag{5.77}$$

是一组基,对每一个向量 $\alpha=(a_1,a_2,\cdots,a_n)$,都有

$$\alpha=a_1\varepsilon_1+a_2\varepsilon_2+\cdots+a_n\varepsilon_n \tag{5.78}$$

因此 $(a_1,a_2,\cdots,a_n)$ 为向量 α 在这组基下的坐标。

$$\begin{cases} \varepsilon'_1=(1,1,\cdots,1) \\ \varepsilon'_2=(0,1,\cdots,1) \\ \quad\cdots \\ \varepsilon'_n=(0,0,\cdots,1) \end{cases} \tag{5.79}$$

是 P^n 中 n 个线性无关的向量,在基 $\varepsilon'_1,\varepsilon'_2,\cdots\varepsilon'_n$ 下,每一个向量 α 的坐标可用下面的方法求解:

$$(\varepsilon'_1,\varepsilon'_2,\cdots,\varepsilon'_n)=(a_1,a_2,\cdots,a_n)\begin{bmatrix} 1 & 0 & \cdots & 0 \\ 1 & 1 & \cdots & 0 \\ \vdots & \vdots & \ddots & \vdots \\ 1 & 1 & \cdots & 1 \end{bmatrix} \tag{5.80}$$

这里:

$$A=\begin{bmatrix} 1 & 0 & \cdots & 0 \\ 1 & 1 & \cdots & 0 \\ \vdots & \vdots & \ddots & \vdots \\ 1 & 1 & \cdots & 1 \end{bmatrix} \tag{5.81}$$

是过渡矩阵,可求出 A 的逆矩阵:

$$A^{-1}=\begin{bmatrix} 1 & 0 & 0 & \cdots & 0 \\ -1 & 1 & 0 & \cdots & 0 \\ 0 & -1 & 1 & \cdots & 0 \\ \vdots & \vdots & \vdots & \ddots & \vdots \\ 0 & 0 & 0 & \cdots & 1 \end{bmatrix} \tag{5.82}$$

因此:

$$\begin{bmatrix} x'_1 \\ x'_2 \\ x'_3 \\ \vdots \\ x'_n \end{bmatrix}=\begin{bmatrix} 1 & 0 & 0 & \cdots & 0 \\ -1 & 1 & 0 & \cdots & 0 \\ 0 & -1 & 1 & \cdots & 0 \\ \vdots & \vdots & \vdots & \vdots & \vdots \\ 0 & 0 & 0 & \cdots & 1 \end{bmatrix}\begin{bmatrix} x_1 \\ x_2 \\ x_3 \\ \vdots \\ x_n \end{bmatrix} \tag{5.83}$$

说明每一个向量 α 在基 $\varepsilon'_1,\varepsilon'_2,\cdots,\varepsilon'_n$ 下的坐标为:

$$(a_1,a_2-a_1,\cdots,a_n-a_{n-1})$$

逆矩阵在深度学习中的应用有牛顿法优化神经网络等。在深度学习中,经常需要求逆矩阵,但是由于求逆矩阵的计算开销巨大,因此通常会将矩阵转换成其他特殊矩阵的形式以避免或简化矩阵求逆。

7. 伴随矩阵

设：

$$\boldsymbol{A} = \begin{bmatrix} a_{11} & a_{12} & \cdots & a_{1n} \\ a_{21} & a_{22} & \cdots & a_{2n} \\ \vdots & \vdots & \ddots & \vdots \\ a_{n1} & a_{n2} & \cdots & a_{nn} \end{bmatrix} \tag{5.84}$$

中元素 a_{ij} 的代数余子式 $\boldsymbol{A}_{ij}$ 组成的矩阵：

$$\boldsymbol{A}^* = \begin{bmatrix} A_{11} & A_{21} & \cdots & A_{n1} \\ A_{12} & A_{22} & \cdots & A_{n2} \\ \vdots & \vdots & \ddots & \vdots \\ A_{1n} & A_{2n} & \cdots & A_{nn} \end{bmatrix} \tag{5.85}$$

称为 $\boldsymbol{A}$ 的伴随矩阵。

由行列式按一行展开的公式立即得出：

$$\boldsymbol{A}\boldsymbol{A}^* = \boldsymbol{A}^*\boldsymbol{A} = \begin{bmatrix} |A| & 0 & \cdots & 0 \\ 0 & |A| & \cdots & 0 \\ \vdots & \vdots & \ddots & \vdots \\ 0 & 0 & \cdots & |A| \end{bmatrix} = |\boldsymbol{A}|\boldsymbol{E} \tag{5.86}$$

因此如果 n 级方阵 $\boldsymbol{A}$ 可逆，那么

$$\boldsymbol{A}^{-1} = \frac{1}{|\boldsymbol{A}|}\boldsymbol{A}^* \tag{5.87}$$

8. 初等矩阵

由单位矩阵 $\boldsymbol{E}$ 经过一次初等变换得到的矩阵称为初等矩阵。

显然，初等矩阵都是方阵，每个初等变换都有一个与之对应的初等矩阵。互换矩阵 $\boldsymbol{E}$ 的 i 行与 j 行的位置，得

$$P(i,j) = \begin{bmatrix} 1 & & & & & & & & & \\ & \ddots & & & & & & & & \\ & & 1 & & & & & & & \\ & & & 0 & & & 1 & & & \\ & & & & 1 & & & & & \\ & & & \vdots & & \ddots & & & & \\ & & & & & & 1 & & & \\ & & & 1 & & & 0 & & & \\ & & & & & & & 1 & & \\ & & & & & & & & \ddots & \\ & & & & & & & & & 1 \end{bmatrix} \begin{matrix} \\ \\ \\ i\ \text{行} \\ \\ \\ \\ j\ \text{行} \\ \\ \\ \\ \end{matrix} \tag{5.88}$$

用数域 P 中非零数 c 乘 E 的 i 行，有：

$$P(i(c)) = \begin{bmatrix} 1 & & & & & \\ & \ddots & & & & \\ & & c & & & \\ & & & 1 & & \\ & & & & \ddots & \\ & & & & & 1 \end{bmatrix} \begin{matrix} \\ \\ i \text{ 行} \\ \\ \\ \end{matrix} \tag{5.89}$$

把矩阵 $\boldsymbol{E}$ 的 j 行的 k 倍加到 i 行,有

$$P(i,j(k)) = \begin{matrix} & i \text{ 列} & j \text{ 列} \\ \begin{bmatrix} 1 & & & & & \\ & \ddots & & & & \\ & & 1 & \cdots & k & \\ & & & \ddots & \vdots & \\ & & & & 1 & \\ & & & & & \ddots \\ & & & & & & 1 \end{bmatrix} \end{matrix} \tag{5.90}$$

同样可以得到与列变换相应的初等矩阵,应该指出,对单位矩阵作一次初等列变换所得到的矩阵也包括在上面所列举的这三类矩阵,例如,把 $\boldsymbol{E}$ 的 i 列的 k 倍加到 j 列,仍然可以得到 $P(i,j(k))$,因之,这三类矩阵就是全部的初等矩阵。

利用矩阵乘法的定义,立即可以得到:

(1) 对一个 $s \times n$ 矩阵 $\boldsymbol{A}$ 作一初等行变换就相当于在 $\boldsymbol{A}$ 的左边乘上相应的 $s \times s$ 初等矩阵;对 $\boldsymbol{A}$ 作一初等列变换就相当于在 $\boldsymbol{A}$ 的右边乘上相应的 $n \times n$ 的初等矩阵。

(2) 矩阵 $\boldsymbol{A}$ 与 $\boldsymbol{B}$ 称为等价的,如果 $\boldsymbol{B}$ 可以由 $\boldsymbol{A}$ 经过一系列初等变换得到。

(3) n 级矩阵为可逆的充分必要条件是它能表成一些初等矩阵的乘积。

推论 1　两个 $s \times n$ 矩阵 $\boldsymbol{A}$ 与 $\boldsymbol{B}$ 等价的充分必要条件为,存在可逆的 s 级矩阵 $\boldsymbol{P}$ 与可逆的 n 级矩阵 $\boldsymbol{Q}$ 使得

$$A = PBQ \tag{5.91}$$

推论 2　可逆矩阵总可以经过一系列初等行变换化成单位矩阵。

5.2.8　矩阵的分块

本节介绍一个在处理级数较高的矩阵时常用的方法。有时候,我们把一个大矩阵看成由一些小矩阵组成的,就如矩阵是由数组成的一样。特别在运算中,把这些小矩阵当作数一样来处理。这就是所谓矩阵的分块。

一般地说,设 $\boldsymbol{A} = (a_{ik})_{sn}$,$\boldsymbol{B} = (b_{kj})_{nm}$,把 $\boldsymbol{A}$、$\boldsymbol{B}$ 分成一些小矩阵:

$$\boldsymbol{A} = \begin{matrix} & n_1 & n_2 & \cdots & n_l \\ \begin{matrix} s_1 \\ s_2 \\ \vdots \\ s_t \end{matrix} & \begin{bmatrix} A_{11} & A_{12} & \cdots & A_{1l} \\ A_{21} & A_{22} & \cdots & A_{2l} \\ \vdots & \vdots & \ddots & \vdots \\ A_{t1} & A_{t2} & \cdots & A_{tl} \end{bmatrix} \end{matrix}, \quad \boldsymbol{B} = \begin{matrix} & m_1 & m_2 & \cdots & m_r \\ \begin{matrix} n_1 \\ n_2 \\ \vdots \\ n_l \end{matrix} & \begin{bmatrix} B_{11} & B_{12} & \cdots & B_{1r} \\ B_{21} & B_{22} & \cdots & B_{2r} \\ \vdots & \vdots & \ddots & \vdots \\ B_{l1} & B_{l2} & \cdots & B_{lr} \end{bmatrix} \end{matrix} \tag{5.92}$$

其中每个 A_{ij} 是 $s_i \times n_j$ 小矩阵，每个 B_{ij} 是 $n_i \times m_j$ 小矩阵。于是有

$$
C = AB = \begin{array}{c} \\ s_1 \\ s_2 \\ \vdots \\ s_t \end{array} \begin{matrix} m_1 & m_2 & \cdots & m_r \end{matrix} \\ \begin{bmatrix} C_{11} & C_{12} & \cdots & C_{1r} \\ C_{21} & C_{22} & \cdots & C_{2r} \\ \vdots & \vdots & \ddots & \vdots \\ C_{t1} & C_{t2} & \cdots & C_{tr} \end{bmatrix} \tag{5.93}
$$

其中

$$
\begin{aligned}
C_{pq} &= A_{p1}B_{1q} + A_{p2}B_{2q} + \cdots + A_{pl}B_{lq} \\
&= \sum_{k=1}^{l} A_{pk}B_{kq} \ (p=1,2,\cdots,t; q=1,2,\cdots,r)
\end{aligned} \tag{5.94}
$$

这个结果由矩阵乘积的定义直接验证即得。

形式为：

$$
\begin{bmatrix} A_1 & & & O \\ & A_2 & & \\ & & \ddots & \\ O & & & A_l \end{bmatrix}
$$

的矩阵，其中 A_i 是 $n_i \times n_i$ 矩阵 $(i=1,2,\cdots,l)$，通常称为准对角矩阵。当然，准对角矩阵包括对角矩阵作为特殊情形。

对于两个有相同分块的准对角矩阵

$$
A = \begin{bmatrix} A_1 & & & O \\ & A_2 & & \\ & & \ddots & \\ O & & & A_l \end{bmatrix}, \quad B = \begin{bmatrix} B_1 & & & O \\ & B_2 & & \\ & & \ddots & \\ O & & & B_l \end{bmatrix} \tag{5.95}
$$

如果它们相应的分块是同级的，那么显然有：

$$
AB = \begin{bmatrix} A_1 B_1 & & & O \\ & A_2 B_2 & & \\ & & \ddots & \\ O & & & A_l B_l \end{bmatrix} \tag{5.96}
$$

$$
A + B = \begin{bmatrix} A_1 + B_1 & & & O \\ & A_2 + B_2 & & \\ & & \ddots & \\ O & & & A_l + B_l \end{bmatrix} \tag{5.97}
$$

它们仍然还是准对角矩阵。

其次，如果 $\boldsymbol{A}_1,\boldsymbol{A}_2,\cdots,\boldsymbol{A}_l$ 都是可逆矩阵，那么

$$\begin{bmatrix} A_1 & & & O \\ & A_2 & & \\ & & \ddots & \\ O & & & A_l \end{bmatrix}^{-1} = \begin{bmatrix} A_1^{-1} & & & O \\ & A_2^{-1} & & \\ & & \ddots & \\ O & & & A_l^{-1} \end{bmatrix} \tag{5.98}$$

【例 5.4】　求下面分块矩阵的逆：

$$\boldsymbol{T} = \begin{pmatrix} A & O \\ C & D \end{pmatrix} \tag{5.99}$$

A、D 可逆，求 T^{-1}。

由

$$\begin{pmatrix} E_m & O \\ -CA^{-1} & E_n \end{pmatrix}\begin{pmatrix} A & O \\ C & D \end{pmatrix} = \begin{pmatrix} A & O \\ O & D \end{pmatrix} \tag{5.100}$$

以及

$$\begin{pmatrix} A & O \\ O & D \end{pmatrix}^{-1} = \begin{pmatrix} A^{-1} & O \\ O & D^{-1} \end{pmatrix} \tag{5.101}$$

易知：

$$T^{-1} = \begin{pmatrix} A^{-1} & O \\ O & D^{-1} \end{pmatrix}\begin{pmatrix} E_m & O \\ -CA^{-1} & E_n \end{pmatrix} = \begin{pmatrix} A^{-1} & O \\ -D^{-1}CA^{-1} & D^{-1} \end{pmatrix} \tag{5.102}$$

5.2.9　行列式

1. 行列式的计算

行列式是一个将方阵映射到一个标量的函数，记作 $\det(A)$ 或 $|A|$。

n 级行列式：

$$\begin{vmatrix} a_{11} & a_{12} & \cdots & a_{1n} \\ a_{21} & a_{22} & \cdots & a_{2n} \\ \vdots & \vdots & \ddots & \vdots \\ a_{n1} & a_{n2} & \cdots & a_{nn} \end{vmatrix}$$

等于所有取自不同行不同列的 n 个元素乘积 $a_{1j_1}a_{2j_2}\cdots a_{nj_n}$ 的代数和，这里 $j_1j_2\cdots j_n$ 是 $1,2,\cdots,n$ 的一个排列，每一项 $a_{1j_1}a_{2j_2}\cdots a_{nj_n}$ 都按下列规则带有符号：当 $j_1j_2\cdots j_n$ 是偶排列时，$a_{1j_1}a_{2j_2}\cdots a_{nj_n}$ 带有正号，当 $j_1j_2\cdots j_n$ 是奇排列时，$a_{1j_1}a_{2j_2}\cdots a_{nj_n}$ 带有负号。

二阶行列式的计算为：

$$\begin{vmatrix} a_{11} & a_{12} \\ a_{21} & a_{22} \end{vmatrix} = a_{11}a_{22} - a_{12}a_{21} \tag{5.103}$$

二阶行列式 $D = det\left(\begin{bmatrix} 0 & 2 \\ -1.5 & 1.0 \end{bmatrix}\right)$ 值表示二维平面上向量 $a = (0, -1.5)^{\mathrm{T}}$，

$b=(2,1)^T$ 平行四边形的有向面积，如图 5-18 所示。

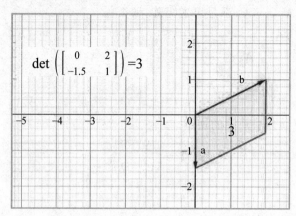

图 5-18　二阶行列式表示二维平面上平行四边形的有向面积

在三维空间中，三个点 $a(x_1,y_1,z_1)$，$b(x_2,y_2,z_2)$，$c(x_3,y_3,z_3)$ 可以确定一个平面，这个平面可以用行列式的形式表示：

$$\begin{vmatrix} x & y & z & 1 \\ x_1 & y_1 & z_1 & 1 \\ x_2 & y_2 & z_2 & 1 \\ x_3 & y_3 & z_3 & 1 \end{vmatrix}=0 \tag{5.104}$$

n 级行列式的计算可以先将其化为阶梯形行列式，如例 5.5 所示。

【例 5.5】　计算行列式的值：

$$\begin{vmatrix} -2 & 5 & -1 & 3 \\ 1 & -9 & 13 & 7 \\ 3 & -1 & 5 & -5 \\ 2 & 8 & -7 & -1 \end{vmatrix}$$

首先互换第一行和第二行，然后总是把第一行的倍数加到另一行，具体变换过程如下：

$$\begin{vmatrix} -2 & 5 & -1 & 3 \\ 1 & -9 & 13 & 7 \\ 3 & -1 & 5 & -5 \\ 2 & 8 & -7 & -10 \end{vmatrix} = -\begin{vmatrix} 1 & -9 & 13 & 7 \\ -2 & 5 & -1 & 3 \\ 3 & -1 & 5 & -5 \\ 2 & 8 & -7 & -10 \end{vmatrix}$$

$$= -\begin{vmatrix} 1 & -9 & 13 & 7 \\ 0 & -13 & 25 & 17 \\ 0 & 26 & -34 & -26 \\ 0 & 26 & -33 & -24 \end{vmatrix}$$

$$=-\begin{vmatrix} 1 & -9 & 13 & 7 \\ 0 & -13 & 25 & 17 \\ 0 & 0 & 16 & 8 \\ 0 & 0 & 17 & 10 \end{vmatrix}=-\begin{vmatrix} 1 & -9 & 13 & 7 \\ 0 & -13 & 25 & 17 \\ 0 & 0 & 16 & 8 \\ 0 & 0 & 0 & \dfrac{3}{2} \end{vmatrix}$$

$$=-\left(1\times(-13)\times16\times\left(\dfrac{3}{2}\right)\right)$$

$$=13\times8\times3=312 \tag{5.105}$$

2. 行列式的性质

行列式的性质如下。

（1）行列互换，行列式不变，即

$$\begin{vmatrix} a_{11} & \cdots & a_{1n} \\ \vdots & \ddots & \vdots \\ a_{n1} & \cdots & a_{nn} \end{vmatrix}=\begin{vmatrix} a_{11} & \cdots & a_{n1} \\ \vdots & \ddots & \vdots \\ a_{1n} & \cdots & a_{nn} \end{vmatrix} \tag{5.106}$$

（2）一行的公因子可以提出去，或者说以一数乘行列式的一行就相当于用这个数乘此行列式。

$$\begin{vmatrix} a_{11} & a_{12} & \cdots & a_{1n} \\ \vdots & \vdots & & \vdots \\ ka_{i1} & ka_{i2} & \cdots & ka_{in} \\ \vdots & \vdots & & \vdots \\ a_{n1} & a_{n2} & \cdots & a_{nn} \end{vmatrix}=k\begin{vmatrix} a_{11} & a_{12} & \cdots & a_{1n} \\ \vdots & \vdots & & \vdots \\ a_{i1} & a_{i2} & \cdots & a_{in} \\ \vdots & \vdots & & \vdots \\ a_{n1} & a_{n2} & \cdots & a_{nn} \end{vmatrix} \tag{5.107}$$

（3）$\begin{vmatrix} a_{11} & a_{12} & \cdots & a_{1n} \\ \vdots & \vdots & & \vdots \\ b_1+c_1 & b_2+c_2 & \cdots & b_n+c_n \\ \vdots & \vdots & & \vdots \\ a_{n1} & a_{n2} & \cdots & a_{nn} \end{vmatrix}=\begin{vmatrix} a_{11} & a_{12} & \cdots & a_{1n} \\ \vdots & \vdots & & \vdots \\ b_1 & b_2 & \cdots & b_n \\ \vdots & \vdots & & \vdots \\ a_{n1} & a_{n2} & \cdots & a_{nn} \end{vmatrix}+\begin{vmatrix} a_{11} & a_{12} & \cdots & a_{1n} \\ \vdots & \vdots & & \vdots \\ c_1 & c_2 & \cdots & c_n \\ \vdots & \vdots & & \vdots \\ a_{n1} & a_{n2} & \cdots & a_{nn} \end{vmatrix}$
$$\tag{5.108}$$

这就是说，如果某一行是两组数的和，那么这个行列式就等于两个行列式的和，而这两个行列式除这一行以外全与原来行列式的对应的行一样。

（4）如果行列式中有两行相同，那么行列式为零。两行相同是说两行的对应元素都相等。

（5）如果行列式中两行成比例，那么行列式为零，即：

$$\begin{vmatrix} a_{11} & a_{12} & \cdots & a_{1n} \\ \vdots & \vdots & & \vdots \\ a_{i1} & a_{i2} & \cdots & a_{in} \\ \vdots & \vdots & & \vdots \\ ka_{i1} & ka_{i2} & \cdots & ka_{in} \\ \vdots & \vdots & & \vdots \\ a_{n1} & a_{n2} & \cdots & a_{nn} \end{vmatrix}=k\begin{vmatrix} a_{11} & a_{12} & \cdots & a_{1n} \\ \vdots & \vdots & & \vdots \\ a_{i1} & a_{i2} & \cdots & a_{in} \\ \vdots & \vdots & & \vdots \\ a_{i1} & a_{i2} & \cdots & a_{in} \\ \vdots & \vdots & & \vdots \\ a_{n1} & a_{n2} & \cdots & a_{nn} \end{vmatrix}=0 \tag{5.109}$$

（6）把一行的倍数加到另一行，行列式不变。

$$
\begin{vmatrix}
a_{11} & a_{12} & \cdots & a_{1n} \\
\vdots & \vdots & & \vdots \\
a_{i1}+ca_{k1} & a_{i2}+ca_{k2} & \cdots & a_{in}+ca_{kn} \\
\vdots & \vdots & & \vdots \\
a_{k1} & a_{k2} & \cdots & a_{kn} \\
\vdots & \vdots & & \vdots \\
a_{n1} & a_{n2} & \cdots & a_{nn}
\end{vmatrix}
$$

$$
=
\begin{vmatrix}
a_{11} & a_{12} & \cdots & a_{1n} \\
\vdots & \vdots & & \vdots \\
a_{i1} & a_{i2} & \cdots & a_{in} \\
\vdots & \vdots & & \vdots \\
a_{k1} & a_{k2} & \cdots & a_{kn} \\
\vdots & \vdots & & \vdots \\
a_{n1} & a_{n2} & \cdots & a_{nn}
\end{vmatrix}
+
\begin{vmatrix}
a_{11} & a_{12} & \cdots & a_{1n} \\
\vdots & \vdots & & \vdots \\
ca_{k1} & ca_{k2} & \cdots & ca_{kn} \\
\vdots & \vdots & & \vdots \\
a_{k1} & a_{k2} & \cdots & a_{kn} \\
\vdots & \vdots & & \vdots \\
a_{n1} & a_{n2} & \cdots & a_{nn}
\end{vmatrix}
$$

$$
=
\begin{vmatrix}
a_{11} & a_{12} & \cdots & a_{1n} \\
\vdots & \vdots & & \vdots \\
a_{i1} & a_{i2} & \cdots & a_{in} \\
\vdots & \vdots & & \vdots \\
a_{k1} & a_{k2} & \cdots & a_{kn} \\
\vdots & \vdots & & \vdots \\
a_{n1} & a_{n2} & \cdots & a_{nn}
\end{vmatrix}
\tag{5.110}
$$

（7）对换行列式中两行的位置，行列式反号。

$$
\begin{vmatrix}
a_{11} & a_{12} & \cdots & a_{1n} \\
\vdots & \vdots & & \vdots \\
a_{i1} & a_{i2} & \cdots & a_{in} \\
\vdots & \vdots & & \vdots \\
a_{k1} & a_{k2} & \cdots & a_{kn} \\
\vdots & \vdots & & \vdots \\
a_{n1} & a_{n2} & \cdots & a_{nn}
\end{vmatrix}
= -
\begin{vmatrix}
a_{11} & a_{12} & \cdots & a_{1n} \\
\vdots & \vdots & & \vdots \\
a_{k1} & a_{k2} & \cdots & a_{kn} \\
\vdots & \vdots & & \vdots \\
a_{i1} & a_{i2} & \cdots & a_{in} \\
\vdots & \vdots & & \vdots \\
a_{n1} & a_{n2} & \cdots & a_{nn}
\end{vmatrix}
\tag{5.111}
$$

3. 行列式的一些定理和推论

行列式的一些推论如下：

（1）行列式等于矩阵特征值的乘积。

（2）行列式的绝对值可以用来衡量矩阵参与矩阵乘法后空间扩大或缩小了多少。

（3）如正交矩阵的行列式大小都为 1 或 -1。即用正交矩阵进行线性变换后的矩阵在空间中的有向面积或体积保持不变。

（4）行列式的正负表示空间的定向。

（5）对于下面的行列式，有：

$$\begin{vmatrix} a_{11} & \cdots & a_{1k} & 0 & \cdots & 0 \\ \vdots & & \vdots & \vdots & & \vdots \\ a_{k1} & \cdots & a_{kk} & 0 & \cdots & 0 \\ c_{11} & \cdots & c_{1k} & b_{11} & \cdots & b_{1r} \\ \vdots & & \vdots & \vdots & & \vdots \\ c_{r1} & \cdots & c_{rk} & b_{r1} & \cdots & b_{rr} \end{vmatrix} = \begin{vmatrix} a_{11} & \cdots & a_{1k} \\ \vdots & & \vdots \\ a_{k1} & \cdots & a_{kk} \end{vmatrix} \begin{vmatrix} b_{11} & \cdots & b_{1r} \\ \vdots & & \vdots \\ b_{r1} & \cdots & b_{rr} \end{vmatrix} \tag{5.112}$$

行列式可以看作是矩阵有向面积或体积的推广，其应用有求矩阵特征值、求解线性方程等。下面再介绍一些定理及定理的推论：

定理：设 A、B 是数域 P 上的两个 $n \times n$ 矩阵，那么

$$|AB| = |A| |B| \tag{5.113}$$

即矩阵乘积的行列式等于它的因子行列式的乘积。

推论：$A_1, A_2, \cdots, A_m$ 是数域 P 上的 $n \times n$ 矩阵，于是 $|A_1, A_2, \cdots, A_m| = |A_1| |A_2| \cdots |A_m|$。

定义：数域 P 上的 $n \times n$ 矩阵 A 称为非退化的，如果 $|A| \neq 0$；否则称为退化的。显然，一个 $n \times n$ 矩阵是非退化的充分必要条件是它的秩等于 n。

推论：设 A、B 是数域 P 上的两个 $n \times n$ 矩阵，矩阵 AB 为退化的充分必要条件是 A、B 中至少有一个是退化的。

关于矩阵乘积的秩，有：

定理：设 A 是数域 P 上的 $n \times m$ 矩阵，B 是数域 P 上的 $m \times s$ 矩阵，于是

$$秩(AB) \leqslant \min[秩(A), 秩(B)] \tag{5.114}$$

即乘积的秩不超过各因子的秩。

4. 行列式按一行（列）展开

对于 n 级行列式，有：

$$\begin{vmatrix} a_{11} & a_{12} & \cdots & a_{1n} \\ \vdots & \vdots & & \vdots \\ a_{i1} & a_{i2} & \cdots & a_{in} \\ \vdots & \vdots & & \vdots \\ a_{n1} & a_{n2} & \cdots & a_{nn} \end{vmatrix} = a_{i1}A_{i1} + a_{i2}A_{i2} + \cdots + a_{in}A_{in}, \quad i = 1, 2, \cdots, n \tag{5.115}$$

下面我们讨论这些 $A_{ij}, j = 1, 2, \cdots, n$ 是什么。

我们知道，三级行列式可以通过二级行列式表示：

$$\begin{vmatrix} a_{11} & a_{12} & a_{13} \\ a_{21} & a_{22} & a_{23} \\ a_{31} & a_{32} & a_{33} \end{vmatrix} = a_{11} \begin{vmatrix} a_{22} & a_{23} \\ a_{32} & a_{33} \end{vmatrix} - a_{12} \begin{vmatrix} a_{21} & a_{23} \\ a_{31} & a_{33} \end{vmatrix} + a_{13} \begin{vmatrix} a_{21} & a_{22} \\ a_{31} & a_{32} \end{vmatrix} \tag{5.116}$$

与此相仿，A_{ij} 也是一些带有正、负号的 $n-1$ 级行列式。为了说明这一点，引入下面定义：

在行列式

$$\begin{vmatrix} a_{11} & \cdots & a_{1j} & \cdots & a_{1n} \\ \vdots & & \vdots & & \vdots \\ a_{i1} & \cdots & a_{ij} & \cdots & a_{in} \\ \vdots & & \vdots & & \vdots \\ a_{n1} & \cdots & a_{nj} & \cdots & a_{nn} \end{vmatrix}$$

中划去元素 a_{ij} 所在的第 i 行与第 j 列,剩下的 $(n-1)^2$ 个元素按原来的排法构成一个 $n-1$ 级的行列式

$$\begin{vmatrix} a_{11} & \cdots & a_{1,j-1} & a_{1,j+1} & \cdots & a_{1n} \\ \vdots & & \vdots & \vdots & & \vdots \\ a_{i-1,1} & \cdots & a_{i-1,j-1} & a_{i-1,j+1} & \cdots & a_{i-1,n} \\ a_{i+1,1} & \cdots & a_{i+1,j-1} & a_{i+1,j+1} & \cdots & a_{i+1,n} \\ \vdots & & \vdots & \vdots & & \vdots \\ a_{n1} & \cdots & a_{n,j-1} & a_{n,j+1} & \cdots & a_{nn} \end{vmatrix}$$

称为元素 a_{ij} 的余子式,记为 M_{ij},且 $A_{ij}=(-1)^{i+j}M_{ij}$,为元素 a_{ij} 的代数余子式。

【例 5.6】 计算下面行列式的值:

$$\begin{vmatrix} 5 & 3 & -1 & 2 & 0 \\ 1 & 7 & 2 & 5 & 2 \\ 0 & -2 & 3 & 1 & 0 \\ 0 & -4 & -1 & 4 & 0 \\ 0 & 2 & 3 & 5 & 0 \end{vmatrix} = (-1)^{2+5} \times 2 \begin{vmatrix} 5 & 3 & -1 & 2 \\ 0 & -2 & 3 & 1 \\ 0 & -4 & -1 & 4 \\ 0 & 3 & 3 & 5 \end{vmatrix} = -2 \times 5 \times \begin{vmatrix} -2 & 3 & 1 \\ -4 & -1 & 4 \\ 2 & 3 & 5 \end{vmatrix}$$

$$= -10 \begin{vmatrix} -2 & 3 & 1 \\ 0 & -7 & 2 \\ 0 & 6 & 6 \end{vmatrix} = (-10)(-2) \begin{vmatrix} -7 & 2 \\ 6 & 6 \end{vmatrix}$$

$$= 20(-42-12) = -1080 \tag{5.117}$$

这里第一步是按照第 5 列展开,然后再按第 1 列展开,这样就归结到一个三级行列式的计算了。

5.2.10 特征值与特征向量

设 $\mathscr{A}$ 是数域 P 上线性空间 V 的一个线性变换,变换矩阵为 A,如果对于数域 P 中一数 λ,存在一个非零向量 α,使得:

$$A\alpha = \lambda\alpha \tag{5.118}$$

那么 λ 称为 A 的一个特征值,而 α 称为 A 的属于特征值 λ 的一个特征向量。

一个矩阵对应着一种线性变换,通过矩阵乘法实现对向量的旋转、压缩和映射。如果矩阵作用于某一个向量或某些向量使这些向量只发生伸缩变换,而不产生旋转及投影的效果,那么这些向量就称为这个矩阵的特征向量,伸缩的比例就是特征值。

1. 特征值与特征向量的计算

求矩阵 A 的特征值与特征向量的方法为:

$$A\alpha = \lambda\alpha \tag{5.119}$$

$$\Leftrightarrow \lambda\alpha - A\alpha = 0 \tag{5.120}$$

$$\Leftrightarrow (\lambda E - A)\alpha = 0 \tag{5.121}$$

$$\alpha \neq 0 \Leftrightarrow \mid \lambda E - A \mid = 0 \tag{5.122}$$

即:

$$\begin{vmatrix} \lambda - a_{11} & -a_{12} & \cdots & -a_{1n} \\ -a_{21} & \lambda - a_{22} & \cdots & -a_{n2} \\ \vdots & \vdots & \ddots & \vdots \\ -a_{n1} & -a_{2n} & \cdots & \lambda - a_{nn} \end{vmatrix} = 0 \tag{5.123}$$

设矩阵 A 有 n 个线性无关的特征向量 $\alpha_1, \alpha_2, \cdots, \alpha_n$，相对应的特征值为 $\lambda_1, \lambda_2, \cdots, \lambda_n$，则 A 的特征分解为:

$$A = P \operatorname{diag}(\lambda) P^{-1} \tag{5.124}$$

其中 $P = \{\alpha_1, \alpha_2, \cdots, \alpha_n\}, \lambda = \{\lambda_1, \lambda_2, \cdots, \lambda_n\}$。

【例 5.7】 设线性变换 $\mathscr{A}$ 在基 $\varepsilon_1, \varepsilon_2, \varepsilon_3$ 下的矩阵是:

$$\boldsymbol{A} = \begin{bmatrix} 1 & 2 & 2 \\ 2 & 1 & 2 \\ 2 & 2 & 1 \end{bmatrix} \tag{5.125}$$

求 $\mathscr{A}$ 的特征值与特征向量。

因为特征多项式:

$$\mid \lambda E - A \mid = \begin{vmatrix} \lambda - 1 & -2 & -2 \\ -2 & \lambda - 1 & -2 \\ -2 & -2 & \lambda - 1 \end{vmatrix} = (\lambda + 1)^2 (\lambda - 5) \tag{5.126}$$

所以特征值是 -1(二重)和 5。

把特征值 -1 代入齐次方程组:

$$\begin{cases} (\lambda - 1)x_1 - 2x_2 - 2x_3 = 0 \\ -2x_1 + (\lambda - 1)x_2 - 2x_3 = 0 \\ -2x_1 - 2x_2 + (\lambda - 1)x_3 = 0 \end{cases} \tag{5.127}$$

得到

$$\begin{cases} -2x_1 - 2x_2 - 2x_3 = 0 \\ -2x_1 - 2x_2 - 2x_3 = 0 \\ -2x_1 - 2x_2 - 2x_3 = 0 \end{cases} \tag{5.128}$$

它的基础解系是

$$\begin{pmatrix} 1 \\ 0 \\ -1 \end{pmatrix}, \quad \begin{pmatrix} 0 \\ 1 \\ -1 \end{pmatrix}$$

因此,属于 -1 的两个线性无关的特征向量就是

$$\xi_1 = \varepsilon_1 - \varepsilon_3 \tag{5.129}$$

$$\xi_2 = \varepsilon_2 - \varepsilon_3 \tag{5.130}$$

而属于 -1 的全部特征向量就是 $k_1\xi_1 + k_2\xi_2, k_1, k_2$ 取遍数域 P 中不全为零的全部数对,

再将特征值 5 代入,得到

$$\begin{cases} 4x_1 - 2x_2 - 2x_3 = 0 \\ -2x_1 + 4x_2 - 2x_3 = 0 \\ -2x_1 - 2x_2 + 4x_3 = 0 \end{cases} \tag{5.131}$$

它的基础解系是

$$\begin{pmatrix} 1 \\ 1 \\ 1 \end{pmatrix}$$

因此,属于 5 的一个线性无关的特征向量就是

$$\xi_3 = \varepsilon_1 + \varepsilon_2 + \varepsilon_3 \tag{5.132}$$

而属于 5 的全部特征向量就是 $k\xi_3$,k 是数据 P 中任意不等于零的数。

把矩阵分解为一组特征向量和特征值,是使用最广的矩阵分解方法之一。从线性空间的角度看,特征值越大,则矩阵在对应的特征向量上的方差越大,信息量越多,此理论可用于降低数据维数。

在最优化中,矩阵特征值的大小与函数值的变化快慢有关,在最大特征值所对应的特征方向上函数值变化最大,也就是该方向上的方向导数最大。

2. 特征值与特征向量的应用

求矩阵的特征值与特征向量时可将矩阵化为对角矩阵,如例 5.8,可求得正交变换将矩阵转化为对角形。

【例 5.8】 已知

$$A = \begin{bmatrix} 1 & -1 & -1 & 1 \\ -1 & 1 & 1 & -1 \\ -1 & 1 & 1 & -1 \\ 1 & -1 & -1 & 1 \end{bmatrix} \tag{5.133}$$

求一正交矩阵 T 使得 $T'AT$ 成对角形,并写出对角矩阵。

解:先求矩阵 A 的特征值:

$$|\lambda E - A| = \begin{bmatrix} \lambda - 1 & 1 & 1 & -1 \\ 1 & \lambda - 1 & -1 & 1 \\ 1 & -1 & \lambda - 1 & 1 \\ -1 & 1 & 1 & \lambda - 1 \end{bmatrix} = \lambda^3(\lambda - 4) \tag{5.134}$$

即得到 A 的特征值为 0(三重)和 4。

对角矩阵为

$$\begin{bmatrix} 0 & 0 & 0 & 0 \\ 0 & 0 & 0 & 0 \\ 0 & 0 & 0 & 0 \\ 0 & 0 & 0 & 4 \end{bmatrix}$$

其次,求属于 0 的特征向量,把 $\lambda = 0$ 代入下面方程组:

$$\begin{cases} (\lambda - 1)x_1 + x_2 + x_3 - x_4 = 0 \\ x_1 + (\lambda - 1)x_2 - x_3 + x_4 = 0 \\ x_1 - x_2 + (\lambda - 1)x_3 + x_4 = 0 \\ -x_1 + x_2 + x_3 + (\lambda - 1)x_4 = 0 \end{cases} \tag{5.135}$$

求得基础解系

$$\begin{cases} \alpha_1 = (1,1,0,0) \\ \alpha_2 = (1,0,1,0) \\ \alpha_3 = (1,0,0,-1) \end{cases} \tag{5.136}$$

把它正交化,得

$$\begin{cases} \beta_1 = \alpha_1 = (1,1,0,0) \\ \beta_2 = \alpha_2 - \dfrac{(\alpha_2,\beta_1)}{(\beta_1,\beta_1)}\beta_1 = \left(\dfrac{1}{2}, -\dfrac{1}{2}, 1, 0\right) \\ \beta_3 = \alpha_3 - \dfrac{(\alpha_3,\beta_1)}{(\beta_1,\beta_1)}\beta_1 - \dfrac{(\alpha_3,\beta_2)}{(\beta_2,\beta_2)}\beta_2 = \left(\dfrac{1}{3}, -\dfrac{1}{3}, -\dfrac{1}{3}, -1\right) \end{cases} \tag{5.137}$$

再单位化,得

$$\begin{cases} \eta_1 = \left(\dfrac{\sqrt{2}}{2}, \dfrac{\sqrt{2}}{2}, 0, 0\right) \\ \eta_2 = \left(\dfrac{\sqrt{6}}{6}, -\dfrac{\sqrt{6}}{6}, \dfrac{\sqrt{6}}{3}, 0\right) \\ \eta_3 = \left(\dfrac{\sqrt{3}}{6}, -\dfrac{\sqrt{3}}{6}, -\dfrac{\sqrt{3}}{6}, -\dfrac{\sqrt{3}}{2}\right) \end{cases} \tag{5.138}$$

这是属于三重特征值 0 的三个标准正交的特征向量。

再求属于 4 的特征向量,用 $\lambda = 4$ 代入方程组(5.135)。

求得基础解系为:

$$(1, -1, -1, 1)$$

把它单位化,得:

$$\eta_4 = \left(\dfrac{1}{2}, -\dfrac{1}{2}, -\dfrac{1}{2}, \dfrac{1}{2}\right) \tag{5.139}$$

特征向量 $\eta_1, \eta_2, \eta_3, \eta_4$ 构成 R^4 的一组标准正交基,所求的正交矩阵为:

$$T = \begin{bmatrix} \dfrac{\sqrt{2}}{2} & \dfrac{\sqrt{6}}{6} & \dfrac{\sqrt{3}}{6} & \dfrac{1}{2} \\ \dfrac{\sqrt{2}}{2} & -\dfrac{\sqrt{6}}{6} & -\dfrac{\sqrt{3}}{6} & -\dfrac{1}{2} \\ 0 & \dfrac{\sqrt{6}}{3} & -\dfrac{\sqrt{3}}{6} & -\dfrac{1}{2} \\ 0 & 0 & -\dfrac{\sqrt{3}}{2} & \dfrac{1}{2} \end{bmatrix} \tag{5.140}$$

从本示例可以看出矩阵 A 可转化为对角矩阵,方法为:

$$\begin{bmatrix} \dfrac{\sqrt{2}}{2} & \dfrac{\sqrt{6}}{6} & \dfrac{\sqrt{3}}{6} & \dfrac{1}{2} \\ \dfrac{\sqrt{2}}{2} & -\dfrac{\sqrt{6}}{6} & -\dfrac{\sqrt{3}}{6} & -\dfrac{1}{2} \\ 0 & \dfrac{\sqrt{6}}{3} & -\dfrac{\sqrt{3}}{6} & -\dfrac{1}{2} \\ 0 & 0 & -\dfrac{\sqrt{3}}{2} & \dfrac{1}{2} \end{bmatrix}^{\mathrm{T}} \begin{pmatrix} 1 & -1 & -1 & 1 \\ -1 & 1 & 1 & -1 \\ -1 & 1 & 1 & -1 \\ 1 & -1 & -1 & 1 \end{pmatrix} \begin{bmatrix} \dfrac{\sqrt{2}}{2} & \dfrac{\sqrt{6}}{6} & \dfrac{\sqrt{3}}{6} & \dfrac{1}{2} \\ \dfrac{\sqrt{2}}{2} & -\dfrac{\sqrt{6}}{6} & -\dfrac{\sqrt{3}}{6} & -\dfrac{1}{2} \\ 0 & \dfrac{\sqrt{6}}{3} & -\dfrac{\sqrt{3}}{6} & -\dfrac{1}{2} \\ 0 & 0 & -\dfrac{\sqrt{3}}{2} & \dfrac{1}{2} \end{bmatrix}$$

$$= \begin{pmatrix} 0 & 0 & 0 & 0 \\ 0 & 0 & 0 & 0 \\ 0 & 0 & 0 & 0 \\ 0 & 0 & 0 & 4 \end{pmatrix} \tag{5.141}$$

特征分解的应用有最优化问题、处理模型过拟合的正则化问题等。

5.2.11　奇异值分解

1. 奇异值分解的方法

上节讨论的问题针对于方阵,对于行数与列数不同的矩阵,可进行奇异值分解:将矩阵分解为奇异向量和奇异值。可以将矩阵 $\boldsymbol{A}=(a_{ij})_{m\times n}$ 分解为三个矩阵的乘积:

$$\boldsymbol{A}=\boldsymbol{U}\boldsymbol{\Sigma}\boldsymbol{V}^{\mathrm{T}} \tag{5.142}$$

其中 $\boldsymbol{U}=(b_{ij})_{m\times m}$,$\boldsymbol{\Sigma}=(c_{ij})_{m\times n}$,$\boldsymbol{V}^{\mathrm{T}}=(d_{ij})_{n\times n}$。

矩阵 $\boldsymbol{U}$ 和 $\boldsymbol{V}$ 都为正交矩阵,矩阵 $\boldsymbol{U}$ 的列向量称为左奇异向量,矩阵 $\boldsymbol{V}$ 的列向量称为右奇异向量,$\boldsymbol{\Sigma}$ 为对角矩阵(不一定为方阵),$\boldsymbol{\Sigma}$ 对角线上的元素称为矩阵 $\boldsymbol{A}$ 的奇异值,奇异值按从大到小的顺序排列。

【例 5.9】 对下面矩阵进行奇异值分解

$$\boldsymbol{A} = \begin{bmatrix} 0 & 0 & 0 & -1 \\ 0 & 1 & 0 & 1 \end{bmatrix} \tag{5.143}$$

首先求出 $\boldsymbol{A}^{\mathrm{T}}\boldsymbol{A}$ 和 $\boldsymbol{A}\boldsymbol{A}^{\mathrm{T}}$:

$$\boldsymbol{A}^{\mathrm{T}}\boldsymbol{A} = \begin{bmatrix} 1 & 0 & 0 & -1 \\ 0 & 1 & 0 & 1 \end{bmatrix} \begin{bmatrix} 1 & 0 \\ 0 & 1 \\ 0 & 0 \\ -1 & 0 \end{bmatrix} = \begin{bmatrix} 2 & -1 \\ -1 & 2 \end{bmatrix}$$

$$\boldsymbol{A}\boldsymbol{A}^{\mathrm{T}} = \begin{bmatrix} 1 & 0 \\ 0 & 1 \\ 0 & 0 \\ -1 & 1 \end{bmatrix} \begin{bmatrix} 0 & 0 & 0 & -1 \\ 0 & 1 & 0 & 1 \end{bmatrix} = \begin{bmatrix} 1 & 0 & 0 & -1 \\ 0 & 1 & 0 & 1 \\ 0 & 0 & 0 & 0 \\ -1 & 1 & 0 & 2 \end{bmatrix} \tag{5.144}$$

然后求出 $\boldsymbol{A}^{\mathrm{T}}\boldsymbol{A}$ 的特征值和单位正交特征向量:

$$\lambda_1 = 3, v_1 = \begin{pmatrix} \dfrac{1}{\sqrt{2}} \\ \dfrac{-1}{\sqrt{2}} \end{pmatrix}; \quad \lambda_2 = 1, v_2 = \begin{pmatrix} \dfrac{1}{\sqrt{2}} \\ \dfrac{1}{\sqrt{2}} \end{pmatrix} \tag{5.145}$$

接着求 AA^T 的特征值（A^TA 和 AA^T 有相同的正特征值，其余补 0）和单位正交特征向量：

$$\lambda_1 = 3, u_1 = \begin{pmatrix} \dfrac{-1}{\sqrt{6}} \\[6pt] \dfrac{1}{\sqrt{6}} \\[6pt] 0 \\[6pt] \dfrac{2}{\sqrt{6}} \end{pmatrix} ; \quad \lambda_2 = 1, u_2 = \begin{pmatrix} \dfrac{1}{\sqrt{2}} \\[6pt] \dfrac{1}{\sqrt{2}} \\[6pt] 0 \\[6pt] 0 \end{pmatrix} ; \quad \lambda_3 = 0, u_3 = \begin{pmatrix} 0 \\ 0 \\ 1 \\ 0 \end{pmatrix}, \quad u_4 = \begin{pmatrix} \dfrac{1}{\sqrt{3}} \\[6pt] \dfrac{-1}{\sqrt{3}} \\[6pt] 0 \\[6pt] \dfrac{1}{\sqrt{3}} \end{pmatrix}$$

$$(5.146)$$

由奇异值为 $\sqrt{\lambda_i}$，得出两个奇异值 $\sqrt{3}$ 和 1。

因此矩阵 A 的奇异值分解为：

$$A = U\Sigma V^T = \begin{pmatrix} \dfrac{1}{\sqrt{2}} & \dfrac{1}{\sqrt{2}} \\[6pt] \dfrac{-1}{\sqrt{2}} & \dfrac{1}{\sqrt{2}} \end{pmatrix} \begin{pmatrix} \sqrt{3} & 0 \\ 0 & 1 \\ 0 & 0 \end{pmatrix} \begin{pmatrix} \dfrac{-1}{\sqrt{6}} & \dfrac{1}{\sqrt{6}} & 0 & \dfrac{2}{\sqrt{6}} \\[6pt] \dfrac{1}{\sqrt{2}} & \dfrac{1}{\sqrt{2}} & 0 & 0 \\[6pt] 0 & 0 & 1 & 0 \\[6pt] \dfrac{1}{\sqrt{3}} & \dfrac{-1}{\sqrt{3}} & 0 & \dfrac{1}{\sqrt{3}} \end{pmatrix}$$

$$(5.147)$$

注意：用本方法进行奇异值分解时，一定要进行验算。

2. 奇异值分解的应用

奇异值分解的应用有 PCA(Principle Component Analysis)主成分分析算法、数据压缩（以图像压缩为代表）算法、特征提取、数字水印以及 LSI(Latent semantic analysis，潜在语义分析)等。如 PCA 算法，首先将 n 维输入数据缩减为 r 维，其中 $r < n$。简单地说，PCA 实质上是一个基变换，使得变换后的数据有最大的方差，也就是通过对坐标轴的旋转和坐标原点的平移使得其中一个轴（主轴）与数据点之间的方差最小，坐标转换后去掉高方差的正交轴，使用降维的数据集进行模式识别，将计算出的距离存储在距离矩阵中，通过分析距离矩阵中的数据，可以得出识别率。具体算法可参考本书的参考文献。

（1）图像压缩。

奇异值分解可以理解为在原空间内找到一组正交基 v_i，通过矩阵乘法将这组正交基映射到像空间中，其中奇异值对应伸缩系数，如图 5-19 所示。奇异值分解可以将矩阵原本混合在一起的旋转、缩放和投影的三种作用效果分解出来。

$$A = U\Sigma V^T = [\boldsymbol{u}_1 \quad \boldsymbol{u}_2 \quad \cdots \quad \boldsymbol{u}_m] \begin{pmatrix} \sigma_1 & \cdots & 0 \\ \vdots & \ddots & \vdots \\ 0 & \cdots & \sigma n \end{pmatrix} \begin{bmatrix} \boldsymbol{v}_1^T \\ \boldsymbol{v}_2^T \\ \vdots \\ \boldsymbol{v}_n^T \end{bmatrix}$$

$$(5.148)$$

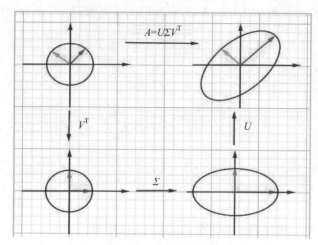

图 5-19 奇异值分解实例-图像压缩

$$A = u_1\sigma_1 v_1^{\mathrm{T}} + u_2\sigma_2 v_2^{\mathrm{T}} + u_3\sigma_3 v_3^{\mathrm{T}} + \cdots + u_n\sigma_n v_n^{\mathrm{T}} \tag{5.149}$$

A 看作一个 $m \times n$ 个像素组成的图像矩阵,式中奇异值矩阵中的奇异值按从大到小排列。数值越大,说明其对应的奇异向量越重要;值越小,则说明不是重要组成部分,可以舍去。

若只取前 k 项即能基本看清图像,则可以达到图像压缩的效果。图 5-20 中原图为一张 184×324 的灰度图像,原图数据量为 $184 \times 324 = 59\ 616$。用 SVD 实现图像压缩,取图

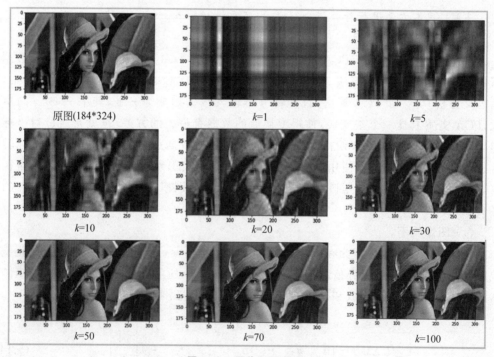

图 5-20 图像压缩效果

像的前 70 个分量来表示图像，则图像现在数据量变为 184×70（左奇异向量）$+70$（奇异值）$+70\times324$（右奇异向量）$=35\ 630$。

（2）K-L 变换。

在实际使用 SVD 算法时，以归一化后的标准图像作为训练样本集，以该样本集的总体散布矩阵为产生矩阵，即：

$$\Sigma = E\{(x-\mu)(x-\mu)^{\mathrm{T}}\} \tag{5.150}$$

或

$$\Sigma = \frac{1}{M}\sum_{i=0}^{M-1}(x_i-\mu)(x_i-\mu)^{\mathrm{T}} \tag{5.151}$$

其中 x_i 为第 i 个训练样本的图像向量，μ 为训练样本集的平均图向量，M 为训练样本的总数。可通过 SVD 变换计算 Σ 的奇异值。

由于 Σ 可表示为：

$$\Sigma = \frac{1}{M}\sum_{i=0}^{M-1}(x_i-\mu)(x_i-\mu)^{\mathrm{T}} = \frac{1}{M}XX^{\mathrm{T}} \tag{5.152}$$

其中

$$X = [x_0-\mu, x_1-\mu, \cdots, x_{M-1}-\mu] \tag{5.153}$$

故，构造矩阵为：

$$R = XX^{\mathrm{T}} \tag{5.154}$$

容易求出其特征值 λ_i 及相应的正交归一化特征向量 v_i。Σ 的正交归一特征向量 u_i 为：

$$u_i = \frac{1}{\sqrt{\lambda_i}}Xv_i \tag{5.155}$$

这是图像的特征向量，它是通过计算较低维矩阵 R 的特征值和特征向量而间接得出的。

实际上我们得到了 M 个特征向量，虽然 M 比样本个数的平方小很多，但通常情况下，M 仍然会很大。而实际上，根据应用的要求，并非所有的 u_i 都有很大的保留意义。

考虑到使用 K-L 变换作为对图像的压缩手段，可以选取最大的前 k 个特征向量，使得：

$$\frac{\displaystyle\sum_{i=0}^{k}\lambda_i}{\displaystyle\sum_{i=0}^{M-1}\lambda_i} \geqslant \alpha \tag{5.156}$$

在式（5.156）中，可以选取 $\alpha=99\%$，这说明样本集在前 k 个轴上的能量占整个能量的 99% 以上。

由于通过上面的 K-L 变换所得到的是原图像样本的一个空间表示，因此，在 K-L 变换的同时，如果能考虑到训练样本的类别信息，则对人脸识别会有更大意义。在这种情况下，可以采用训练样本集的类间离散度矩阵作为 K-L 变换的产生矩阵，即：

$$S_b = \sum_{i=0}^{P-1}P(\omega_i)(\mu_i-\mu)(\mu_i-\mu)^{\mathrm{T}} \tag{5.157}$$

其中 μ_i 为训练样本集中第 i 个人的平均图像向量，P 为训练样本集的总人数。

5.3 概　率　论

5.3.1 概率论与人工智能

在自然界中存在着一类现象,例如,在相同条件下抛一枚硬币,其结果可能是正面朝上,也可能是反面朝上,并且在每次抛掷之前,无法肯定抛掷的结果是什么。这类现象,在一定条件下,可能出现这样的结果,也可能出现那样的结果,而在试验或观察之前不能预知确切的结果。但人们经过长期实践并深入研究之后,发现这类现象在大量重复试验或观察下,它的结果却呈现出某种规律性。概率论是研究在个别试验中其结果呈现出不确定性,在大量重复试验中其结果又具有统计规律性的现象,这就是概率论所研究的内容。

概率论是现有许多人工智能算法的基础。现阶段的很多人工智能算法都是数据驱动的,目的大多为了做预测或是做出更好的决策。如:机器翻译中,如何检测你输入的语言种类。一种简单的方法就是把输入的词或句子进行分解,计算各语言模型的概率,然后概率最高的是最后确定的语言模型。

用神经网络进行图像分类,网络的输出是衡量分类结果可信程度的概率值,即分类的置信度,我们选择置信度最高的作为图像分类结果。混合高斯模型、隐马尔可夫模型等传统语音处理模型都是以概率论为基础的。

5.3.2 随机试验

满足以下三个特点的试验称为随机试验:

(1)可以在相同的条件下重复进行。

(2)每次试验的可能结果不止一个,且能事先明确试验的所有可能结果。

(3)进行一次试验之前不能确定哪一个结果会出现。

例如,抛一枚硬币,观察正面和反面出现的情况;抛一枚骰子,出现点数的情况;记录某地一昼夜的最高温度和最低温度。

5.3.3 样本点、样本空间、随机事件

(1)样本空间:对于随机试验,尽管在每次试验之前不能预知试验的结果,但试验的所有可能结果组成的集合是已知的。我们将随机试验 E 的所有可能结果组成的集合称为 E 的样本空间,记为 S。

(2)样本点:样本空间的元素,即 E 的每个结果,称为样本点。

(3)随机事件:一般,我们称试验 E 的样本空间 S 的子集为 E 的随机事件,简称事件。在每次试验中,当且仅当这一子集中的一个样本点出现时,称这一事件发生。特别地,由一个样本点组成的单点集,称为基本事件。样本空间 S 包含所有的样本点,它是 S 自身的子集,在每次试验中它总是发生的,S 称为必然事件。空集不包含任何样本点,它也作为样本空间的子集,它在每次试验中都不发生,称为不可能事件。

下面举两个事件的例子。

① 随机试验 E_1：扔一次骰子，观察可能出现的点数情况。

扔一次骰子点数出现情况样本空间为：$S=\{1,2,3,4,5,6\}$。

扔一次骰子样本点为：$e_i=1,2,3,4,5,6$。

② 随机事件 A_1："扔一次骰子出现的点数为 5"，即 $A_1=\{x\,|\,x=5\}$。

5.3.4　随机变量

随机变量的定义为：定义在样本空间 Ω 上的实值函数 $X=X(\omega)$ 称为随机变量。本质是一个函数，是从样本空间的子集到实数的映射，将事件转换成一个数值。随机变量有以下两种：

（1）仅取有限个或可列个随机变量称为离散随机变量。

（2）取值充满某个区间 (a,b) 的随机变量称为连续随机变量，这里 a 可为 $-\infty$，b 可为 $+\infty$。

一些随机试验的结果可能不是数，因此很难进行描述和研究，比如 $S=\{$正面，反面$\}$。因此将随机试验的每一个结果与实数对应起来，从而引入了随机变量的概念。随机变量用大写字母表示，其取值用小写字母表示。

例如，随机试验 E_2：抛两枚骰子，观察可能出现的点数的和。试验的样本空间是 $S=\{e\}=\{(i,j)\,|\,i,j=1,2,3,4,5,6\}$，$i,j$ 分别是第 1 次，第 2 次出现的点数，以 X 记为两次点数之和，则 X 是一个随机变量。

按照随机变量的可能取值，可分为：

（1）离散随机变量：随机变量的全部可能取到的值是有限个或可列无限多个。如：某年某地的出生人数。

（2）连续随机变量：随机变量取值不可以逐个列举，它取数轴某一区间内的任一点。例如：奶牛每天挤出的奶量，可能是一个区间中的任意值。

5.3.5　分布列

对于离散随机变量，我们通常用分布列来描述其取值规律。

分布列或分布律，又叫概率质量函数（Probability Mass Function，PMF）：设离散型随机变量 X 的所有可能取值为 $x_k(k=1,2,\cdots)$，X 取各个可能值的概率，即事件 $\{X=x_k\}$ 的概率，为

$$f_x(x_k)=P\{X=x_k\}=p(x_k)=p_k,\quad k=1,2,\cdots \tag{5.158}$$

由概率的定义可知，p_k 满足如下两个条件：

（1）非负性：$p_k\geq 0,k=1,2,\cdots$。

（2）正则性：$\sum\limits_{k=1}^{\infty}p_k=1$。

分布列也可以用表格的形式来表示，如表 5-2 所示。

表 5-2　分布列表

X	x_1	x_2	$\cdots$	x_n	$\cdots$
p_k	p_1	p_2	$\cdots$	p_n	$\cdots$

离散随机变量 X 的分布函数为 $F(x)=\sum_{x_i\leqslant x}p(x_i)$，它是有限级或可列无限级阶梯函数。离散随机变量 X 取值于区间 $(a,b]$ 的概率为 $P(a<X\leqslant b)=F(b)-F(a)$。

5.3.6　特殊离散分布

1. 伯努利分布

伯努利分布（0-1 分布，两点分布）：设随机变量 X 只可能取 0 与 1 两个值，它的分布列是：

$$P\{X=k\}=p^k(1-p)^{1-k},\quad k=0,1(0<p<1),\qquad(5.159)$$

则称 X 服从以 p 为参数的伯努利分布。伯努利分布的分布列也可以写成如表 5-3 的描述。其中，$E(X)=p$，$\mathrm{Var}(X)=p(1-p)$。

表 5-3　伯努利分布的分布列

X	0	1
p_k	$1-p$	p

伯努利分布主要用于二分类问题，可以用伯努利朴素贝叶斯进行文本分类或垃圾邮件分类。伯努利模型中每个特征的取值为 1 和 0，即某个单词在文档中是否出现过，或是否为垃圾邮件。

为防止模型过拟合，常会用 dropout 方法随机丢弃神经元，每个神经元都被建模为伯努利随机变量，被抛弃的概率为 p，成功输出的比例为 $1-p$。

2. 二项分布

二项分布是重复 n 次伯努利试验满足的分布。

若 X 的概率分布列为：

$$P(X=k)=C_n^k p^k(1-p)^{n-k},\quad k=0,1,2,\cdots n,\qquad(5.160)$$

则称 X 服从二项分布，记为 $X\sim b(n,p)$，其中 $0<p<1$。其中 $E(X)=np$，$\mathrm{Var}(x)=np(1-p)$。

背景：n 重伯努利试验中成功的次数 X 服从二项分布 $b(n,p)$，其中 p 为一次伯努利试验中成功发生的概率。

二项分布的应用有：估计文本中含有"的"字的句子所占百分比，或者确定一个动词在语言中常被用于及物动词还是非及物动词。如在 dropout 方法中，对于某一层的 n 个神经元在每个训练步骤中可以被看作是 n 个伯努利试验的集合，即被丢弃的神经元总数服从参数为 n,p 的二项分布。

3. 泊松分布

若随机变量 X 所有可能的取值为 $0,1,2,\cdots$，X 的分布列为：

$$P\{X=k\}=\frac{\lambda^k e^{-\lambda}}{k!},\quad k=0,1,2,\cdots,\qquad(5.161)$$

则称 X 服从参数为 λ 的泊松分布，记为：$X\sim P(\lambda)$，其中参数 $\lambda>0$。其中，$E(X)=\lambda$，

$D(X)=\lambda$。参数 λ 是单位时间或单位面积内随机事件的平均发生率。泊松分布是二项分布当 n 很大而 p 很小时的近似计算。

背景：单位时间(或单位面积、单位产品等)上稀有事件(这里稀有事件是指不经常发生的事件)发生的次数常服从泊松分布 $P(\lambda)$，其中 λ 为该稀有事件发生的强度。

泊松分布的应用有：用于描述单位时间内随机事件发生的次数。如一段时间内某一客服电话收到的服务请求的次数、汽车站台的候客人数、机器出现的故障数、自然灾害发生的次数、DNA 序列的变异数等。图像处理中，图像会因为显示仪器测量造成的不确定性而出现服从泊松分布的泊松噪声，给图像加泊松噪声用于图像的数据增强等。

5.3.7　分布函数

实际生活中，我们通常不太关心取到某一点的概率，而是关心取到某一区间的概率。所以我们需要研究分布函数。

分布函数，又叫累计分布函数(Cumulative Distribution Function，CDF)：设 X 是一个随机变量，x 是任意实数，函数 $F(x)$ 称为 X 的分布函数：

$$F(x)=P\{X\leqslant x\}, \quad -\infty<x<\infty \tag{5.162}$$

分布函数 $F(x)$ 的意义：如果将 X 看成是数轴上的随机点的坐标，那么分布函数 $F(x)$ 在 x 处的函数值就表示 X 落在区间 $(-\infty,x]$ 上的概率，即随机变量 X 小于等于 x 的概率，如图 5-21 所示。

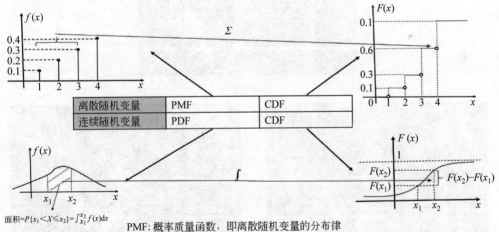

PMF：概率质量函数，即离散随机变量的分布律
PDF：概率密度函数
CDF：累计分布函数

图 5-21　分布函数 $F(x)$ 的意义

5.3.8　特殊连续分布

正态分布：若连续型随机变量 X 的概率密度函数为

$$f(x)=\frac{1}{\sqrt{2\pi}\sigma}e^{-\frac{(x-\mu)^2}{2\sigma^2}}, -\infty<x<\infty, \tag{5.163}$$

其中 $\mu,\sigma(\sigma>0)$ 为常数,则称 X 服从参数为 μ,σ 的正态分布或高斯分布,记为 $X\sim N(\mu,\sigma^2)$。当 $\mu=0,\sigma=1$ 时称随机变量 X 服从标准正态分布,记为 $X\sim N(0,1)$。在自然现象和社会现象中,大量随机变量都服从或近似服从正态分布。

正态分布的应用有:

1. 图像处理

(1) 给图像添加高斯噪声用于图像增强、图像复原实验等任务。

(2) 可以用高斯滤波器去除噪声并平滑图像。

(3) 可以用混合高斯模型进行图像的前景目标检测。

2. 传统语音识别

模型 GMM-HMM(高斯混合模型-隐马尔可夫)中,高斯混合模型就是由多个高斯分布混合起来的模型。

5.3.9 图像的泊松噪声与高斯噪声

在图 5-22 中,图 5-22(b)为图 5-22(a)加入 $\mu=0,\sigma=10$ 的高斯噪声,图 5-22(c)为图 5-22(a)加入 $\lambda=15$ 的泊松噪声。

(a) 原图

(b) 加入$\mu=0,\sigma=10$的高斯噪声

(c) 加入$\lambda=15$的泊松噪声

图 5-22　加入噪声的图像

5.3.10 随机向量

把多个随机变量放在一起组成向量,称为多维随机变量或者随机向量。

如果 $x_1(\omega),x_2(\omega),\cdots,x_n(\omega)$ 是定义在同一个样本空间 $\Omega=\{\omega\}$ 上的 n 个随机变量,则称:

$$X(\omega) = (x_1(\omega), x_2(\omega), \cdots, x_n(\omega)) \tag{5.164}$$

为 n 维（或 n 元）随机变量或随机向量。

如我们通过人脸判断人的年龄，可能需要结合多个特征（随机变量），如脸形、脸部纹理、面部斑点等，将这些特征结合映射为一个实数，即年龄。

5.3.11　联合分布函数

对应随机变量的分布函数，随机向量有对应的联合分布函数。

对任意的 n 个实数 $x_1, x_2, \cdots, x_n$，则 n 个事件 $\{X_1 \leqslant x_1\}$，$\{X_2 \leqslant x_2\}$，$\cdots$，$\{X_n \leqslant x_n\}$ 同时发生的概率为

$$F(x_1, x_2, \cdots, x_n) = P(X_1 \leqslant x_1, X_2 \leqslant x_2, \cdots, X_n \leqslant x_n) \tag{5.165}$$

称为 n 维随机变量的联合分布函数。

二维联合分布函数：$F(x, y) = P(X \leqslant x, Y \leqslant y)$，表示随机点 (X, Y) 落在以 (x, y) 为顶点的左下方无穷矩形区域的概率，如图 5-23 所示。

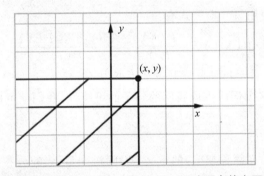

图 5-23　二维联合分布函数表示随机点 (X, Y) 落在以 (x, y) 为顶点的左下方无穷矩形区域的概率

5.3.12　联合概率密度

对应一维随机变量的概率密度函数，随机向量有对应的联合概率密度。

定义：如果存在二元非负函数 $p(x, y)$，使得二维随机变量 (X, Y) 的分布函数可表示为：

$$F(x, y) = \int_{-\infty}^{x} \int_{-\infty}^{y} p(u, v) \mathrm{d}u \mathrm{d}v \tag{5.166}$$

则称 (X, Y) 为二维连续随机变量，称 $p(u, v)$ 为 (X, Y) 的联合概率密度。

5.3.13　条件概率、贝叶斯公式

已知原因求解事件发生的概率通常被称为条件概率也叫后验概率：

$$P(Y \mid X) = \frac{P(YX)}{P(X)} \tag{5.167}$$

经常需要在已知事件发生的情况下计算 $P(X|Y)$，即事件已经发生了，再分析原因。

此时若还知道先验概率 $P(X)$，我们就可以用贝叶斯公式来计算：

$$P(X \mid Y) = \frac{P(XY)}{P(Y)} = \frac{P(Y \mid X)P(X)}{P(Y)} \tag{5.168}$$

假设 X 是由相互独立的事件组成的概率空间 $\{X_1, X_2, \cdots, X_n\}$，则 $P(Y)$ 可以用全概率公式展开：

$$P(Y) = P(Y \mid x_1)P(X_1) + P(Y \mid X_2)P(X_2) + \cdots + P(Y \mid X_n)P(X_n) \tag{5.169}$$

此时贝叶斯公式可表示为：

$$P(X_i \mid Y) = \frac{P(Y \mid X_i)P(X_i)}{\sum_{i=1}^{n} P(Y \mid X_i)P(X_i)} \tag{5.170}$$

贝叶斯公式的应用有：中文分词、统计机器翻译、深度贝叶斯网络等。

5.3.14　贝叶斯定理应用

如何对：杭州|西湖、杭|州西湖、杭州西|湖，这个句子进行分词（词串）？

首先令 Y 为字串（句子），X 为词串（一种特定的分词假设），然后我们需要寻找使得 $P(X \mid Y)$ 最大的 X，使用贝叶斯公式有：

$$P(X \mid Y) = \frac{P(XY)}{P(Y)} = \frac{P(Y \mid X)P(X)}{P(Y)} \tag{5.171}$$

若已知 $P(Y)$——对于每种分词假设都不变，$P(X)$——这种分词方式（词串）的可能性以及 $P(Y \mid X)$——这个词串生成我们的句子的可能性，我们就可以成功分词。

5.3.15　期望、方差

数学期望（或均值，亦简称期望）的定义：设随机变量 X 的分布用分布率 $p(x_k)$ 或用密度函数 $p(x)$ 表示，若

$$\begin{cases} \sum_i |x_i| p(x_i) < +\infty, & \text{当 } X \text{ 为离散随机变量时} \\ \int_{-\infty}^{+\infty} |x| p(x) \mathrm{d}x < +\infty, & \text{当 } X \text{ 为连续随机变量时} \end{cases} \tag{5.172}$$

则称：

$$E(X) = \begin{cases} \sum_i x_i p(x_i), & \text{当 } X \text{ 为离散随机变量时} \\ \int_{-\infty}^{+\infty} x p(x) \mathrm{d}x, & \text{当 } X \text{ 为连续随机变量时} \end{cases} \tag{5.173}$$

为 X 的数学期望，简称期望或均值，且称 X 的数学期望存在，否则称数学期望不存在。

数学期望是试验中每次可能结果的概率乘以其结果的总和，是概率分布最基本的数学特征之一，它反映随机变量平均取值的大小。

对于离散型随机变量：

$$E(X) = \sum_{k=1}^{\infty} x_k p_k, \quad k = 1, 2, \cdots \tag{5.174}$$

对于连续型随机变量：

$$E(X) = \int_{-\infty}^{\infty} x f(x) \mathrm{d}x \tag{5.175}$$

数学期望是由分布决定的,它是分布的位置特征。只要两个随机变量同分布,则其数学期望总是相等的。假如把概率看作质量、分布看作某物体的质量分布,那么数学期望就是该物体的重心位置。

方差的定义:称随机变量 X 对其期望 $E(X)$ 的偏差平方的数学期望(设其存在),即

$$\mathrm{Var}(X)=E\{[X-E(X)]^2 \tag{5.176}$$

为 X 的方差,称方差的平方根 $\sigma(X)=\sigma x=\sqrt{\mathrm{Var}(X)}$ 为 X 的标准差。 $X^*=\dfrac{X-E(X)}{\sigma(X)}$ 称为 X 的标准化变量。

方差是衡量随机变量或一组数据离散程度的度量,即随机变量和其数学期望之间的偏离程度。方差是由分布决定的,它是分布的散度特征,方差越大,分布越分散;方差越小,分布越集中。标准差与方差功能相似,只是量纲不同。

方差的性质:

(1) $\mathrm{Var}(X)=E[X-E(X)]^2$;

(2) 若 c 是常数,则 $\mathrm{Var}(c)=0$;

(3) 若 a,b 是常数,则 $\mathrm{Var}(aX+b)=a^2\mathrm{Var}(X)$;

(4) 若随机变量 X 的方差存在,则 $\mathrm{Var}(X)=0$ 的充分条件是 X 几乎处处为某个常数 a,则 $P(X=a)=1$。

【例 5.10】　设随机变量 X 具有 $(0-1)$ 分布,其分布律为

$$P\{X=0\}=1-p,\quad P\{X=1\}=p \tag{5.177}$$

求期望 E(X) 与方差 D(X)。

解:

$$E(X)=0\cdot(1-p)+1\cdot p \tag{5.178}$$

$$E(x^2)=0^2\cdot(1-p)+1^2\cdot p \tag{5.179}$$

因此

$$D(X)=E(x^2)-[E(X)]^2=p-p^2=p\cdot(1-p) \tag{5.180}$$

【例 5.11】　设随机变量 X 的概率密度为:

$$f(X)=\begin{cases}\dfrac{1}{b-a},&a<x<b\\0,&\text{其他}\end{cases} \tag{5.181}$$

求期望 E(X) 与方差 D(X)。

解:

$$E(X)=\int_{-\infty}^{+\infty}xf(x)\mathrm{d}x=\int_a^b\frac{x}{b-a}\mathrm{d}x=\frac{a+b}{2}$$

$$D(X)=E(x^2)-[E(X)]^2=\int_a^b x^2\frac{1}{b-a}\mathrm{d}x-\left(\frac{a+b}{2}\right)^2=\frac{(b-a)^2}{12} \tag{5.182}$$

5.3.16　协方差、相关系数、协方差矩阵

协方差:在某种意义上给出了两个随机变量线性相关性的强度。

$$Cov(X,Y) = E\left[(X - E(X))(Y - E(Y))\right] \tag{5.183}$$

相关系数又叫线性相关系数，用来度量两个变量间的线性关系。

$$\rho_{XY} = \frac{Cov(X,Y)}{\sqrt{D(X)}\sqrt{D(Y)}} \tag{5.184}$$

随机变量(x_1, x_2)的协方差矩阵：

$$C = \begin{bmatrix} c_{11} & c_{12} \\ c_{21} & c_{22} \end{bmatrix} \tag{5.185}$$

其中，$c_{ij} = Cov(X_i, X_j) = E\{[X_i - E(X_i)][X_j - E(X_j)]\}, i, j = 1, 2$。协方差矩阵对角线上的元素分别是$X_1$、$X_2$的方差，其余元素为$X_1$、$X_2$的协方差。

设n维随机变量$(X_1, X_2, \cdots, X_n)$的二阶混合中心矩：

$$c_{ij} = Cov(X_i, X_j) = E\{[X_i - E(X_i)][X_j - E(x_j)]\}, \quad i, j = 1, 2, \cdots, n \tag{5.186}$$

都存在，则称矩阵：

$$C = \begin{bmatrix} c_{11} & c_{12} & \cdots & c_{1n} \\ c_{21} & c_{22} & \cdots & c_{2n} \\ \vdots & \vdots & \ddots & \vdots \\ c_{n1} & c_{n2} & \cdots & c_{nn} \end{bmatrix} \tag{5.187}$$

为n维随机变量$(x_1, x_2, \cdots, x_n)$的协方差矩阵。由于$c_{ij} = c_{ji}(i \neq j; i, j = 1, 2, \cdots, n)$，因而上述矩阵是一个对称矩阵。

【例 5.12】 判断相关性，设(X, Y)的分布律为如表 5-4 所示。

表 5-4 分布律

Y \ X	-2	-1	1	2	$P\{Y = i\}$
1	0	1/4	1/4	0	1/2
4	1/4	0	0	1/4	1/2
$P\{X = i\}$	1/4	1/4	1/4	1/4	1

易知$E(X) = 0, E(Y) = 5/2, E(XY) = 0$，于是$\rho_{XY} = 0$，则判断出$X$、$Y$不相关。这表示$X$、$Y$不存在线性关系。但$X$、$Y$并不是相互独立的，具有关系。因此从本示例可以看出，若X、Y不相关，X、Y并不一定相互独立。

5.4 最优化问题

5.4.1 最优化问题的概念

最优化问题：指的是改变x以最小化或最大化某个函数$f(x)$的任务。

表示为：

$$\min(\max) f(x) \tag{5.188}$$

不等式约束：

$$\text{s.t.} \quad g_i(x) \geqslant 0, \quad i=1,2,\cdots,m, \tag{5.189}$$

等式约束：

$$h_j(x)=0, \quad j=1,2,\cdots,p, \tag{5.190}$$

其中 $x=(x_1,x_2,\cdots,x_n)^{\mathrm{T}} \in R^n$，我们将 $f(x)$ 称为目标函数或准则，当对其进行最小化时，也将其称为代价函数、损失函数或误差函数。

如果除目标函数以外，对参与优化的各变量没有其他约束，则称为无约束最优化问题；反之，称为有约束最优化问题。

5.4.2 最优化问题的分类

无约束最优化可以写为：$\min f(x)$。

约束优化是优化问题的分支。实际生活中的优化问题大多都是带约束条件的，我们可能希望在 x 的某些集合 S 中找 $f(x)$ 的最大值或最小值。集合 S 内的点称为可行点。

等式约束最优化可以写为：

$$\begin{aligned} &\min f(x) \\ &\text{s.t.} \quad g_i(x)=0, \quad i=1,2,\cdots,n \end{aligned} \tag{5.191}$$

不等式约束最优化可以写为：

$$\begin{aligned} &\min f(x) \\ &\text{s.t.} \quad g_i(x)=0, \quad i=1,2,\cdots,n \\ &\qquad h_j(x) \leqslant 0, \quad j=1,2,\cdots,m \end{aligned} \tag{5.192}$$

5.4.3 最优化问题求解

1. 无约束优化求解：解析法和直接法

直接法通常用于当目标函数表达式十分复杂或写不出具体表达式时的情况。通过数值计算，经过一系列迭代过程产生点列，在其中搜索最优点。

解析法，即间接法，是根据无约束最优化问题的目标函数的解析表达式给出一种求最优解的方法，主要有梯度下降法、牛顿法、拟牛顿法、共轭方向法和共轭梯度法等。

2. 约束最优化求解

解决约束最优化问题最常用的方法是引用拉格朗日乘子法（等式约束）或者 KKT（Kuhn-Kuhn-Tucker）条件（不等式约束）将含有 n 个变量和 k 个约束条件的约束优化问题转化为含有 $(n+k)$ 个变量的无约束优化问题进行求解。

本节我们重点讨论在深度学习最常用的无约束优化求解方法，即梯度下降算法。

5.4.4 几种最优化算法

1. 梯度下降法

梯度下降法又称最速下降法，从数学分析中知道，函数 $J(a)$ 在某点 a_k 的梯度 $\nabla(a_k)$ 是一个向量，其方向是 $J(a)$ 增长最快的方向。显然，负梯度方向则是 $J(a)$ 减少最快的方向。它启发我们在求某函数极大值时，若沿梯度方向走，则可以最快地到达极大点；反之，沿负梯度方向走，则最快地到达极小点。

对于求准则函数 $J(a)$ 极小值的问题,可以选择任意初始点 a_0,从 a_0 出发沿负梯度 $s^{(0)} = -\nabla J(a_0)$ 方向走,可使 $J(a)$ 下降最快,$s^{(0)}$ 称为 a_0 的搜索方向。

对任意点 a_k,可定义在 a_k 点的负梯度搜索方向的单位向量为

$$\hat{s}^{(k)} = -\frac{\nabla J(a_k)}{\|\nabla J(a_k)\|} \tag{5.193}$$

从 a_k 出发,沿 $\hat{s}^{(k)}$ 方向走一步,步长为 ρ_k,得到新点 a_{k+1},表示为:

$$a_{k+1} = a_k + \rho_k \hat{s}^{(k)} \tag{5.194}$$

因此 a_{k+1} 点的准则函数值为:

$$J(a_{k+1}) = J(a_k + \rho_k \hat{s}^{(k)}) \tag{5.195}$$

式 $a_{k+1} = a_k + \rho_k \hat{s}^{(k)}$ 建立了一个迭代算法,从 a_0 就可以得到序列

$$a_0, a_1, a_2, \cdots, a_k, a_{k+1}, \cdots$$

可以证明,在一定的限制条件下,它将收敛于使 $J(a)$ 极小的解 a^*。$a_{k+1} = a_k + \rho_k \hat{s}^{(k)}$ 为梯度法的迭代算法公式。在算法中,一个关键问题是 ρ_k 的选择。下面讨论如何找到最佳 ρ_k。

$a_{k+1} = a_k + \rho_k \hat{s}^{(k)}$ 中 ρ_k 称步长,在梯度法中它可以有多种选择方式。如选 ρ_k 为常数,或逐渐减小的序列等等。若 ρ_k 选得太小,则算法收敛很慢;若 ρ_k 选得太大,则会使修正过分,甚至引起发散。显然最好的办法应是在 a_k 点恰恰走到沿 $\hat{s}^{(k)}$ 方向上 $J(a)$ 的极小点。在数学上就是取使 $J(a)$ 对 ρ_k 的导数为零的 ρ_k。这称为沿 $\hat{s}^{(k)}$ 方向进行一维搜索。

这里没有给出 $J(a)$ 的具体形式,但任何解析函数可用截尾的泰勒级数展开来逼近。准则函数 $J(a)$ 在 a_k 的二阶泰勒展开式一般可写成:

$$J(a) \cong J(a_k) + \nabla J^T(a - a_k) + \frac{1}{2}(a - a_k)^T D(a - a_k) \tag{5.196}$$

其中 D 为 $J(a)$ 的二次偏导数矩阵。

令 $a = a_{k+1}$,再将式 $a_{k+1} = a_k + \rho_k \hat{s}^{(k)}$ 带入上式,得

$$J(a_{k+1}) \cong J(a_k) + \nabla J^T(a_{k+1} - a_k) + \frac{1}{2}(a_{k+1} - a_k)^T D(a_{k+1} - a_k)$$

$$= J(a_k) + \nabla J^T \rho_k \hat{s}^{(k)} + \frac{1}{2}\rho_k(\hat{s}^{(k)})^T D \rho_k \hat{s}^{(k)} \tag{5.197}$$

将上式对 ρ_k 求导,并令导数为零,可得:

$$\frac{dJ(a_{k+1})}{d\rho_k} = \nabla J^T \hat{s}^{(k)} + (\hat{s}^{(k)})^T D \hat{s}^{(k)} \rho_k^* = 0 \tag{5.198}$$

将 $\hat{s}^{(k)} = -\dfrac{\nabla J(a_k)}{\|\nabla J(a_k)\|}$ 中的 $\hat{s}^{(k)}$ 代入上式,得

$$-\frac{\nabla J^T \nabla J}{\|\nabla J\|} + \frac{\nabla J^T}{\|\nabla J\|} D \frac{\nabla J^T}{\|\nabla J\|}\rho_k^* = -\frac{\|\nabla J\|^2}{\|\nabla J\|} + \nabla J^T D \nabla J \frac{\rho_k^*}{\|\nabla J\|^2}$$

$$= -\|\nabla J\| + \nabla J^T D \nabla J \frac{\rho_k^*}{\|\nabla J\|^2} = 0 \tag{5.199}$$

解之得最佳步长为:

$$\rho_k^* = \frac{\|\nabla J\|^3}{\nabla J^{\mathrm{T}} D \nabla J} \tag{5.200}$$

遗憾的是计算 $J(a)$ 的二阶偏导数矩阵 D 的计算量较大。在实际问题中,通常根据具体情况权衡是否需要计算最佳步长 ρ_k^*。将 $\hat{s}^{(k)} = -\dfrac{\nabla J(a_k)}{\|\nabla J(a_k)\|}$ 代入 $a_{k+1} = a_k + \rho_k \hat{s}^{(k)}$ 得:

$$a_{k+1} = a_k - \rho_k \frac{\nabla J(a_k)}{\|\nabla J(a_k)\|} \tag{5.201}$$

在不必求最佳 ρ_k^* 时,由于上式中 $\|\nabla J(a_k)\|$ 只是改变 ρ_k 尺度,而 ρ_k 本来也是人为选定的,因此可以将 $\|\nabla J(a_k)\|$ 去掉,这样上式就成为:

$$a_{k+1} = a_k - \rho_k \nabla J(a_k) \tag{5.202}$$

上式是我们常用的迭代公式。下面给出梯度法的程序步骤:

(1) 选取初始点 a_0,给定允许误差 $\varepsilon > 0$,$\eta > 0$,并令 $k=0$。

(2) 计算负梯度 $s^{(k)} = -\nabla J(a_k)$ 及其单位向量 $\hat{s}^{(k)}$。

(3) 检验是否满足 $\|s^{(k)}\| \leqslant \varepsilon$,若满足则转步骤(8),否则继续。

(4) 利用 $\rho_k^* = \dfrac{\|\nabla J\|^3}{\nabla J^{\mathrm{T}} D \nabla J}$ 求最佳步长 ρ_k^*。

(5) 令 $a_{k+1} = a_k + \rho_k^* \hat{s}^{(k)}$。

(6) 计算并检验是否满足另一判据:

$$J(a_{k+1}) - J(a_k) \leqslant \eta \tag{5.203}$$

若满足,则转(8),否则继续。

(7) 令 $k=k+1$,转(2)。

(8) 输出结果并停机。

2. 牛顿法

牛顿法又称二次函数法或二阶梯度法。梯度法的缺点是有可能使搜索过程收敛很慢。因此,在某些情况下,它并非是有效的迭代方法。牛顿法在搜索方向上比梯度法有改进,这一方法不仅利用了准则函数在搜索点的梯度,而且还利用了它的二次导数,就是说利用了搜索点所能提供的更多信息,使搜索方向能更好地指向最优点。

牛顿法的基本思想是企图一步达到最优点,即一步达到 $J(a)$ 的最小值。仍然考虑 $J(a)$ 的二阶泰勒展开式:

$$J(a) \cong J(a_k) + \nabla J^{\mathrm{T}}(a - a_k) + \frac{1}{2}(a - a_k)^{\mathrm{T}} D(a - a_k) \tag{5.204}$$

若令 $a = a_{k+1}$ 得:

$$J(a_{k+1}) \cong J(a_k) + \nabla J^{\mathrm{T}}(a_{k+1} - a_k) + \frac{1}{2}(a_{k+1} - a_k)^{\mathrm{T}} D(a_{k+1} - a_k) \tag{5.205}$$

现在我们的目的是求 a_{k+1} 为何值时,可使 $J(a_{k+1})$ 取最小值,显然可将上式对 a_{k+1} 求导,并使导数为零。按对向量求导数的公式,可得:

$$\frac{\mathrm{d}J(a_{k+1})}{\mathrm{d}\rho_k} = \nabla J + D(a_{k+1} - a_k) = 0 \tag{5.206}$$

上式两侧同时左乘 D^{-1},得:

$$D^{-1} \nabla J + a_{k+1} - a_k = 0 \tag{5.207}$$

因此,

$$a_{k+1} = a_k - D^{-1} \nabla J \tag{5.208}$$

上式就是牛顿法的迭代公式。由于用二阶泰勒展开式逼近准则函数 $J(a)$,所以,如果 $J(a)$ 确是二次函数,则 $J(a_{k+1}) \cong J(a_k) + \nabla J^T(a_{k+1} - a_k) + \frac{1}{2}(a_{k+1} - a_k)^T D(a_{k+1} - a_k)$ 就是 $J(a)$ 的准确展开式。这时,利用 $a_{k+1} = a_k - D^{-1} \nabla J$ 可以进一步达到最优点。在一般情况下,$J(a)$ 不一定是二次函数,这样泰勒展开式就存在逼近误差,使搜索不能一步达到最优,尤其当 $J(a)$ 次数较高时,迭代次数也会较多。一般来说,由于牛顿法利用了 $J(a)$ 的二次导数信息来修正搜索方向,因此它的收敛速度较快。但是 $J(a)$ 的二次偏导数矩阵 D 的计算量大,尤其是算法中要求计算 D 的矩阵 D^{-1},这就不仅增加了计算量,而且若 D 是奇异的,就无法使用牛顿法。

3. 拉格朗日乘子法

拉格朗日乘子法是一种在等式约束条件下的优化算法。它的基本思想是将等式约束问题转化为无约束问题。

下面先以二维情况为例进行讨论。

设约束条件为:

$$g(x) = 0 \tag{5.209}$$

其中 $x = [x_1, x_2]^T$。求在 $g(x) = 0$ 条件下,目标函数 $f(x)$ 的极值。

按照数学分析的概念,在无约束时,极值点存在的必要条件为:

$$\nabla f(x) = \left(\frac{\partial f(x)}{\partial x_1}, \frac{\partial f(x)}{\partial x_2} \right) \bigg|_{\substack{x_1 = x_1^* \\ x_2 = x_2^*}} = 0 \tag{5.210}$$

其中 $x_i^* (i = 1, 2)$ 表示极值点。

将上式写成全微分形式为:

$$\mathrm{d}f(x) = \frac{\partial f(x^*)}{\partial x_1} \mathrm{d}x_1 + \frac{\partial f(x^*)}{\partial x_2} \mathrm{d}x_2 = 0 \tag{5.211}$$

这里将 $\frac{\partial f(x)}{\partial x_i} \bigg|_{x = x^*}$ 简记为 $\frac{\partial f(x^*)}{\partial x_i}$。

对于约束条件 $g(x) = 0$,必然存在:

$$\mathrm{d}g(x) = \frac{\partial g(x)}{\partial x_1} \mathrm{d}x_1 + \frac{\partial g(x)}{\partial x_2} \mathrm{d}x_2 = 0 \tag{5.212}$$

当然应使极值点满足上式,即:

$$\mathrm{d}g(x^*) = \frac{\partial g(x^*)}{\partial x_1} \mathrm{d}x_1 + \frac{\partial g(x^*)}{\partial x_2} \mathrm{d}x_2 = 0 \tag{5.213}$$

由 $\mathrm{d}f(x)$、$\mathrm{d}g(x)$ 两式可得:

$$\frac{\mathrm{d}x_2}{\mathrm{d}x_1} = -\frac{\dfrac{\partial f(x^*)}{\partial x_1}}{\dfrac{\partial f(x^*)}{\partial x_2}} = -\frac{\dfrac{\partial g(x^*)}{\partial x_1}}{\dfrac{\partial g(x^*)}{\partial x_2}} \tag{5.214}$$

从上式可得：

$$\frac{\dfrac{\partial f(x^*)}{\partial x_1}}{\dfrac{\partial g(x^*)}{\partial x_1}} = \frac{\dfrac{\partial f(x^*)}{\partial x_2}}{\dfrac{\partial g(x^*)}{\partial x_2}} = \lambda \tag{5.215}$$

上式就是在等式 $g(x)=0$ 条件下，$f(x)$ 极值存在的必要条件，令这个比值等于 λ，并称 λ 为拉格朗日乘子。利用上式可得一组方程：

$$\begin{cases} \dfrac{\partial f(x^*)}{\partial x_1} - \lambda \dfrac{\partial g(x^*)}{\partial x_1} = 0 \\[2mm] \dfrac{\partial f(x^*)}{\partial x_2} - \lambda \dfrac{\partial g(x^*)}{\partial x_2} = 0 \\[2mm] g(x)=0 \end{cases} \tag{5.216}$$

上式可等价地写成：

$$\begin{cases} \dfrac{\partial f(x^*)}{\partial x_l} - \lambda \dfrac{\partial g(x^*)}{\partial x_l} = \dfrac{\partial}{\partial x_l}[f(x^*) - \lambda g(x^*)] = 0 \\[2mm] l = 1,2 \\[2mm] \dfrac{\partial}{\partial \lambda}[f(x^*) - \lambda g(x^*)] = g(x^*) = 0 \end{cases} \tag{5.217}$$

上式由三个未知数 $x^* = [x_1^*, x_2^*]^{\mathrm{T}}$ 和 λ 以及三个方程组成的方程组，所以原则上可以解出这些未知数。

现在定义拉格朗日函数 $L(x,\lambda)$ 为：

$$L(x,\lambda) = f(x) - \lambda g(x) \tag{5.218}$$

这样，式(5.217)可以写成：

$$\begin{cases} \dfrac{\partial L(x^*,\lambda)}{\partial x_l} = 0,\ l = 1,2 \\[2mm] \dfrac{\partial L(x^*,\lambda)}{\partial \lambda} = 0 \end{cases} \tag{5.219}$$

解方程组可得 x^* 和 λ，x^* 为满足等式约束条件 $g(x)=0$ 的目标函数 $f(x)$ 的极值解。事实上，式 $L(x,\lambda)=f(x)-\lambda g(x)$ 的拉格朗日函数 $L(x,\lambda)$ 通过拉格朗日乘子 λ 把目标函数 $f(x)$ 的约束 $g(x)$ 写成了一个函数的形式，上式就是利用一般数学分析方法对函数 $L(x,\lambda)$ 求极值解。换句话说，通过式 $L(x,\lambda)=f(x)-\lambda g(x)$ 的变换，我们把等式约束条件下的最优化问题转化成为无约束条件的最优化问题了。

5.5　本　章　小　结

本章节介绍了在人工智能领域常用的一些数学知识，包括线性代数、概率论及最优化问题等。数学是人工智能算法与模型建立的基础，因此打好数学基础尤为重要。

5.6 拓展延伸

设有如下两类样本集,其出现的概率相等:

$$\omega_1 = \{(1,2,3)^T, (2,3,1)^T, (2,1,3)^T, (3,2,1)^T\} \tag{5.220}$$

$$\omega_2 = \{(1,3,2)^T, (3,1,1)^T, (2,3,4)^T, (4,2,1)^T\} \tag{5.221}$$

用 K-L 变换,分别把特征空间维数降到二维和一维。

首先分析 K-L 变换的步骤:

(1) 求取协方差矩阵。

(2) 求取协方差矩阵的特征值、特征向量。

(3) 对特征值从大到小排序,取前 m 个对应的特征向量进行变换。

解题代码如下:

```python
import numpy as np
omega_1 = np.array([[1,2,3],[2,3,1],[2,1,3],[3,2,1]]).T
omega_2 = np.array([[1,3,2],[3,1,1],[2,3,4],[4,2,1]]).T
x = np.concatenate((omega_1,omega_2),axis = 1)
m = np.mean(x,axis = 1)
C = np.cov(x,bias=True)
lamda,phi = np.linalg.eig(C)
sort_lamda = -np.sort(-lamda)
sort_index = np.argsort(-lamda)
#降到二维,从大到小选取前 2 个特征向量
Selected_phi2=np.concatenate((phi[:,sort_index[0]].reshape(3,1),phi[:,sort_
index[1]].reshape(3,1)),axis=1)
omega_1_tra2 = np.dot(Selected_phi2.T,omega_1)
omega_2_tra2 = np.dot(Selected_phi2.T,omega_2)
print('omega_1_tra2:',omega_1_tra2)
print('omega_2_tra2:',omega_2_tra2)
#降到一维,从大到小选取前一个特征向量
Selected_phi1 = phi[:,sort_index[0]].reshape(3,1)
omega_1_tra1 = np.dot(Selected_phi1.T,omega_1)
omega_2_tra1 = np.dot(Selected_phi1.T,omega_2)
print('omega_1_tra1:',omega_1_tra1)
print('omega_2_tra1:',omega_2_tra1)
```

习 题 五

1. 选择题

(1) 以下数学知识中,(   )是描述深度学习算法的基础和核心。

A. 概率论　　　　　　B. 线性代数　　　　　C. 微积分　　　　　D. 统计学

(2) 要对图像进行旋转,采用的旋转矩阵是(　　)。

A. $\begin{bmatrix} \cos(\theta) & -\sin(\theta) \\ \sin(\theta) & \cos(\theta) \end{bmatrix}$　　　　　　B. $\begin{bmatrix} \cos(\theta) & \sin(\theta) \\ -\sin(\theta) & \cos(\theta) \end{bmatrix}$

C. $\begin{bmatrix} \cos(\theta) & -\sin(\theta) \\ \sin(\theta) & -\cos(\theta) \end{bmatrix}$　　　　　　D. $\begin{bmatrix} \cos(\theta) & \sin(\theta) \\ \sin(\theta) & -\cos(\theta) \end{bmatrix}$

2. 判断题

(1) 图像在计算中被表示为按序排列的像素数组。　　　　　　　　　(　　)

(2) 奇异值分解可以用于图像压缩。　　　　　　　　　　　　　　　(　　)

(3) 中文分词是贝叶斯定理的典型应用之一。　　　　　　　　　　　(　　)

3. 思考题

(1) 求下列方程的最小二乘解:

$$\begin{cases} 0.39x - 1.89y = 1 \\ 0.61x - 1.80y = 1 \\ 0.93x - 1.68y = 1 \\ 1.35x - 1.50y = 1 \end{cases}$$

(2) 证明:奇数维欧氏空间中的旋转一定以 1 作为它的一个特征值。

(3) 证明:正交矩阵的实特征根为 ±1。

第6章

人工智能常用算法

本章导读

本章介绍人工智能常用算法,包括聚类、回归算法等。首先介绍学习算法的一些专用术语,然后按照机器学习的典型任务及分类分别介绍常用算法,同时介绍训练中的参数和验证集相关概念,最后以模式识别为例介绍基本步骤及框架。

学习目标

- 能描述学习算法的定义。
- 能阐述机器学习的典型任务及分类,了解机器学习的训练方法和性能评估方法。
- 能阐述机器学习常用算法的相同点与不同点,以及每种算法的应用场景。
- 能描述深度学习中的超参数和验证集及相关的评估。
- 能描述模式识别的基本步骤和框架。
- 能描述深度神经网络 LeNet 的基本结构。

6.1 学习算法概述

6.1.1 学习算法的定义

机器学习(包括深度学习分支)是研究"学习算法"的一个研究方向。首先举个例子:任务 T:机器学习系统应该如何处理样本。性能度量 P:评估机器学习算法的能力。如准确率、错误率。经验 E:大部分学习算法可以被理解为在整个数据集上获取经验。手写识别问题:任务 T:识别手写文字。性能标准 P:分类准确率。经验 E:已分类样例库(有监督、直接学习)。

我们以人的学习过程来说明机器学习的过程,如图 6-1 所示,遇到一个新的问题,人会从自身经验,以总结归纳出的规律为依据,预测未来。同样地,机器拿到新的数据时,会以历史数据通过训练得到的模型为依据,预测未来的属性。人从观察积累经验获得技能,而机器从数据中积累或计算获得技能。

6.1.2 机器学习算法的理性认识

机器在学习过程中,如图 6-2 所示,希望得到一个目标函数 f,这是理想情况,但学习算法无法得到一个完美的函数 f。通过训练数据,学习得到的函数 g,如果效果好,则函数 g 会逼近函数 f,但很可能和函数 f 不同。

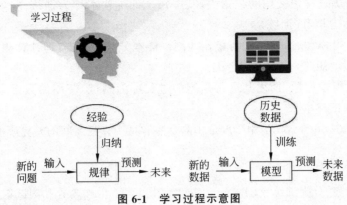

图 6-1　学习过程示意图

图 6-2　学习算法示意图

6.2　机器学习的典型任务及分类

6.2.1　机器学习整体流程

机器学习的流程包括信息收集、信息清洗(信息规整)、特征提取与选择、模型训练、模型评估测试、模型部署与整合,最后反馈迭代,如图 6-3 所示。近年来流行的深度学习算法则使用深度学习算法的中间层作为特征进行识别。

图 6-3　机器学习整体流程

6.2.2　机器学习基本概念

数据集(Database):在机器学习任务中使用的一组数据,其中的每一个数据称为一个样本。

特征(Feature):反映样本在某方面的表现或性质的事项或属性。

训练集：训练过程中使用的数据集，其中每个训练样本称为训练样本。从数据中学得模型的过程称为学习（训练）。

注册集：学得模型后，使用注册集作为测试样本分类的依据，即计算测试集特征与注册集特征的相似度矩阵，从而进行分类。

测试集：学得模型后，使用其进行预测的过程称为测试，使用的数据集称为测试集，每个样本称为测试样本。

损失函数(Loss function)：用于度量预测标签和真实标签之间的差异或损失的函数。

6.2.3　数据与特征的关系

典型的数据集，分为训练集(Training Set)、注册集(Gallery Set)和测试集(Testing Set)。由于采用原始数据进行识别，计算复杂度较大，因此需要提取数据中的特征进行识别。

6.2.4　常见的数据清理与特征选择方式

数据清理：数据过滤、处理数据缺失、处理可能的异常值，错误值、去除重复、去除/修改格式错误、数据平衡等。

特征选择：例如，在文本中提取特征，如分词，TF-IDF 是一种用于信息检索与数据挖掘的常用加权技术；TF 是词频（Term Frequency）；IDF 是逆文本频率指数（Inverse Document Frequency）。

下面介绍人脸检测或识别中常用的几种特征。

（1）Haar-like 特征，它和 HOG 特征、LBP 特征并称图像特征提取的三大法宝。最原始 Haar-like 特征的结构只有四种模式，可用于人脸检测，如 Adaboost 人脸检测算法中采用 Haar-like 特征。如图 6-4 所示，Haar-like 特征可以理解为一个小的滑动窗口，利用已经选好的固定模板在人脸图像上滑动，其中模板中只有白色矩形区域和黑色矩形区域，则此模板的特征值是两个不同颜色区域的像素值总和之差。之后的研究将 Haar-like 特征扩展成 14 种特征模型，主要增加了特征模型的旋转性，使得特征能够表达更丰富的边缘信息。Haar-like 特征能够很好地描述人的面部特征，比如人脸、眼睛、嘴巴等面部器官的轮廓。

图 6-4　Haar-like 特征

（2）LBP(Local Binary Pattern)特征。原始的 LBP 算子定义为在 3×3 内，以窗口中心像素为阈值，将相邻的 8 个像素的灰度值与其进行比较，若周围像素值大于等于中心像素值，则该像素点的位置被标记为 1，否则被标记为 0。这样，3×3 邻域内的八个点经比较可产生八位二进制数（通常转换为十进制数即 LBP 码，共 256 种），即得到该窗口中心像素点的 LBP 值,并用这个值来反映该区域的纹理信息,将所有像素点的 LBP 值求出,可作为特征进行模式识别。经过研究人员的改进,采用八种 LBP 模式,可使得 LBP 算法也具有旋转不变性。

(3) HOG(Histograms of Oriented Gradients)特征提取方法常被应用于行为识别算法中,并取得较好效果。HOG 描述子为图像上每个点的梯度值与方向建立的直方图。首先分别计算图像上每个点的梯度值与方向。首先分别计算图像上每个点的梯度 $G(x,y)=\sqrt{G_x(x,y)^2+G_y(x,y)^2}$ 与方向 $\alpha(x,y)=\tan^{-1}(G_y(x,y)/G_x(x,y))$,其中 $G_x(x,y)=I(x+1,y)-I(x-1,y)$,$G_y(x,y)=I(x,y+1)-I(x,y-1)$,$I(x,y)$ 是 (x,y) 点的灰度值。然后建立梯度方向直方图的离散函数:$h(r_k)=n_k$,其中 r_k 为第 k 个梯度方向组,每个方向组的大小称为方向组距,例如图 6-5(b)所示,每 10 度为一个方向组距;n_k 为图像上的点的方向在第 k 个方向组中的个数,一般采用梯度值加权的方法,即将该点的梯度值作为该点在第 k 个方向组上的累加值。

为了提取图像的局部特征,一般将图像分割成不同的块,图 6-5(a)为图像的一块,从该图中可以看出每一块又被分成不同的单元。然后将每个图像单元的梯度方向直方图特征连接成一个向量作为块的特征,最后将所有块的特征向量连接成一个特征向量作为图像整体特征。其中每个单元的梯度方向直方图如图 6-5(b)所示,以 k 个梯度方向组为横轴;以单元中的点的方向在第 k 个方向组中的个数作该点的函数值,并以点的梯度值作为权重。由于 HOG 特征为统计不同方向组的梯度方向出现的频率,因此 HOG 特征具有较高的辨别性以及一定的旋转不变性。

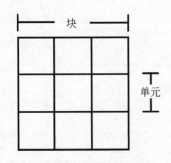

(a) 梯度方向直方图的块与单元

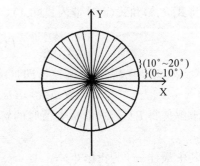

(b) 每个单元用36个方向区间建立梯度方向直方图

图 6-5　HOG 特征提取方法

(4) SIFT(Scale-invariant feature transform)是一种检测局部特征的算法,该算法通过求一幅图中的特征点及其有关尺度和方向的描述子得到特征并进行图像特征点匹配,获得了良好效果,SIFT 特征不只具有尺度不变性,即使改变旋转角度、图像亮度或拍摄视角,仍然能够得到好的检测效果。

6.2.5　机器学习的训练方法

1. 线性判别分析算法

线性判别分析(Linear Discriminant Analysis,LDA)算法,该算法用到矩阵、概率论及最优化问题的知识,可以训练特征子空间。然后将人脸注册集与训练集的特征映射到子空间中,目的是减小类内离散度,同时增大类间离散度。下面用两类问题简要介绍 LDA 算法,其准则函数为:

$$J(w) = \max \frac{(\widetilde{m}_1 - \widetilde{m}_2)^2}{\widetilde{S}_1^2 + \widetilde{S}_2^2} \tag{6.1}$$

分母表示每一个类别内的方差之和,方差越大则表示每一个类别内的点越分散,分子为两个类别各自的中心点间的距离的平方和。为了减小类内离散度,同时增大类间离散度,应该寻找使得 $J(w)$ 尽可能大的 w 作为投影方向。因为:

$$\widetilde{m}_i = \frac{1}{N_i} \sum_{y \in Y_i} y = \frac{1}{N_i} \sum_{x \in X_i} w^{\mathrm{T}} x = w^{\mathrm{T}} \left(\frac{1}{N_i} \sum_{x \in X_i} x \right) = w^{\mathrm{T}} m_i \tag{6.2}$$

所以式(2-4)的分子便成为:

$$(\widetilde{m}_1 - \widetilde{m}_2)^2 = (w^{\mathrm{T}} m_1 - w^{\mathrm{T}} m_2)^2 = w^{\mathrm{T}} (m_1 - m_2)(m_1 - m_2) w$$
$$= w^{\mathrm{T}} S_b w \tag{6.3}$$

又因为:

$$\widetilde{S}_i^2 = \sum_{y \in Y_i} (y - \widetilde{m}_1)^2 = \sum_{x \in X_i} (w^{\mathrm{T}} x - w^{\mathrm{T}} m_i)^2$$
$$= w^{\mathrm{T}} \left[\sum_{x \in X_i} (x - m_i)(x - m_i)^{\mathrm{T}} \right] w = w^{\mathrm{T}} S_i w \tag{6.4}$$

所以式(6.1)的分母便成为:

$$\widetilde{S}_1^2 + \widetilde{S}_2^2 = w^{\mathrm{T}} (S_1 + S_2) w = w^{\mathrm{T}} S_w w \tag{6.5}$$

将式(6.3)和式(6.5)带入式(6.1),

$$J(w) = \frac{w^{\mathrm{T}} S_b w}{w^{\mathrm{T}} S_w w} \tag{6.6}$$

令 $w^{\mathrm{T}} S_w w = c \neq 0$,定义拉格朗日函数为:

$$L(w, \lambda) = w^{\mathrm{T}} S_b w - \lambda (w^{\mathrm{T}} S_w w - c) \tag{6.7}$$

求解使得 $L(w, \lambda)$ 取极大值时的解:

$$w^* = S_w^{-1} (m_1 - m_2) \tag{6.8}$$

其中最佳 w^* 为投影矩阵。

2. 梯度下降法

梯度下降法又称最速下降法。梯度下降法的优化思想是用当前位置负梯度方向作为搜索方向,该方向为当前位置最快下降方向,梯度下降中越接近目标值,变化量越小,公式如下:

$$w_{k+1} = w_k - \eta \nabla f_{w_k}(x^i) \tag{6.9}$$

其中 η 称为学习率,i 表示第 i 条数据。$-\eta \nabla f_{w_k}(x^i)$ 为权重参数 w 每次迭代变化的大小。收敛条件为目标函数的值变化非常小或达到最大迭代次数。

表 6-1 为一些主要的训练分类算法介绍。在研究分类算法时,提取特征后可以选择适当的分类算法。

表 6-1　主要的训练分类算法介绍

分类器名称	算法简要说明
最小距离分类器	首先求出已知样本的类中心,待识别样本归为与之距离最近的类中心所在的类
最近邻分类器	待识别样本归为与注册集中距离最近的已知类别样本所在的类
K 近邻分类器	计算待识别样本在注册集中的 K 个近邻,统计 K 个近邻中属于哪一类的样本多,则把待识别样本归为哪一类
线性判别分类器	使用注册集或者训练集样本根据目标函数计算线性分类器,将测试样本投影到子空间中进行分类
贝叶斯分类器	采用最大后验概率的贝叶斯判决准则为最小错误概率准则
隐马尔科夫模型	通过把图像结构看作时序信号变化
人工神经网络	通过对先前给定的数据展开网络参数学习来确定人脸数据与注册集人脸类别之间对应关系的分类方法
支持向量机	通过建立最优超平面进行分类
Adaboost 分类器	通过弱分类器加权训练强分类器的方法

6.2.6　模型的有效性

- 模型的泛化能力:学得的模型适用于新样本的能力称为泛化能力,也称为鲁棒性。
- 误差:学习到的模型在样本上的预测结果与样本的真实结果之间的差。
- 训练误差:模型在训练集上的误差。
- 泛化误差:在新样本上的误差。
- 欠拟合:训练误差很大的现象。
- 过拟合:如果学得的模型的训练误差很小,而泛化能力弱,即泛化误差较大的现象。
- 模型的容量:指其拟合各种函数的能力。

当机器学习算法的容量适合于执行任务的复杂度和所提供训练数据的数量时,算法效果通常会最佳。容量不足的模型不能解决复杂任务,可能出现欠拟合;容量高的模型能够解决复杂的任务,但是其容量高于任务所需时,有可能会过拟合。有效容量受限于算法、参数、正则化等,如图 6-6 所示。

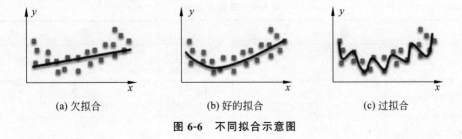

(a) 欠拟合　　　　　　　(b) 好的拟合　　　　　　　(c) 过拟合

图 6-6　不同拟合示意图

6.2.7　机器学习的性能评估

1. 分类

分类方法的性能评估：对于二分类问题，可将样例根据其真实类别与学习预测类别的组合划分为真正例（true positive）、假正例（false positive）、真反例（true negative）、假反例（false negative）四种情形。分别用 TP、FP、TN、FN 表示。显然，TP＋FP＋TN＋FN＝样本总数。分类结果的混淆矩阵（confusion matrix）如表 6-2 所示。

混淆矩阵：总结一个分类器结果的矩阵。是一个至少为 $m \times m$ 的表。对于二元分类，是 2×2 的矩阵。

如表 6-3 所示，共对 15 个样本进行预测，得到的混淆矩阵，理想的情况下，对于高准确率的分类器，大部分元组应该被混淆矩阵从 $CM_{1,1}$ 到 $CM_{m,m}$ 的对角线上的表目表示，而其他表目为 0 或者接近于 0。即 FP 和 FN 接近 0。分类的性能度量指标。精度和错误率是最常用的两种性能度量指标。

表 6-2　分类结果的混淆矩阵

预测实际	正例	反例	合计
正例	TP	FN	P
反例	FP	TN	N

表 6-3　二元分类的混淆矩阵

预测实际	正例	反例
正例	6	2
反例	2	5

（1）精度：分类正确的样本数占样本总数的比例。

（2）错误率、误分类率：分类错误的样本数占样本总数的比例。

虽然精度和错误率常用，但并不能满足所有任务的需求。例如信息检索中，我们经常会关心"检索出的信息中有多少比例是用户感兴趣的"，用户感兴趣的信息有多少被检索出来了。

查准率（precision）和查全率（recall）就成为更为适用于此类需求的性能度量指标。查准率为在预测为正例的所有样本中，有多少是准确的。查全率为在所有实际为正例的样本中，有多少被预测对。查准率和查全率是一对矛盾的度量。一般来说，查准率高时，查全率往往偏低。而查全率高时，查准率往往偏低。$F1$ 度量为查准率和查全率的调和平均，更一般的形式 F_β，其中 β 是非负实数，加权调和平均，其中 β 是非负实数。表 6-4 列出了一些度量及其公式。

表 6-4　度量及公式

度　　量	公　　式
精度（accuracy）	$\dfrac{TP+TN}{P+N}$
错误率（error rate）	$\dfrac{FP+FN}{P+N}$
查准率（precision）	$\dfrac{TP}{TP+FP}$

度　　量	公　　式
查全率、召回率(recall)	$\dfrac{TP}{TP+FN}$
$F1$ 度量(查准率和查全率的调和平均)	$\dfrac{2\times precision\times recall}{precision+recall}$
F_β(其中 β 是非负实数)	$\dfrac{(1+\beta^2)\times precision\times recall}{\beta^2\times precision+recall}$

2. 回归

回归的性能评估指标,包括平均绝对误差 MAE,平均平方差 MSE,决定系数 R^2。

平均绝对误差 MAE(Mean Absolute Error),越趋近于 0 表示模型越拟合训练数据。

$$MAE=\frac{1}{m}\sum_{i=1}^{m}|y_i-\hat{y}_i| \tag{6.10}$$

均方误差 MSE(Mean Square Error)

$$MSE=\frac{1}{m}\sum_{i=1}^{m}(y_i-\hat{y}_i)^2 \tag{6.11}$$

决定系数 R^2,取值范围 ≤ 1,值越大表示模型越拟合训练数据,其中 TSS 表示样本之间的差异情况,RSS 表示预测值与样本值之间的差异情况:

$$R^2=1-\frac{RSS}{TSS}=1-\frac{\sum\limits_{i=1}^{m}(y_i-\hat{y}_i)^2}{\sum\limits_{i=1}^{m}(y_i-\bar{y}_i)^2} \tag{6.12}$$

3. 举例

举例说明分类问题,假设训练一个机器学习的模型,用来识别图片中是不是一只猫,现在用 200 张图片来验证模型的性能指标。这 200 张图片中,170 张是猫,30 张不是猫。模型的识别结果为 160 张是猫,40 张不是猫。混淆矩阵如表 6-5 所示。

表 6-5　混淆矩阵

预测实际	正例	反例	合计
正例	140	30	170
反例	20	10	30
合计	160	40	200

查准率:

$$P=\frac{TP}{TP+FP}=\frac{140}{140+20}=87.5\%$$

查全率:

$$R=\frac{TP}{P}=\frac{140}{170}=93.3\%$$

准确率：

$$ACC = \frac{TP + TN}{P + N} = \frac{140 + 10}{170 + 30} = 85\%$$

6.3 机器学习常用算法

6.3.1 聚类

1. K-Means 聚类

K-Means 聚类：对大量未知标注的数据集，按数据的内在相似性，将数据划分为多个类别，如图 6-7 所示。

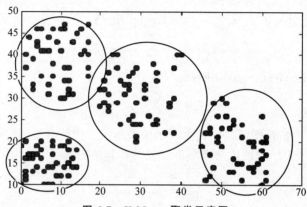

图 6-7 K-Means 聚类示意图

输入聚类的最终个数 k，以及包含 n 个数据对象的数据集，输出满足方差最小标准的 k 个聚类的一种算法。

K-Means 算法最终所获得的聚类满足：

(1) 同一聚类中的对象相似度较高。

(2) 而不同聚类中的对象相似度较小。

2. 近邻法聚类

分类算法中，近邻法是最简单的机器学习算法之一。

(1) 最近邻法。

假定有 c 个类别 $\omega_1, \omega_2, \cdots, \omega_c$ 的模式识别问题，每类有标明类别的样本 $N_i, i = 1, 2, \cdots, c$。我们可以规定 ω_i 类的判别函数为：

$$g_i(x) = \min_k \| x - x_i^k \|, \quad k = 1, 2, \cdots, N_i \tag{6.13}$$

其中 x_i^k 的角标 i 表示 ω_i 类，k 表示 ω_i 类 N_i 个样本中的第 k 个，按照上式，决策规则可以写为：

$$若 g_j(x) = \min_i g_i(x), i = 1, 2, \cdots, c, 则决策 x \in \omega_j \tag{6.14}$$

这一决策方法称为最近邻法。对未知样本 x，我们只要比较 x 与 $N = \sum_{i=1}^{c} N_i$ 个已知类别样本的欧氏距离(其他距离也可以),并决策 x 与离它最近的样本同类。

(2) kNN(k-最近邻算法)。

该算法的思路为:如果一个样本在特征空间中的 k 个最相似(即特征空间中最邻近)的样本中的大多数属于某一个类别,则该样本也属于这个类别。具体说就是在 N 个样本中,找出 x 的 k 个近邻。设这 N 个样本中,来自 ω_1 类的样本有 N_1 个,来自 ω_2 类的样本有 N_2 个,来自 ω_c 类的样本有 N_c 个,若 $k_1,k_2,\cdots,k_c$ 分别是 k 个近邻中属于 $\omega_1,\omega_2,\cdots,\omega_c$ 类的样本数,则可以定义判别函数为:

$$g_i(x)=k_i, \quad i=1,2,\cdots,c \tag{6.15}$$

决策规则为:若

$$g_j(x)=\max_i k_i \tag{6.16}$$

则决策 $x\in\omega_j$。

近邻法的一个缺点是计算量大,解决的途径之一是采用快速算法,快速算法有剪辑近邻法和压缩近邻法。剪辑近邻法主要针对两类样本数据出现重叠而导致不可分的情况,如果能够把重叠区域的已知样本剔除出去,决策时就不会受到那些错分样本的干扰,可以让决策面更接近于最优分类面,即把边界上的样本区分开。压缩近邻法的思想是尽管剪辑近邻可以将边界处容易引起错分的样本剔除干净,使得分类边界清晰可见,但是那些边界的样本其实对于最后的决策的用处有限,只要能够找出各类样本中最有利于用来与其他类区分的代表性样本,就能把很多无用样本去掉,从而简化计算,其具体做法为:将训练样本分为两个子集:储存集和候选集,首先从候选集中取出一个样本放入储存集,对于候选集中的每一个样本,储存集中的这个样本都可以将它们正确分类,那么这些样本都保留在候选集中,否则把不能正确分类的移到储存集,以此类推,直到没有样本再需要移动。

6.3.2 回归算法

回归分析中,只包括一个自变量和一个因变量,且二者的关系可用一条直线近似表示,这种回归分析称为一元线性回归分析。如果回归分析中包括两个或两个以上的自变量,且因变量和自变量之间是线性关系,则称为多元线性回归分析。学习出来的不一定是一条直线,只有在变量 x 是一维时才是直线,高维时是超平面。比如房子的售价由面积、户型、区域等多种条件来决定,通过这些条件来预测房子的售价可抽象为一个线性回归问题。

1. 线性回归

线性回归(Linear egression):线性回归是利用数理统计中回归分析来确定两种或两种以上变量间相互依赖的定量关系的一种统计分析方法。如图 6-8 所示,可以用线性回归算法求出曲线的参数。

下面介绍一下求解线性回归问题的方法——最小二乘法(Least Square Method),我们把不等式组变成如下形式:

$$a^{\mathrm{T}}y_n=b_n>0 \tag{6.17}$$

其中 b_n 是任意给定的正常数。将上式写成联立方程组的形式,即为

$$Ya=b$$

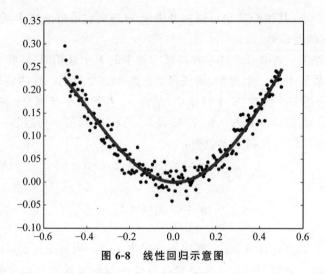

图 6-8　线性回归示意图

式中，

$$Y = \begin{bmatrix} y_1^{\mathrm{T}} \\ y_2^{\mathrm{T}} \\ \vdots \\ y_N^{\mathrm{T}} \end{bmatrix} \begin{bmatrix} y_{11} & y_{11} & \cdots & y_{1d} \\ y_{21} & y_{22} & \cdots & y_{2d} \\ \cdots & \cdots & \cdots & \cdots \\ y_{N1} & y_{N2} & \cdots & y_{Nd} \end{bmatrix} \tag{6.18}$$

是一个 $N \times d$ 矩阵，y_n 是规范化增广样本向量，

$$b = [b_1, b_2, \cdots, b_N]^{\mathrm{T}}$$

是一个 N 维向量，$b_n > 0, n = 1, 2, \cdots, N$。

通常样本数 N 总是大于维数 d，因此 Y 是长方阵，一般为列满秩矩阵。这实际上是方程个数多于未知数的情况，因此一般为矛盾方程组，通常没有精确解的存在。但我们可以定义一个误差向量：

$$e = Ya - b \tag{6.19}$$

并定义平方误差准则函数 $J_s(a)$ 为：

$$J_s(a) = \|e\|^2 = \|Ya - b\|^2 = \sum_{n=1}^{N} (a^{\mathrm{T}} y_n - b_n)^2 \tag{6.20}$$

然后找一个使 $J_s(a)$ 极小化的 a 作为问题的解，这就是矛盾方程组的最小二乘近似解，也称为伪逆解或称 MSE 解，我们仍用 a^* 表示。上式定义的准则函数也称为 MSE 准则函数。现在我们用解析法求出它的伪逆解。

首先对上式中的 $J_s(a)$ 求梯度：

$$\nabla J_s(a) = \sum_{n=1}^{N} 2(a^{\mathrm{T}} y_n - b_n) y_n = 2Y^{\mathrm{T}}(Ya - b) \tag{6.21}$$

令 $\nabla J_s(a) = 0$，得：

$$Y^{\mathrm{T}} Ya^* = Y^{\mathrm{T}} b \tag{6.22}$$

这样求解 $Ya = b$ 的问题转化为求解 $Y^{\mathrm{T}} Ya^* = Y^{\mathrm{T}} b$ 的问题了。这一方程的最大优点是矩阵 $Y^{\mathrm{T}} Y$ 是 $\hat{d} \times \hat{d}$ 方阵，且一般是非奇异的，因此可唯一地解得：

$$a^* = (Y^T Y)^{-1} Y^T b = Y^+ b \tag{6.23}$$

式中 $\hat{d} \times N$ 矩阵

$$Y^+ = (Y^T Y)^{-1} Y^T \tag{6.24}$$

是 Y 的左逆矩阵，a^* 就是 $Ya = b$ 的 MSE 解。

计算 Y^+ 带来的问题有两个：其一是要求 $Y^T Y$ 非奇异；其二是求 Y^+ 的计算量大，同时还可能引入较大的计算误差。因此实际上往往不用这样的解析方法求 MSE 解，而采用如梯度下降法等最优化技术来求解。

如果我们采用梯度下降法，$J_s(a)$ 的梯度为：

$$\nabla J_s(a) = 2Y^T(Ya - b) \tag{6.25}$$

则梯度下降算法可写成

$$\begin{cases} a(1), \text{任意} \\ a(k+1) = a(k) - \rho_k Y^T(Ya - b) \end{cases} \tag{6.26}$$

可以证明，如果选择

$$\rho_k = \frac{\rho_1}{k} \tag{6.27}$$

式中 ρ_1 是任意正常数，则用该算法得到的权向量序列收敛于使

$$\nabla J_s(a) = 2Y^T(Ya - b) = 0 \tag{6.28}$$

的权向量 a^*，也就是 MSE 解。

无论矩阵 $Y^T Y$ 是否奇异，该算法总能产生一个有用的权向量，且该算法只计算 $\hat{d} \times \hat{d}$ 方阵 $Y^T Y$，比计算 $\hat{d} \times N$ 阵 Y^+ 计算量要小得多。

为了进一步减小计算量和存储量，我们可以把样本看成一个无限重复出现的序列而逐个加以考虑。这样式(6.26)确定的算法可修改为

$$\begin{cases} a(1), \text{任意} \\ a(k+1) = a(k) - \rho_k(b_k - a(k)^T y^k) y^k \end{cases} \tag{6.29}$$

其中 y^k 为使 $a(k)^T y^k \neq b_k$ 的样本。

由于 b_k 是任意给定的正常数，因此，一般来说，要使 $a(k)^T y^k = b_k$ 成立几乎是不可能的，因而修正过程永远不会终止，所以必须让 ρ_k 随 k 的增加而逐渐减小，以保证算法收敛。一般选择 $\rho_k = \rho_1/k$，此时上式确定的算法收敛于满意的 a^*。该算法是对 MSE 准则采用梯度下降法的一个修正算法，通常称为 Widrow-Hoff 算法。

2. 逻辑回归

逻辑回归：是一种分类模型，用来解决分类问题。模型的定义为：

$$P(Y=1 \mid x) = \frac{e^{wx+b}}{1 + e^{wx+b}} \tag{6.30}$$

$$P(Y=0 \mid x) = \frac{1}{1 + e^{wx+b}} \tag{6.31}$$

其中 w 称为权重，b 称为偏置，其中的 $wx+b$ 看成对 x 的线性函数。然后对比上面两个概率值，概率值大的就是 x 对应的类，如图 6-9 所示。

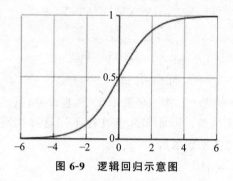

图 6-9 逻辑回归示意图

3. 稀疏回归

L1 范数约束下的最小二乘回归算法是产生稀疏解的有效方法,其表示如下:

$$\tilde{x} = \arg\min\{\|y - Ax\|_2^2 + \gamma\|x\|_1\} \tag{6.32}$$

其中 A 为基矩阵,y 为目标向量,$\tilde{x}$ 为估计出的系数,γ 为一个常数,用于平衡拟合误差与系数的稀疏程度,$\|\cdot\|_2$ 为 2-范数,$\|\cdot\|_1$ 为 1-范数。

特征符号搜索算法是常用的快速求解该问题的方法,算法使用梯度下降方法猜测回归系数的符号,然后将问题转化为无约束的二次优化问题进行求解,迭代这一过程直至回归系数满足以下两个条件:

(1) 非 0 系数满足:$\dfrac{\partial\|y - Ax\|_2^2}{\partial x_j} + \gamma\, sign(x_j) = 0$。

(2) 0 系数满足:$\dfrac{\partial\|y - Ax\|_2^2}{\partial x_j} \leqslant \gamma$,$\forall\, x_j = 0$。

求解 x 的具体算法如下:

(1) 初始化 $x = 0$,$\theta =$ 和一个活动集 $\{\ \}$,其中 $\theta_i \in \{-1, 0, 1\}$ 表示 $sign(x_i)$ 的符号。

(2) 从 x 的 0 系数中选择 $i = \arg\max_i \left| \dfrac{\partial\|y - Ax\|_2^2}{\partial x_i} \right|$。触发 x_i(将 i 添加到活动集)必须满足以下两个条件:

如果 $\dfrac{\partial\|y - Ax\|_2^2}{\partial x_i} > \gamma$,则 $\theta_i = -1$,活动集为:$\{i\} \cup$ 活动集。

如果 $\dfrac{\partial\|y - Ax\|_2^2}{\partial x_i} < -\gamma$,则 $\theta_i = 1$,活动集为:$\{i\} \cup$ 活动集。

(3) 令 $\hat{A}$ 为 A 的子矩阵,它只包括活动集对应的列。

令 $\hat{x}$ 和 $\hat{\theta}$ 为 x 和 θ 对应的活动集的子向量。

由于 A 为线性空间,$\hat{A}$ 也是线性空间,满足线性空间的加法与数量乘法法则,再利用无约束的二次优化方法求解:$\min_{\hat{x}}\|y - \hat{A}\hat{x}\|_2^2 + \gamma\,\hat{\theta}^{\mathrm{T}}\hat{x}$,得出 $\hat{x}_{\text{new}} = (\hat{A}^{\mathrm{T}}\hat{A})^{-1}(\hat{A}^{\mathrm{T}}y - \gamma\,\hat{\theta}/2)$。

检查 $\hat{x}_{\text{new}}$ 中系数是否与之前预测的活动集和 θ 一致。更新 $\hat{x}$ 为 $\hat{x}_{\text{new}}$ 以及对应的 x 中的系数,然后将 0 系数对应的 i 移出活动集并更新 $\theta_i = sign(x_i)$。

(4) 检查 x 中的系数:

(a) 对于非 0 且位数大于 dim(x)的 x 中的系数满足:

$$\frac{\partial \left\| y - Ax \right\|_2^2}{\partial x_j} + \gamma \, \mathrm{sign}(x_j) = 0 \tag{6.33}$$

如果不满足条件(a),则返回步骤(3);如果满足,则检验是否满足条件(b)。

(b) 对于值为 0 的且位数大于 dim(x)的 x 中的系数满足:

$$\frac{\partial \left\| y - Ax \right\|_2^2}{\partial x_j} \leqslant \gamma, \quad \forall \, x_j = 0 \tag{6.34}$$

如果条件(b)不满足,则返回步骤(2);如果满足,则 x 为最优解。

6.3.3　决策树

决策树(decision tree)是一类常见的机器学习方法,可以解决分类与回归这两类问题。模型可解释性强,模型符合人类思维方式,是经典的树形结构。分类决策树模型是一种描述对实例进行分类的树形结构。简而言之,决策树是一个多层 if-else 判断,对对象属性进行多层 if-else 判断,获取目标属性的类别。由于只使用 if-else 对特征属性进行判断,所以一般特征属性为离散值,即使为连续值也会先进行区间离散化,如采用二分法。

决策树最重要的是决策树的构造,所谓决策树的构造就是进行属性选择度量确定各个特征属性之间的拓扑结构。构造决策树的关键步骤是分裂属性,即在某个节点处按照某一特征属性的不同划分构造不同的分支。

决策树是一个树结构(可以是二叉树或非二叉树)。每个非终端节点表示一个特征属性上的测试,每个分支代表这个特征属性在某个值域上的输出,而每个终端节点存放一个类别,如图 6-10 所示。使用决策树进行决策的过程就是从根节点开始,测试待分类项中相应的特征属性,并按照其值选择输出分支,直到到达叶节点,将叶节点存放的类别作为决策结果。

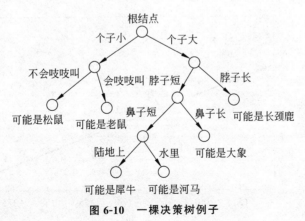

图 6-10　一棵决策树例子

决策树学习通常包括 3 个步骤:
(1) 特征选择。
(2) 决策树的生成。
(3) 决策树的修剪。

最为关键的就是如何选择最优划分属性。一般而言,随着划分过程不断进行,希望决策树的分支结点所包含的样本尽可能属于同一类别,即结点的"纯度"(purity)越来越高。

决策树的构造就是进行属性的选择,确定各个特征属性之间的树结构。构建决策树的关键步骤为:按照所有的特征属性进行划分操作,对所有的划分操作的结果集的"纯度"进行比较,选择"纯度"最高的属性作为分割数据集的数据点。纯度的量化指标主要通过信息熵与 GINI 系数,公式如下:

$$H(X) = -\sum_{k=1}^{K} p_k \log_2(p_k) \qquad \text{Gini} = 1 - \sum_{k=1}^{K} p_k^2 \qquad (6.35)$$

其中 p_k 表示样本属于类别 k 的概率(共有 K 个类别),分割前与分割后的纯度差异越大,决策树越好。常见的决策树算法有 ID3、C4.5、CART 等。

6.3.4　支持向量机

SVM 方法的主要思想可以概括为:对于线性不可分的情况,通过使用非线性映射算法将低维输入空间线性不可分的样本转化为高维特征空间的样本使其线性可分,从而使得高维特征空间采用线性算法对样本的非线性特征进行线性分析成为可能。

SVM 方法是根据线性可分情况下的最优分类面(Optimal Hyperplane)提出的。考虑图 6-11 所示的二维两类线性可分情况,图中有两类训练样本,中间的加粗黑线为把两类没有错误地分开的线,两条线分别过各类样本中离分类线最近的点且平行于分类线的直线,两条红线之间的距离称为两类的分类空隙或者分类间隔。所谓最优分类线就是要求分类线不但能无错误地将两类分离,而且要使两类的分类空隙最大。前者是保证经验风险最小(为 0),而通过后面的讨论可以看到,使分类空隙最大实际上就是使推广性的界中的置信范围最小,从而使真实风险最小,推广到高维空间,最优分类线就成为最优分类面,如图 6-12 所示。

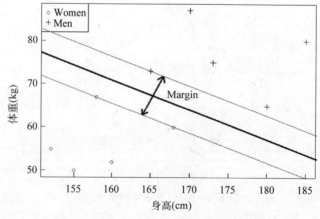

图 6-11　SVM 方法寻找的分类面边界

1. 最优分类面

设线性可分样本集为 (x_i, y_i), $i = 1, 2, \cdots, n$, $x \in R^d$, $y \in \{+1, -1\}$ 是类别标号。d 维

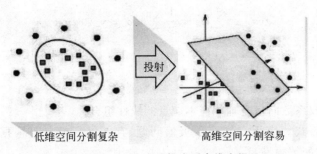

低维空间分割复杂　　　　　　　　高维空间分割容易

图 6-12　SVM 方法推广到高维空间

空间中线性判别函数的一般形式为 $g(x) = \omega \cdot x + b$，分类面方程为：

$$\omega \cdot x + b = 0 \tag{6.36}$$

我们将判别函数进行归一化，使两类所有样本都满足 $|g(x)| \geqslant 1$，即使离分类面最近的样本的 $|g(x)| = 1$，这样分类间隔就等于 $2/\|\omega\|$，因此使间隔最大等价于使 $\|\omega\|$（或 $\|\omega\|^2$）最小；而要求分类线对所有样本正确分类，就是要求它满足

$$y_i [(\omega \cdot x) + b] - 1 \geqslant 0, \quad i = 1, 2, \cdots, n \tag{6.37}$$

因此，满足上述条件且使得 $\|\omega\|^2$ 最小的分类面就是最优分类面。这两类样本中离分类面最近的点且平行于最优分类面的超平面 H_1、H_2 上的训练样本就是上式中使等式成立的那些样本，它们称为支持向量（Support Vectors），因为它们支撑了最优分类面，如图 6-13 中用圆圈标出的样本就是支持向量。

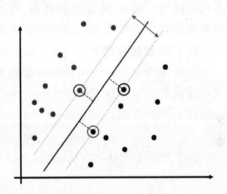

图 6-13　SVM 示意图

下面我们分析如何求最优分类面，根据上面的讨论可知，最优分类面问题可以表示成如下的约束优化问题，即在条件 $y_i [(\omega \cdot x) + b] - 1 \geqslant 0$，$i = 1, 2, \cdots, n$ 的约束下，求函数：

$$\varphi(\omega) = \frac{1}{2} \|\omega\|^2 = \frac{1}{2} (\omega \cdot \omega) \tag{6.38}$$

的最小值。为此，可以定义如下的拉格朗日函数：

$$L(\omega, b, \alpha) = \frac{1}{2} (\omega \cdot \omega) - \sum_{i=1}^{n} \alpha_i \{ y_i [(\omega \cdot x_i) + b] - 1 \} \tag{6.39}$$

其中，$\alpha_i > 0$ 为拉格朗日系数，接下来问题是对 ω 和 b 求拉格朗日函数的极小值。

把上式分别对 ω 和 b 求偏微分并令它们等于 0，就可以把原问题转化为如下这种较简单的对偶问题，在约束条件：

$$\sum_{i=1}^{n} y_i \alpha_i = 0 \tag{6.40}$$

$$\alpha_i \geqslant 0, \quad i = 1, 2, \cdots, n$$

之下对 α_i 求解下列函数的最大值：

$$Q(\alpha) = \sum_{i=1}^{n} \alpha_i - \frac{1}{2} \sum_{i,j=1}^{n} \alpha_i \alpha_j y_i y_j (x_i \cdot x_j) \tag{6.41}$$

若 α_i^* 为最优解，则：

$$\boldsymbol{\omega}^* = \sum_{i=1}^{n} \alpha_i^* y_i x_i' \tag{6.42}$$

即最优分类面的权系数向量是训练样本向量的线性组合。

这是一个不等式约束下二次函数极值问题，存在唯一解。且根据 Kuhu-Tucker 条件，这个优化问题的解须满足：

$$\alpha_i (y_i((\boldsymbol{\omega} \cdot x_i) + b) - 1) = 0, \quad i = 1, 2, \cdots, n, \tag{6.43}$$

因此，对多数样本 α_i^* 将为零，取值不为零的 α_i^* 对应于使式 $y_i[(\boldsymbol{\omega} \cdot x) + b] - 1 \geqslant 0, i = 1, 2, \cdots, n$，等号成立的样本即支持向量，它们通常只是全体样本中的很少一部分。

求解上述问题后得到的最优分类函数是：

$$f(x) = \text{sgn}\{(\boldsymbol{\omega}^* \cdot x) + b^*\} = \text{sgn} \sum_{i=1}^{n} \alpha_i^* y_i (x_i \cdot x) + b^* \tag{6.44}$$

sgn() 为符号函数。由于非支持向量对应的 α_i 均为 0，因此式中的求和实际上只对支持向量进行。而 b^* 是分类的域值，可以由任意一个支持向量用式（6.37）求得（因为支持向量满足其中的等式），或通过两类中任意一对支持向量取中值求得。

2. 广义最优分类面

最优分类面是在线性可分的前提下讨论的，在线性不可分的情况下，就是某些训练样本不能满足式 $y_i[(\boldsymbol{\omega} \cdot x) + b] - 1 \geqslant 0, i = 1, 2, \cdots, n$ 的条件，因此可以在条件中增加一个松弛项 $\xi_i \geqslant 0$，变成：

$$y_i[(\boldsymbol{\omega} \cdot x) + b] - 1 + \xi_i \geqslant 0, \tag{6.45}$$

对于足够小的 $\sigma > 0$，只要使：

$$F_\sigma(\xi) = \sum_{i=1}^{n} \xi_i^\sigma \tag{6.46}$$

最小就可以使错分样本数最小。对应线性可分情况下的使分类面间隔最大，在线性不可分情况下可引入约束：

$$\|w\|^2 \leqslant c_k \tag{6.47}$$

在约束条件 $y_i[(\boldsymbol{\omega} \cdot x) + b] - 1 + \xi_i \geqslant 0$ 和 $\|w\|^2 \leqslant c_k$ 下对式 $F_\sigma(\xi) = \sum_{i=1}^{n} \xi_i^\sigma$ 求极小，就得到了线性不可分情况下的最优分类面，称为广义最优分类面。为了计算方便，我们取 $\sigma = 1$。

为了使计算进一步简化，广义最优分类面问题可以进一步演化为在条件 $y_i[(\boldsymbol{\omega} \cdot x) + b] - 1 + \xi_i \geqslant 0$ 的约束下求函数的极小值：

$$\varphi(w, \xi) = \frac{1}{2}(w \cdot w) + C\left(\sum_{i=1}^{n} \xi_i\right) \tag{6.48}$$

其中 C 为某个指定的常数，它实际上起控制对错分样本惩罚的程度的作用，实现在错分样本的比例与算法复杂度之间的折中。

用与求解最优分类面同样的方法求解这一优化问题，同样得到一个二次函数极值问题,其结果与可分情况下得到的式子几乎相同,只是条件 $\alpha_i \geqslant 0, i=1,2,\cdots,n$ 变为:$0 \leqslant \alpha_i \leqslant C, i=1,2,\cdots,n$。

6.3.5　贝叶斯

贝叶斯决策理论方法是统计模式识别中的一个基本方法,用这个方法进行分类时要求:

(1) 各类别总体概率分布是已知的。

(2) 要决策分类的类别数是一定的。

在连续情况下,假设要识别的物理对象有 d 种特征观察量 $x_1,x_2,\cdots,x_d$,这些特征的所有可能的取值范围构成了 d 维特征空间,我们称 $\boldsymbol{x}=[x_1,x_2,\cdots,x_d]^{\mathrm{T}}$ 为 d 维特征向量。这里 T 是转置符号。

这些假设说明了要研究的分类问题有 c 个类别,各类别状态用 ω_i 来表示,$i=1,2,\cdots,c$;对应于各个类别 ω_i 出现的先验概率 $P(\omega_i)$ 及类条件概率密度函数 $p(x|\omega_i)$ 是已知的。如果在特征空间已观察到某一向量 $\boldsymbol{x},\boldsymbol{x}=[x_1,x_2,\cdots,x_d]^{\mathrm{T}}$ 就是 d 维特征空间上的某一个点,那么应该把 $\boldsymbol{x}$ 分到哪一类去才合理呢? 这便是贝叶斯决策理论所要研究的主要问题。

1. 基于最小错误率的贝叶斯决策

对于两类问题,假设先验概率 $P(\omega_i),i=1,2$;类条件概率密度 $P(x|\omega_i),i=1,2$。利用贝叶斯公式:

$$P(\omega_i \mid \boldsymbol{x}) = \frac{p(\boldsymbol{x} \mid \omega_i)P(\omega_i)}{\displaystyle\sum_{j=1}^{2} p(\boldsymbol{x} \mid \omega_j)P(\omega_j)} \tag{6.49}$$

得到的条件概率 $P(\omega_i|\boldsymbol{x})$ 成为状态的后验概率。因此,贝叶斯公式实质上是通过观察 $\boldsymbol{x}$,把状态的先验概率 $P(\omega_i)$ 转换为状态的后验概率 $P(\omega_i|\boldsymbol{x})$。

这样,基于最小错误率的贝叶斯决策为:如果 $P(\omega_1|\boldsymbol{x})>P(\omega_2|\boldsymbol{x})$,则把 $\boldsymbol{x}$ 归类于状态 ω_1。反之如果 $P(\omega_1|\boldsymbol{x})<P(\omega_2|\boldsymbol{x})$,则把 $\boldsymbol{x}$ 归类于状态 ω_2。上面的规则可以简写为:

(1) 如果 $P(\omega_i|\boldsymbol{x}) = \max\limits_{j=1,2} P(\omega_j|\boldsymbol{x})$,则 $\boldsymbol{x} \in \omega_i$。

利用贝叶斯公式还可以得到几种最小错误率贝叶斯决策规则的等价形式:

(2) 如果 $p(\boldsymbol{x}|\omega_i)P(\omega_i) = \max\limits_{j=1,2} p(\boldsymbol{x}|\omega_j)P(\omega_j)$,则 $\boldsymbol{x} \in \omega_i$。

(3) 若 $l(\boldsymbol{x}) = \dfrac{p(\boldsymbol{x}|\omega_1)}{p(\boldsymbol{x}|\omega_2)} \lessgtr \dfrac{p(\omega_2)}{p(\omega_1)}$,则 $\boldsymbol{x} \in \begin{cases} \omega_1 \\ \omega_2 \end{cases}$。

(4) 对上式中的 $l(\boldsymbol{x})$ 取自然对数的负值,可写为

若 $h(\boldsymbol{x}) = -\ln[l(\boldsymbol{x})] = -\ln p(\boldsymbol{x}|\omega_1) + \ln p(\boldsymbol{x}|\omega_2) \lessgtr \ln\left(\dfrac{P(\omega_1)}{P(\omega_2)}\right)$,则 $\boldsymbol{x} \in \begin{cases} \omega_1 \\ \omega_2 \end{cases}$。

式中的 $h(\boldsymbol{x})$ 是把似然比写成负对数 $-\ln[l(\boldsymbol{x})]$ 的形式,它在计算时比例用(3)似然比本身更为方便。

在多类决策过程中(假设有 c 个类),很容易写出相应的最小错误率贝叶斯决策规则:

如果 $P(\omega_i \mid \boldsymbol{x}) = \max\limits_{j=1,2\cdots c} P(\omega_j \mid \boldsymbol{x})$，则 $\boldsymbol{x} \in \omega_i$。

利用贝叶斯定理也可以将其写成先验概率和类条件概率密度相联系的形式，即：

如果 $p(\omega_i \mid \boldsymbol{x}) P(\omega_i) = \max\limits_{j=1,2\cdots c} P(\omega_j \mid \boldsymbol{x}) P(\omega_j)$，则 $\boldsymbol{x} \in \omega_i$。

2. 基于最小风险的贝叶斯决策

有时候需要考虑一个比错误率更为广泛的概念——风险，而风险又是和损失紧密相连的。在决策论中称采取的决定为决策或行动，所有可能采取的各种决策组成的集合称为决策空间或行动空间，以 $\mathscr{A}$ 表示。而每个决策或行动都将带来一定的损失，它通常是决策和自然状态的函数。

我们设：

(1) 观察 $\boldsymbol{x}$ 是 d 维随机向量：

$$\boldsymbol{x} = [x_1, x_2, \cdots, x_d]^{\mathrm{T}}$$

其中 $x_1, x_2, \cdots, x_d$ 为一维随机向量。

(2) 状态空间 $\boldsymbol{\Omega}$ 由 c 个自然状态（c 类）组成：

$$\boldsymbol{\Omega} = \{\omega_1, \omega_2, \cdots, \omega_c\}$$

(3) 决策空间由 a 个决策 $\alpha_i, i = 1, 2, \cdots, a$ 组成：

$$\mathscr{A} = \{\alpha_1, \alpha_2, \cdots, \alpha_a\}$$

这里 a 与 c 不同是由于除了对 c 个类别有 c 种不同的决策外，还允许采取其他决策，如采取"拒绝"的决策，这时就有 $a = c + 1$。

(4) 损失函数为 $\lambda(\alpha_i, \omega_j); i = 1, 2, \cdots, a; j = 1, 2, \cdots, c$。$\lambda$ 表示当真实状态为 ω_j 而采取的决策为 α_i 时所带来的损失，这样可以得到一般决策表。

我们在已知先验概率 $P(\omega_j)$ 及类条件概率密度 $p(\boldsymbol{x} \mid \omega_j), j = 1, 2, \cdots, c$ 的条件下进行讨论。

根据贝叶斯公式，后验概率为：

$$P(\omega_j \mid \boldsymbol{x}) = \frac{p(\boldsymbol{x} \mid \omega_j) P(\omega_j)}{p(\boldsymbol{x})} \tag{6.50}$$

其中：

$$p(x) = \sum_{j=1}^{c} p(\boldsymbol{x} \mid \omega_i) P(\omega_i) \tag{6.51}$$

由于引入了"损失"的概念，在考虑错判所造成的损失时，就不能只根据后验概率的大小来作决策，而必须考虑所采取的决策是否使损失最小。对于给定的 $\boldsymbol{x}$，如果我们采取决策 α_i，从决策表中可见，对应于决策 α_i, λ 可以在 c 个 $\lambda(\alpha_i, \omega_j), j = 1, 2, \cdots, c$ 值中任取一个，其相应概率为 $P(\omega_j \mid \boldsymbol{x})$。因此在采取决策 α_i 情况下的条件期望损失 $R(\alpha_i \mid \boldsymbol{x})$ 为：

$$R(\alpha_i \mid \boldsymbol{x}) = E[\lambda(\alpha_i, \omega_j)] = \sum_{j=1}^{c} \lambda(\alpha_i, \omega_j) P(\omega_j \mid \boldsymbol{x}), \quad i = 1, 2, \cdots, a \tag{6.52}$$

在决策论中又把采取决策 α_i 的条件期望损失 $R(\alpha_i \mid \boldsymbol{x})$ 称为条件风险。由于 $\boldsymbol{x}$ 是随机向量的观察值，对于 $\boldsymbol{x}$ 的不同观察值，采取决策 α_i 时，其条件风险的大小是不同的。所以，究竟采取哪一种决策将随 $\boldsymbol{x}$ 的取值而定。这样决策 α 可以看成随机向量 $\boldsymbol{x}$ 的函数，记为 $\alpha(\boldsymbol{x})$，它本身也是一个随机变量，我们可以定义期望风险 R 为：

$$R = \int R(\alpha(\boldsymbol{x}) \mid \boldsymbol{x}) p(\boldsymbol{x}) \mathrm{d}\boldsymbol{x} \tag{6.53}$$

式中 $\mathrm{d}\boldsymbol{x}$ 是 d 维特征空间的体积元,积分是在整个特征空间进行。

期望风险 R 反映对整个特征空间上所有 $\boldsymbol{x}$ 的取值采取相应的决策 $\alpha(\boldsymbol{x})$ 所带来的平均风险;而条件风险 $R(\alpha_i \mid \boldsymbol{x})$ 反映了对某一 $\boldsymbol{x}$ 的取值采取决策 α_i 所带来的风险。显然我们要求采取的一系列决策行动 $\alpha(\boldsymbol{x})$ 使期望风险 R 最小。

在考虑错判带来的损失时,我们希望损失最小。如果在采取每一个决策或行动时,都使其风险最小,则对所有的 $\boldsymbol{x}$ 做出决策时,其期望风险也必然最小。这样的决策就是最小风险贝叶斯决策。

最小风险贝叶斯决策规则为:

如果 $R(\alpha_k \mid \boldsymbol{x}) = \min\limits_{i=1,\cdots,a} R(\alpha_i \mid \boldsymbol{x})$,则 $\alpha = \alpha_k$。

对于实际问题,最小风险贝叶斯决策可按下列步骤进行:

(1) 在已知 $P(\omega_j)$,$p(\boldsymbol{x}|\omega_j)$,$j=1,2,\cdots,c$ 及给出待识别的 $\boldsymbol{x}$ 的情况下,根据贝叶斯公式计算出后验概率:

$$P(\omega_j \mid \boldsymbol{x}) = \frac{p(\boldsymbol{x} \mid \omega_j)P(\omega_j)}{\sum\limits_{j=1}^{c} p(\boldsymbol{x} \mid \omega_i)P(\omega_i)}, \quad j=1,2,\cdots,c \tag{6.54}$$

(2) 利用计算出的后验概率及决策表,按式 $R(\alpha_i \mid \boldsymbol{x}) = E[\lambda(\alpha_i,\omega_j)] = \sum\limits_{j=1}^{c} \lambda(\alpha_i, \omega_j)P(\omega_j \mid \boldsymbol{x})$,$i=1,2,\cdots,a$ 计算出采取 α_i,$i=1,2,\cdots,a$ 的条件风险 $R(\alpha_i \mid \boldsymbol{x})$:

$$R(\alpha_i \mid \boldsymbol{x}) = \sum\limits_{j=1}^{c} \lambda(\alpha_i \mid \omega_j)P(\omega_j \mid \boldsymbol{x}), i=1,2,\cdots,a \tag{6.55}$$

(3) 对(2)中得到的 a 个条件风险值 $R(\alpha_i|\boldsymbol{x})$,$i=1,2,\cdots,a$ 进行比较,找出使条件风险最小的决策 α_k,即:

$$R(\alpha_k \mid \boldsymbol{x}) = \min_{i=1,\cdots,a} R(\alpha_i \mid \boldsymbol{x}) \tag{6.56}$$

则 α_k 就是最小风险贝叶斯决策。

6.4 超参数和验证集

6.4.1 参数

参数是模型从历史训练数据中学到的一部分,是机器学习算法的关键,它有以下几个特征:

(1) 进行模型预测时需要模型参数。

(2) 模型参数值可以定义模型功能。

(3) 模型参数用数据估计或从数据学习得到。

(4) 模型参数一般不由实践者手动设置。

(5) 模型参数通常作为学习模型的一部分保存。

模型参数的一些例子包括:人造神经网络中的权重、支持向量机中的支持向量、线性回归或逻辑回归中的系数等。

6.4.2 超参数

学习模型中一般有两种参数：一种参数是可以从学习中得到；一种无法从数据里得到，只能靠人的经验来设定，这类参数就称为超参数。

模型超参数是模型外部的配置，具体有以下特征：

（1）模型超参数常应用于估计模型参数的过程中。模型超参数通常由实践者直接指定。

（2）模型超参数通常可以使用启发式方法来设置。根据给定的预测建模问题而调整。

模型超参数如训练神经网络的学习速率、迭代次数、批次大小、激活函数、神经元的数量、支持向量机的 C 和 σ 超参数、K 近邻中的 K 等。超参数搜索的一般过程为：

（1）将数据集分成训练集、验证集、测试集。

（2）在训练集上根据模型的性能指标对模型参数进行优化。

（3）在验证集上根据模型的性能指标对模型的超参数进行搜索。

（4）步骤（2）和步骤（3）交替迭代进行，最终确定模型的参数和超参数，并在测试集中评价模型的优劣。

其中，步骤（3）的搜索过程需要搜索算法，一般有网格搜索、随机搜索、启发式智能搜索、贝叶斯搜索。

6.4.3 留一法验证

留一法（Leave-one-out Validation）是从 N 个样本中取出一个样本后，用剩下的 $N-1$ 个样本作为注册集，然后用取出的样本进行检验。再把原取出的样本放回去，又取出另一个样本，用这剩下的 $N-1$ 个样本作为注册集，再作检验。这样一共重复设计 N 次，检验 N 次，并统计正确识别的样本总数 K，最后用 K/N 作为最终的识别结果，如图 6-14 所示。其优点是有效地利用了 N 个样本，比较适用于样本数 N 较小的情况，缺点是计算量较大。

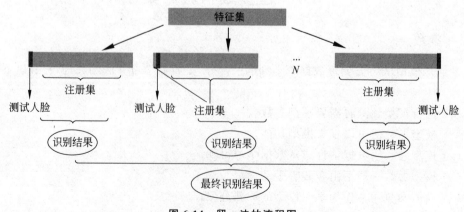

图 6-14   留一法的流程图

6.4.4　交叉验证

将数据集分成固定的训练集和固定的测试集后，若测试集的误差很小，这是有问题的。一个小规模的测试集意味着平均测试误差估计的统计不确定性。使得很难判断算法 A 是否比算法 B 在给定任务上做得更好。当数据集有十万或者更多的样本时，这也不会是一个严重的问题。当数据集太小时，也有替代方法允许我们使用所有的样本估计平均测试误差，代价是增加计算量。

K-折交叉验证：K 一般大于等于 2，实际操作时一般从 3 开始取，只有在原始数据集合数据量小时才会尝试取 2。K-折交叉验证可以有效地避免学习以及欠学习状态的发生，最后得到的结果也比较有说服性。K-折交叉验证（K-fold Cross Validation）方法是指在机器学习中，在样本量不充足的情况下，为了充分利用数据集对识别算法进行测试，将特征集随机分为 K 份，每次将其中一份作为测试集，剩下 $K-1$ 份作为注册集。最后取 K 次的识别结果的平均值作为最终的识别结果。这种验证方法的优点是所有的样本都被用于训练集和测试集，每个样本都被验证一次。

图 6-15 为三折交叉验证方法的流程图。如图所示，方法首先将特征集随机分为三份，然后每次将其中一份作为测试集，剩下两份作为注册集进行实验，最后取三次的识别结果的平均值作为最终的识别结果。从图 6-15 可以看出，每个样本都被验证一次。

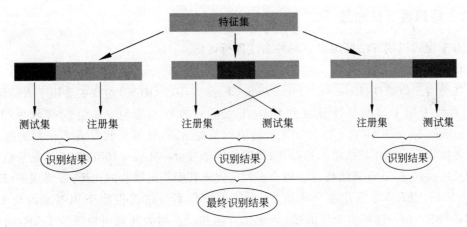

图 6-15　三折交叉验证方法流程图

6.4.5　随机选取验证集

随机地选取注册集与训练集进行实验对算法的性能进行验证。随机验证能够较好地测试算法的性能。

6.4.6　相似性评估方法

1. 欧氏距离

欧氏距离也称欧几里得距离，它是 n 维空间中两个点 x_r 与 x_s 之间的真实距离。计算方法如下：

$$d_{rs} = \sqrt{(x_r - x_s)(x_r - x_s)^{\mathrm{T}}} \tag{6.57}$$

欧氏距离是最简单的计算相似度的方法,将样本特征看作是欧氏空间中的点,欧氏距离描述两个特征点间的位移,反映了从一个向量到另一个向量的距离,欧氏机制具有旋转不变性。

2. 余弦距离

余弦距离定义空间中两向量夹角的余弦值,其定义为:

$$d_{rs} = x_r x_s^{\mathrm{T}} / (x_r x_r^{\mathrm{T}})^{\frac{1}{2}} (x_s x_s^{\mathrm{T}})^{\frac{1}{2}} \tag{6.58}$$

余弦距离是用向量空间中两个向量夹角的余弦值作为衡量两个特征向量间差异的度量方法。它通过计算两个向量夹角的余弦值描述两个向量在方向上的差异,当余弦距离等于1时两个向量具有相同的方向,即具有最大相似度;如果值在 0 和 1 之间,则指示两向量间具有一定的夹角。

3. 马氏距离

马氏距离(Mahalanobis distance)是由印度统计学家马哈拉诺比斯提出的。马氏距离是数据集的协方差距离。它主要考虑各种特性之间的联系,且与尺度无关。对于两个均值分别为 μ_1, μ_2 的集合,协方差矩阵为 $\boldsymbol{\Sigma}$,则这两个集合的马氏距离为:

$$(\mu_1 - \mu_2) \boldsymbol{\Sigma}^{-1} (\mu_1 - \mu_2) \tag{6.59}$$

6.4.7 相似性评估曲线

对于模式识别算法可用以下两种曲线进行评估。

1. ROC 曲线

接受者工作特性(Receiver Operationg Characteristic,ROC)曲线主要用于人脸认证,ROC 曲线中用于评测算法认证性能的几个重要参数主要包括:错误接收率(False Acceptance Rate,FAR),是指给定某个阈值的前提下,认证算法将冒充者误判为所声明用户而接收为正确认证结果的错误率;错误拒绝率(False Reject Rate,FRR),是指给定某个阈值的前提下,认证算法将合法用户误判为冒充者而拒绝接收的比率;等错误率(Equal Error Rate,EER),是指在某个阈值下,当错误接收率与错误拒绝率相等时的比率值。FAR 和 FRR 都是随阈值变化的量,且变化方向相反。增大阈值可以减少 FAR,同时增加了 FRR,减少阈值则减少 FRR,增大 FAR。由此可见,用 FAR 和 FRR 中任意一个评估系统的认证性能都是不合理的,EER 则较好地反映了系统性能,因而它常常作为一个系统的评价度量。验证率(Verification Rate,VR)指在某个阈值条件下,认证算法正确接收合法用户的比例。

目前有两种 ROC 曲线绘制方法,一种为横坐标表示 FAR,纵坐标表示 FRR;另一种是横坐标为 FAR,纵坐标为验证率。近年来被研究者普遍应用的方法为第二种。

2. CMC 曲线

CMC 是 Cumulative Match Characteristic 的简称,人脸识别用 CMC 曲线评估性能。对人脸识别而言,测试人脸与注册集中每一个人脸模型进行匹配,要求找出最接近的人脸模型作为测试人脸的身份,如果只统计最接近的一个模型识别正确的比率,可能会有较高的错误率。通常的做法是返回注册集中前几位与测试人脸匹配得最好的模型,统计排在这几位之前的模型中正确包含测试人脸身份的比率,其中排位的位数称为 Rank,将位数与正确识别的比率分别作为横、纵坐标轴,可以得到 CMC 曲线,它反映了算法识别的最相似对象的个数与正确率之间的关系。

6.5　模式识别基本步骤

6.5.1　传统的模式识别框架

传统的模式识别框架主要由以下几个步骤组成:数据预处理、特征提取、特征训练以及分类决策,基本过程如图 6-16 所示。

图 6-16　传统模式识别基本过程

(1)对由采集设备获取的样本数据进行预处理。如人脸识别中,可将采集到的人脸进行图像直方图均衡化处理、人脸姿态矫正处理等。

(2)从训练样本中提取特征,构建特征表达方法。

(3)使用训练集中人脸对所提特征进行特征训练。这一步可以使得特征维数降低,使识别算法能够用于实际应用中。

(4)使用分类器输出决策结果。提取注册集与测试集特征,对测试集使用分类器进行分类,结果可用相似性评估曲线对算法进行评估。

6.5.2　基于深度学习的模式识别框架

深度学习算法可直接使用原始数据进行学习,学习的中间层可作为特征进行分类和回归,如图 6-17 所示。基于深度学习的模式识别框架主要由以下几个步骤组成,输入图像首先经过卷积操作,然后对输出的特征图进行池化操作,将上述两个过程重复几次,接着将得到的特征图输入到全连接层,最后在全连接层之后输出分类结果。

图 6-17　基于深度学习的模式识别基本过程

深度学习中的卷积层一般被认为是网络的主要的特征提取部分,卷积核可以对输入图像或者中间层的特征图进行特征提取,卷积核的形式与提取的特征种类相关。池化层可以在不影响精度的情况下减少模型的复杂度,提升模型的鲁棒性,常用的池化操作有平均池化和最大池化。使用激活函数可以使得模型更快地学习到有效特征,可以避免把大的数值在高层次处理中进行累加。全连接层是一种传统的多层感知机,在输出层,可以使用 softmax 激活函数或者其他激活函数。

6.6　本章小结

本章我们主要介绍了 AI 的常用算法,主要包括学习算法的含义,机器学习的典型任务(即分类、回归、聚类、关联),机器学习的分类(监督学习、无监督学习、半监督学习、强化学习),常见的机器学习算法,以及超参数与交叉验证。

6.7　拓展延伸

本节介绍一种卷积神经网络 LeNet-5,它是 LeCun 等人在 1989 年首次提出的。如图 6-18 所示,该网络共有 7 层,输入图像首先经过一次卷积操作,然后对输出的特征图进行池化操作,将上述两个过程重复两次,将得到的特征图输入到全连接层,最后在全连接层之后使用 softmax 输出分类结果。

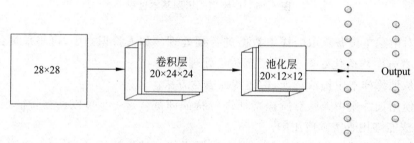

图 6-18　卷积神经网络结构

卷积层是网络的主要的特征提取部分,卷积核可以对输入图像或者中间的特征图进行特征提取,卷积核的形式与提取的特征种类相关。为了提高网络提取特征的能力,网络模型会被不断地加宽加深。但是更深更宽的网络意味着模型更难以被训练和优化,同时也非常容易过拟合。以下几种方法能够较有效地解决这些问题:

(1) 对特征图进行池化操作:池化层可以在不影响精度的情况下减少模型的复杂度,缩减模型体积,提升模型的鲁棒性,常用的池化操作有平均池化和最大池化。

(2) 选取合适的激活函数:使用 ReLU 或者性能更好的激活函数,使得模型能更快地学习到有效特征。

(3) 使用 BN 层(Batch Normalization):BN 可以加快模型收敛速度,对数据初始化要求降低,也降低了调参数的难度。

(4) 选择性能更好的优化算法:比如随机梯度下降法,以防止模型局部最优。

经过研究人员坚持不懈的努力,许多优秀的网络模型被提出来,典型的网络模型有VggNet、GoogLeNet、ResNet 和 DenseNet 等。这些网络模型有不同的结构特性,但是其计算原理和优化原理的本质相似。这些优秀的模型可以帮助研究人员提取更有效的特征。

习　题　六

1. 选择题

(1) 按照某种指定的属性特征,划分成两个或多个类别,属于(　　)问题。

    A. 回归　　　　　　　B. 关联　　　　　　　C. 分类

(2) 数据清洗包括(　　)。

    A. 缺失值处理　　　　　　　　　　B. 异常值处理

    C. 去除重复　　　　　　　　　　　D. 修改格式错误

2. 判断题

(1) 聚类的目标是最小化簇间的相似性,最大化簇内的相似性。　　　　　　(　　)

(2) 采用一组标注好的数据进行训练,再对所有的未知点做出预测,属于无监督学习。

    (　　)

(3) 基于已有的房屋销售信息,来预测房价的具体数值属于回归问题。　　(　　)

3. 思考题

(1) 假设在某个局部地区细胞识别中正常(ω_1)和异常(ω_2)两类的先验概率分别为:

正常状态:$P(\omega_1)=0.9$

异常状态:$P(\omega_2)=0.1$

现有待识别的细胞,其观察值为 x,从类条件概率密度分布曲线上查得

$$P(x \mid \omega_1)=0.2, \quad P(x \mid \omega_2)=0.4$$

试对该细胞 x 进行分类。

(2) 在上题条件的基础上,用表 6-6 为决策表,按最小风险贝叶斯决策进行分类。

	ω_1	ω_2
α_1	0	6
α_2	1	0

第 7 章

项目实践 1：聊天机器人

本章导读

本章介绍聊天机器人的分类及开发步骤。以开发文本聊天机器人项目为例，详细介绍文本表示、文本相似度计算等技术，并介绍项目的具体实现方法。

学习目标

- 能叙述聊天机器人的分类。
- 会使用文本表示方法。
- 能叙述文本相似度计算方法，会计算两个文本之间的余弦相似度。
- 能叙述文本聊天机器人项目的实现步骤。
- 能根据文本聊天机器人的开发流程，实现该项目。
- 能举一反三实现某一主题领域的文本聊天机器人，并思考改进方向。

各例题知识要点

例 7.1 使用 jieba 库的三种模式进行分词并输出（中文分词）

例 7.2 使用词向量表示"Python 在人工智能领域应用广泛"（One-Hot 编码）

例 7.3 对语料库进行分词（中文分词，文件读写）

例 7.4 生成文本向量相似度模型（使用 gensim 库中的 word2vec）

例 7.5 加载解析模板文件（JSON 解码）

例 7.6 寻找最大相似度的回答（相似度计算）

例 7.7 模拟用户与机器的对话流程（无限循环）

7.1 认识"聊天机器人"项目

聊天机器人即人与计算机进行对话。

最早的聊天机器人是 1965 年的 Eliza，由麻省理工学院人工智能实验室的德裔美国计算机科学家约瑟夫·维森鲍姆(Joseph Weizenbaum)开发。Eliza 是第一个明确设计用于与人互动的程序，使人与计算机之间的对话成为可能。用户可以使用打字机输入人类的自然语言，获得来自机器的响应。

7.1.1 聊天机器人的分类

按照功能，聊天机器人可以分为任务型和闲聊型两种。任务型聊天机器人针对特定领域，完成用户期望的任务或动作，例如完成预订机票任务。闲聊型则不属于特定的领域,用于陪用户闲聊。

　　按照方法,聊天机器人分为基于规则、基于模板匹配、基于检索模型、生成式四种。基于规则的方法需要首先定义一条条的规则。Eliza 就是基于规则方法的聊天机器人,基于模板匹配的方法搭建聊天机器人的基本流程是,首先获取输入的文本信息,然后用关键词去匹配模板,最后输出匹配最相似的回答。基于检索模型的方法,是基于一段上下文内容,和一个可能作为回复的候选答案,模型输出对这个候选答案的打分。寻找最合适的回复内容的过程是先对所有候选答案进行打分及排序,最后选出分值最高的那个作为最终回复。生成式模型可以创造出未知的回复内容。

7.1.2　聊天机器人的开发步骤

　　以下以基于模板匹配的方法为例,介绍开发聊天机器人的步骤。需要以下四步,分别是：中文分词、文本表示、相似度计算、寻找最佳匹配并返回结果。

　　在中文分词中,通常采用第三方库 jieba 进行。使用 jieba 进行中文分词有三种模式,分别是：精确模式、全模式、搜索引擎模式。精准模式下,会把中文语句精确地切开,适合文本分析。通过参数 cut_all 确定分词模型,如果为 False,则为精确模式。如果不写参数,默认就是精准模式。全模式下,把句子中所有的可以成词的词语都扫描出来,速度非常快。但是不能解决歧义问题。当 cut_all 参数的值等于 True,就是全模式。搜索引擎模式下,在精准模式的基础上,对长词再次切分,适用于搜索引擎分词。使用 jieba.cut_for_search()方法来实现搜索引擎模式。文本分析场景下,比较适合使用精准模式。

　　【例 7.1】　使用 jieba 库,采用三种模式对"下雨天留客天留我不留"进行分词并输出。

　　【分析】　使用 jieba 库的精确模式、全模式、搜索引擎模式分别进行分词,并输出分词结果列表。

　　程序代码如下：

```
import jieba
#精确模式
result = jieba.lcut("下雨天留客天留我不留",cut_all=False)
print("精确模式分词结果:",result)
#全模式
result = jieba.lcut("下雨天留客天留我不留",cut_all=True)
print("全模式分词结果:",result)
#搜索引擎模式
result = jieba.lcut_for_search("下雨天留客天留我不留")
print("搜索引擎模式分词结果:",result)
```

　　运行结果为：

```
精确模式分词结果:['下雨天', '留客', '天留', '我', '不留']
全模式分词结果:['下雨', '下雨天', '雨天', '留客', '天', '留', '我', '不留']
搜索引擎模式分词结果:['下雨', '雨天', '下雨天', '留客', '天留', '我', '不留']
```

程序说明：

（1）cut_all 参数用来控制是否采用全模式，全模式下设置为 True，精确模式下设置为 False。

（2）jieba.lcut()以列表形式返回分词。jieba.cut()则返回一个可迭代的 generator。

7.2　文　本　表　示

在自然语言处理（Natural Language Processing，NLP）领域中，文本表示非常重要。只有把文本表示成数学的样子，才能够进行进一步处理。以下介绍如何将文本表示为词向量。词向量，顾名思义，就是用一个向量的形式来标识一个词。

【例 7.2】　使用词向量表示"Python 在人工智能领域应用广泛"，并编程输出结果。

【分析】　首先把"Python 在人工智能领域应用广泛"进行中文分词，得到精确模式下的分词结果，使用 One-Hot 编码（独热编码）方式，将每个词根据其对应位置，将相应的位置置为 1，这样就可以得到一个与位置相关联的分词结果。

"Python 在人工智能领域应用广泛"的分词结果，包括六个词语，分别为"Python""在""人工智能""领域""应用""广泛"。每个词语的词向量如表 7-1 所示。由此可以得到，人工智能的词向量为[0,0,1,0,0,0]。

表 7-1　词向量示例

词库	Python	在	人工智能	领域	应用	广泛
Python	1	0	0	0	0	0
在	0	1	0	0	0	0
人工智能	0	0	1	0	0	0
领域	0	0	0	1	0	0
应用	0	0	0	0	1	0
广泛	0	0	0	0	0	1

通过编程实现词向量转换，使用列表保存转换后的词向量。基于中文分词后的分词列表。遍历分词列表，对每个输入的词与当前遍历到的词进行比较，如果相同，则将 1 添加到词向量列表，否则将 0 添加到词向量列表。

程序代码如下：

```
#定义词向量转换方法
def get_word_vector_result(word):
    word_vector_result = []
    for i in word_vector_list:
        if i == word:
            word_vector_result.append(1)
        else:
            word_vector_result.append(0)
```

```
        return word_vector_result

#词库
word_vector_list = ["Python","在","人工智能","领域","应用","广泛"]
#输入要转成词向量的词
inword=input()
#调用词向量转换函数
word_vector=get_word_vector_result(inword)
#输出词向量
print(word_vector)
```

程序运行结果为：

```
输入：人工智能
输出：[0, 0, 1, 0, 0, 0]
输入：Python
输出：[1, 0, 0, 0, 0, 0]
输入：python
输出：[0, 0, 0, 0, 0, 0]
```

程序说明：

(1) 从程序运行结果可以看出，由于词向量中的 1 的个数表示了该词出现的次数，位置则表示了该词在语句中的相对位置。"python"在词库列表中没有出现，因此得到的词向量列表元素为全 0。

(2) 将文本表示为词向量后，就可以通过向量间的运算来计算两个文本之间的相似度，进而根据相似度大小，选择最匹配的回答。

7.3　文本相似度计算

文本的相似度计算，主要计算的是不同文本之间的距离。如何来度量文本之间的距离是本节要介绍的主要内容。

数学上的距离包括欧氏距离、曼哈顿距离等。如果坐标系中有两点，分别是 (x_1, y_1) 和 (x_2, y_2)。欧氏距离，即两点的直线距离，可以理解为数学上求斜边长度的计算，如图 7-1 所示，使用公式(7.1)进行计算。

$$d = \sqrt{(x_1 - x_2)^2 + (y_1 - y_2)^2} \tag{7.1}$$

曼哈顿距离又称为街区距离，城市区块距离，也就是在欧几里得空间的固定直角坐标系上两点所形成的线段对轴产生的投影距离总和，使用公式(7.2)进行计算，如图 7-2 所示。

$$d = |x_1 - x_2| + |y_1 - y_2| \tag{7.2}$$

文本相似度计算中应用最多的是余弦相似度。即通过计算两个向量的夹角余弦值来评估它们的相似度。0 度角的余弦值是 1，而其他任何角度的余弦值都不大于 1，且其最小值是−1。因此,两个向量之间角度的余弦值确定两个向量是否大致指向相同的方向。两个向量有相同的指向时,余弦相似度的值为1,两个向量夹角为90°时,余弦相似度的值为0,两个向量指向完全相反的方向时,余弦相似度的值为−1。这结果是与向量的长度无关的,仅仅与向量的指向方向相关。

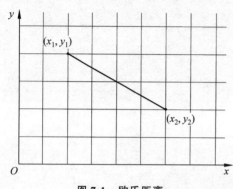

图 7-1   欧氏距离

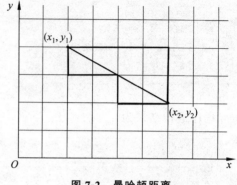

图 7-2   曼哈顿距离

计算两点所构成向量夹角的余弦值使用公式(7.3)进行计算。

$$\theta = \theta_1 - \theta_2 \tag{7.3}$$

θ 的值越小,则余弦值越接近于1,则说明两个点之间越相似。

计算余弦使用公式(7.4)。余弦距离的表示如图7-3所示。

$$\cos(\theta) = \frac{a \cdot b}{\|a\| \times \|b\|} = \frac{x_1 x_2 + y_1 y_2}{\sqrt{x_1^2 + y_1^2} \times \sqrt{x_2^2 + y_2^2}} \tag{7.4}$$

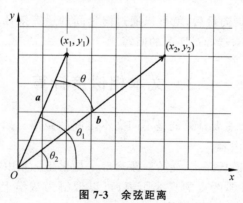

图 7-3   余弦距离

7.4 项目实现

7.4.1 语料库处理

要实现聊天机器人,需要进行以下三项准备工作,分别是:获取语料库、分词存储、获取文本向量的相似度模型。具体说明如下:

- 语料库是聊天机器人对话语料的素材，如果是闲聊机器人，语料库应该尽可能涵盖最大范围。本节我们针对"5G"这个特定主题建立了语料库，可以将跟该主题相关的内容存入语料库文件，命名为 corpus.txt。
- 语料库建立后，为了后续的文本表示和相似度计算，需要将语料库文件中的文本进行分词并存储到指定的文件，分词存储为 fenci_result.txt。
- 文本相似度模型是后续进行对话匹配的基础，调用 gensim 库中的 word2vec 可以将分词结果生成相似度模型。

【例 7.3】 对语料库进行分词。

【分析】 调用中文分词库 jieba，对语料库文件进行分词处理，结果存入 fenci_result.txt。

程序代码如下：

```
#导入中文分词库
import jieba
#对语料库进行分词，分词结果存入 fenci_result.txt 文件
f1 = open('corpus.txt', encoding="utf8")
f2 = open('fenci_result.txt', 'a', encoding="utf8")
lines = f1.readlines()
for line in lines:
    line.replace('\t', '').replace('\n', '').replace(' ', '')
    seg_list = jieba.cut(line)
    #将词汇以空格隔开
    f2.write(' '.join(seg_list))
f1.close()
f2.close()
```

语料库文件为 corpus.txt，上述程序运行后会生成分词后的文件 fenci_result.txt。

程序说明：

（1）对于语料库文件按行进行处理，需要将文件中的换行、空格、制表位等字符均去掉。建立好语料库文件后，还需要根据文件内容，有针对性地处理一些特殊字符，比如特殊的标点等。

（2）分词存储文件中每个词之间使用空格进行分隔，因此需要使用 join() 方法将序列中的元素以空格分隔，连接生成一个新的字符串，并写入到目标文件。

【例 7.4】 基于分词文件，生成文本向量相似度模型。

【分析】 调用 gensim 库中的 word2vec 实现。

程序代码如下：

```
#获取计算文本向量及其相似度模型
from gensim.models import word2vec
sentences = word2vec.Text8Corpus('fenci_result.txt')
model = word2vec.Word2Vec(sentences)
model.save("word2Vec.model")
```

运行后会生成 word2Vec.model 文件,用于下一步进行的用户输入文本与已有模板文件的相似度比较。

7.4.2　对话处理

聊天机器人的对话处理流程包括三步,分别是接收输入、加载和解析模板文件、寻找最大相似度的答复。

【例 7.5】　加载并解析模板文件。

【分析】　模板文件是一个 JSON 格式的文本文件。

程序代码如下:

```python
import json
#加载和解析模板文件
f3 = open('templet.txt', encoding="utf8")
str = ''
for line in f3.readlines():
    str += line
content = json.loads(str)
f3.close()
#print(content)
```

程序运行后得到的 content 为字典格式,部分内容如下:

```
"title": "5G 的性能目标",
"reply":["高数据速率","减少延迟","节省能源","降低成本","提高系统容量和大规模设备连接"]
```

程序说明:

(1) 由于模板文件 templet.txt 是 json 格式,需要通过 json 库的 loads()方法,从字符串转换为字典类型。

(2) json 库中还要一个与 loads()相反操作的方法 dumps(),可以将一个 Python 数据类型列表进行 JSON 格式的编码,即可理解为将字典转化为字符串。

对话处理逻辑主要包括以下步骤:

(1) 用户输入一段文本。

(2) 对用户输入的文本进行分词。

(3) 把用户输入的结果与 templet.txt 文件中的 title 字段,一一对应进行相似度运算。

(4) 获取到最大的相似度。

(5) 由于 reply 中的内容是一个列表,随机产生一个答案进行回复。

【例 7.6】　寻找最大相似度的回答。

【分析】　在寻找最大相似度的回答前,已经完成语料分词,生成文本向量相似度模型 model,加载并解析了模板文件 content。定义 answer()函数实现寻找最大相似度回答的任务,参数 input 为用户输入的问题。

程序代码如下：

```
import jieba
import random
#寻找最大相似度的回答
def answer(input):
    #存储最大相似度
    similarityMax = 0
    #存储最大相似度问句的下标
    similarityIndex = -1
    #对用户输入做分词处理
    input_word_arr = list(jieba.cut(input))
    #遍历规则库
    for i in range(len(content)):
        title_word_arr = list(jieba.cut(content[i]['title'].replace(' ', '')))
        #print(title_word_arr)
        #使用 try...except 语法来做余弦相似度计算,避免因词向量小而引发报错
        #similarity 越大越相似
        try:
            similarity = model.wv.n_similarity(input_word_arr, title_word_
            arr)
        except Exception:
            similarity = 0
        #存储当前最大相似度及其下标
        if similarityMax<similarity:
            similarityMax = similarity
            similarityIndex = i
    #随机取一个回复,如果 similarityIndex 为-1,则说明未匹配到相似语句
    if similarityIndex != -1:
        reply_index = math.floor(random.random() * len(content
            [similarityIndex]['reply']))
        if reply_index:
            return {"title": content[similarityIndex]['title'], "reply":
                content[similarityIndex]['reply'][reply_index]}
    return {"title": "无", "reply": "抱歉,我不太明白您的意思"}
```

程序说明：

（1）在进行相似度计算时，使用 try-except 结构来避免因词向量小而引发报错，当触发异常时，将相似度置为 0。

（2）上述代码实现是一个函数，需要在主流程中调用，当 similarityIndex 不为−1 时，说明匹配到了相似的答复，返回匹配到的结果；否则返回"抱歉，我不太明白您的意思"。

【例 7.7】 模拟用户与机器的对话流程。

【分析】 接受用户输入，调用例 7.6 中的 answer()函数寻找匹配的答复，最后输出答复的结果。通过 while True，模拟用户和机器的连续对话。

程序代码如下：

```
while True:
    #接受用户输入
    input_str = input("用户: ")
    #寻找匹配的答复
    result = answer(input_str)
    #输出结果
    print("匹配到问题: %s 回答: %s" %(result['title'], result['reply']))
```

至此,该项目的各个部分均已实现。请实现完整的项目代码,体会文本聊天机器人项目的处理流程及方法。

7.5　本 章 小 结

聊天机器人项目的流程是先做语料库分词,保存模型,然后将用户输入与模板文件进行相似度计算,最后选择最合适的回答输出。在实现本章项目的基础上,可以通过替换语料库和模板文件等,尝试实现其他主题或更大范围的文本聊天机器人。

本项目涉及的知识点较多,包括中文分词、余弦相似度、JSON 文件处理等。在项目实现过程中,用到了词向量模型。可以查看相关资料做更具体的了解,并通过阅读自然语言处理方面的论文了解最新的聊天机器人或对话系统的技术进展。

7.6　拓 展 延 伸

学习并实践本章的文本聊天机器人项目后,进行全面的测试会发现,有时回答的匹配率并不太高,可以思考以下问题:

(1) 想想从哪些方面提高匹配率? 从理论上说,语料库越大越好,将语料库规模扩大,重新进行测试,对比前后的变化。

(2) 模板法和搜索法均是基于现有的挑选一个最相似的答复。而生成式方法则不同,有兴趣的可以自行查阅相关资料。

习 　题 　七

1. 使用 jieba 进行中文分词的三种模式分别是什么?
2. 单项选择题: 计算文本间的相似度使用的距离是(　　)。
　 A. 欧氏距离　　　　　 B. 曼哈顿距离　　　　　 C. 余弦距离
3. JSON 格式要转换为 Python 字典格式,应该使用什么方法?
4. 仿照本章的文本聊天机器人项目,实现一个特定主题的文本聊天机器人。
5. 仿照文章的文本聊天机器人项目,实现一个闲聊机器人。

第 8 章

项目实践 2: 识别优质客户

本章导读

本章介绍聚类问题及 K-Means 算法的具体应用。以识别优质客户项目为例,详细介绍 K-Means 算法的实现步骤及方法。

学习目标

- 能分辨哪些是聚类问题。
- 能叙述 K-Means 算法的原理。
- 能运用 K-Means 算法实现识别优质客户项目。
- 能举一反三,使用 K-Means 算法解决聚类问题。

各例题知识要点

例 8.1 读取客户数据 customer.csv(使用 pandas 库读文件)

例 8.2 初始化质心和类别(使用 NumPy 库)

例 8.3 通过 K-Means 算法实现客户聚类(循环计算)

例 8.4 可视化聚类结果(使用 pyplot 子库)

8.1　认识"识别优质客户"项目

在商务上,聚类能帮助市场分析人员从客户基本库中发现不同的客户群,并且用不同的购买模式来刻画不同消费群体的特征。

"识别优质客户"项目,是指从客户基本库中发现不同的客户群。这里指的不同是用购买模式来刻画客户群体的特征。该项目中以给定的超市顾客购物信息,按照顾客的消费水平,运用聚类算法,将顾客分为三种等级。

超市顾客购物信息,具体包括客户年龄、平均每次消费金额、平均消费周期。部分客户信息如表 8-1 所示。

表 8-1　部分客户信息

客户年龄	23	25	28	36	26	28	29	28	22	21
平均每次消费金额(元)	128	192	180	689	198	272	122	193	156	297
平均消费周期(天)	14	16	65	37	1	12	13	9	0	33

"识别优质客户"项目要解决的问题是,如何依据客户的以上三种特征,进行聚类,将

具有相近特征的客户划分为一类,从而识别客户的购买模式特点,找出其中的优质客户。该项目还可以帮助推荐系统识别不同的客户群体,从而采用不同的策略。

8.2　聚 类 问 题

在"无监督学习"(Unsupervised Learning)中,训练样本的标记信息是未知的,目标是通过对无标记训练样本的学习来揭示数据的内在性质及规律,为进一步的数据分析提供基础。此类学习任务中研究最多、应用最广的是聚类(Clustering)。

聚类试图将数据集中的样本划分为若干个通常是不相交的子集,每个子集称为一个"簇"(Cluster)。通过这样的划分,每个簇可能对应于一些潜在的类别,聚类过程仅能自动形成簇结构。聚类主要应用于没有明确分类映射关系的物品归类问题。相比于分类,聚类不依赖预定义的类和类标号的训练实例。

聚类问题描述为,给定一个元素集合 D,其中每个元素具有 n 个可观察属性,使用某种算法将 D 划分成 k 个子集,要求每个子集内部的元素之间相异度尽可能低,而不同子集的元素相异度尽可能高,其中每个子集称为一个簇。

聚类算法涉及的两个基本问题是性能度量和距离计算。性能度量方面,直观上我们希望"物以类聚",即同一簇的样本尽可能彼此相似,不同簇的样本尽可能不同。即希望簇内相似度高而簇间相似度低。距离计算方面,首先介绍三种距离计算方法。

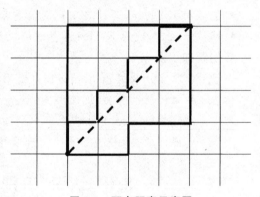

图 8-1　两点距离示意图

(1) 欧几里得距离,即欧氏距离,是最常见的两点之间或多点之间的距离表示法,又称之为欧几里得度量,是两点间的直线距离,如图 8-1 中的虚线所示,计算如公式(8.1)所示。

$$d(X,Y) = \sqrt{(x_1 - y_1)^2 + (x_2 - y_2)^2 + \cdots + (x_n - y_n)^2}$$
$$= \sqrt{\sum_{i=1}^{n} (x_i - y_i)^2} \tag{8.1}$$

(2) 曼哈顿距离又称马氏距离(Manhattan Distance),也称为出租车距离,以两点间经过的街区距离。计算公式如 8.2 所示。如图 8-1 中的实线所示,图中显示了三条曼哈顿距离计算的线段。这三条的距离都相同。

$$d(X,Y) = |(x_1 - y_1)| + |(x_2 - y_2)| + \cdots + |(x_n - y_n)| \tag{8.2}$$

(3) 闵可夫斯基距离。欧氏距离和曼哈顿距离可以看作是闵可夫斯基距离的特例,计算公式如 8.3 所示。当 $P=1$ 时,为曼哈顿距离,当 $P=2$ 时,为欧氏距离。

$$d(X,Y) = \sqrt{|(x_1 - y_1)|^P + |(x_2 - y_2)|^P + \cdots + |(x_n - y_n)|^P} \tag{8.3}$$

8.3　K-Means 算法

K-Means 算法，即 K 均值聚类算法（K-Means clustering algorithm），是最常用的聚类算法，是一种迭代求解的聚类分析算法。K-Means 属于无监督的聚类算法。

K 均值聚类算法的目标是将 n 个 d 维的数据划分为 k 个簇，使得簇内方差最小化。由于可能的聚类结果数据巨大，要求一个特定的聚类算法总是能达到最优是不切实际的，所以，K-Means 算法找到的是一个局部最优，不保证全局最优。同时，该算法易受初始值影响，通常可以采用不同的初始值重复几次，以达到局部最优。

K-Means 算法的流程有以下四步：

（1）确定常数 k，即最终的聚类类别数。

（2）首先随机选定初始点为聚类中心（质心），并计算每个样本与质心之间的相似度（这里为欧氏距离）。

（3）按照每个样本与质心的距离，标记每个样本的类别为和该样本距离最小的质心的类别，将其归到最相似的类中。

（4）重新计算每个类的质心，重复这样的过程，直到质心不再改变或没有样本（或最小数目）被重新分配到不同的聚类，最终就确定了每个样本所属的类别以及每个类的质心。

对于 K-Means 算法，首先要注意的是 k 值的选择，一般来说，我们会根据对数据的先验经验选择一个合适的 k 值，如果没有什么先验知识，则可以通过交叉验证选择一个合适的 k 值。k 个初始化的质心的位置选择对最后的聚类结果和运行时间都有很大的影响，因此需要选择合适的 k 个质心，最好这些质心不能太近。

从图 8-2 中的六个图可以看出 K-Means 算法聚类的过程。图 8-2（a）为原始状态，

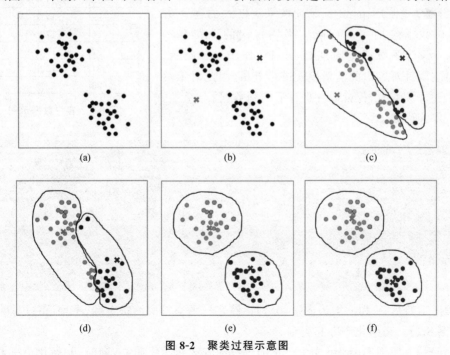

(a)　　　　　　　(b)　　　　　　　(c)

(d)　　　　　　　(e)　　　　　　　(f)

图 8-2　聚类过程示意图

图 8-2(b)进行了初始化质心,分别是图中的"×"表示两个质心,图 8-2(c)为经过一次计算后的聚类结果。每次计算后都要更新质心,为下次聚类做准备。图 8-2(d)和图 8-2(e)分别为两次重新计算后的聚类结果。图 8-2(f)中的聚类结果相比图 8-2(e)没有变化,迭代结束,图 8-2(f)即为最后的聚类结果。

8.4　项 目 实 现

识别优质客户项目,基于已有的客户数据文件,读取文件内容,实现 K-Means 算法,将客户划分为这三类,并通过可视化方法将三类用户数据用散点图展示。

K-Means 的算法流程如下:

输入:样本集 $D=\{x_1,x_2,\cdots,x_m\}$,聚类的簇树 k,最大迭代次数 N。

输出:簇划分 $C=\{C_1,C_2,\cdots,C_k\}$。

(1) 从数据集 D 中随机选择 k 个样本作为初始的 k 个质心向量:$\{\mu_1,\mu_2,\cdots,\mu_k\}$。

(2) 当迭代次数 $n<N$ 时:

(a) 将簇划分 C 初始化为 $C_t=\varnothing,t=1,2\cdots,k$。

(b) 对于 $i=1,2,\cdots,m$,计算样本 x_i 和各个质心向量 $\mu_j(j=1,2,\cdots,k)$ 的距离 d_{ij},将 x_i 标记最小的为 d_{ij} 所对应的类别 λ_i。此时更新 $C_{\lambda i}=C_{\lambda i}\bigcup\{x_i\}$。

(c) 对于 $j=1,2,\cdots,k$,对 C_j 中所有的样本点重新计算新的质心 μ_j。

(d) 如果所有的 k 个质心向量都没有发生变化或变化在指定范围,则转到步骤(3)。

(3) 输出簇划分 $C=\{C_1,C_2,\cdots,C_k\}$。

【例 8.1】　读取客户数据"customer.csv"。

【分析】　使用 pandas 库读取 csv 格式的客户数据,客户数据包括年龄(age)、平均每次的消费金额(avemoney)、平均消费周期(period),如图 8-3 所示。本项目主要针对客户的消费模式进行分析,因此对年龄暂不关注。读取时,仅读取并保存后两列数据。

程序代码如下:

age	avemoney	period
23	317	10
22	147	13
24	172	17
27	194	67
37	789	35
25	190	1

图 8-3　客户数据示例

```
import pandas as pd
#从 csv 文件中读取数据存入 x、y
#x:消费周期 y:消费金额
data = pd.read_csv('company.csv')
x=data['period']
y=data['avemoney']
print(x)
print(y)
```

程序运行后,x 和 y 均为向量,分别存储客户平均每次消费金额、平均消费周期。

【例 8.2】　初始化质心和类别。

【分析】　使用 NumPy 库中产生随机数的方法初始化质心,同时,初始化类别和各类别统计的相关数据。

程序代码如下：

```
import numpy as np
#初始化质心
sortX = np.random.randint(10, 100, 3)        #生成三个随机数 x
sortY = np.random.randint(100, 700, 3)       #生成三个随机数 y
#初始化类别为 0
sortF = [0, 0, 0, 0, 0, 0, 0, 0, 0, 0, 0, 0, 0, 0, 0, 0, 0, 0]
#3 个类别统计，用于迭代更新
sortM = [[0, 0, 0], [0, 0, 0], [0, 0, 0]]     #分别代表 x,y 个数
#划分 3 个类别
sortColors = ['g', 'r', 'b']                  #三个类别的三种颜色
```

程序说明：

（1）质心的初始化时，要尽量做到让三个质心距离较远。

（2）sortColors 列表是为了后续可视化使用红、绿、蓝三种颜色进行展示进行的准备。

【例 8.3】 运用 K-Means 算法实现客户聚类。

【分析】 基于例 8.1 获取的客户数据，在例 8.2 进行初始化的基础上，实现 K-Means
算法，固定迭代次数为 10 次。

程序代码如下：

```
import math
#K-Means 算法
Mynum = 10
while (Mynum>0):
    sortM = [[0, 0, 0], [0, 0, 0], [0, 0, 0]]   #清零
    flag = 0                                    #标记类别
    for i in range(len(x)):
        min = 1000                              #标记最短距离，初始化为 1000
        for j in range(3):                      #找出距离最短的坐标
            value = math.sqrt((x[i]-sortX[j]) * (x[i]-sortX[j]) +(y[i]-sortY
            [j]) * (y[i]-sortY[j]))
            if min>value:                       #判断距离是否是最短
                min = value
                flag = j
                sortM[j][0] += x[i]
                sortM[j][1] += y[i]
                sortM[j][2] += 1
        sortF[i] = flag
    for i in range(3):                          #更新三个质心坐标
        sortX[i] = sortM[i][0] //sortM[i][2]
        sortY[i] = sortM[i][1] //sortM[i][2]
    Mynum -= 1
```

程序说明:

本例中实现了基本的 K-menas 算法,但还有两个可以继续优化的方面,具体如下:

(1) 本例中没有增加质心点坐标的对比,只固定为 10 次迭代,可以优化为每次迭代后,进行质心坐标的比对,如果质心变化小于设定的变化阈值,则可以结束迭代。

(2) 由于 sortM 最开始初始化为全 0,而在更新质心坐标时,sortM[i][2] 会作为除数,因此在运行时可能出现除数为 0 异常的 bug。可以通过增加异常处理进行优化。

【例 8.4】 可视化聚类结果。

【分析】 将例 8.3 中实现的聚类结果,运用 Matplotlib 库中的 pyplot 字库,以散点图的形式进行可视化展示。

程序代码如下:

```python
import matplotlib.pyplot as plt
#设置中文显示
plt.rcParams['font.sans-serif'] = 'simHei'         #正确显示中文
plt.rcParams['axes.unicode_minus'] = False         #正确显示负号


plt.figure()
plt.title('用户分类图')
plt.xlabel("平均消费周期(天)")
plt.ylabel("平均每次消费金额")
#显示坐标轴元素
plt.xticks([10, 20, 30, 40, 50, 60, 70, 80, 90, 100])
plt.yticks([100, 150, 200, 250, 300, 350, 400, 450, 500, 550, 600, 650, 700, 750,
800])


#显示三个中心点
for i in range(3):
    plt.scatter(sortX[i], sortY[i], marker='+', color=sortColors[i],
        label='1', s=30)


#显示其他点
for i in range(3):
    for j in range(len(x)):
        if sortF[j] == i:
            plt.scatter(x[j], y[j], marker='.', color=sortColors[i],
                label='1', s=50)
plt.show()
```

程序运行结果:

17 位客户所属的类别,及 sortF 列表为[0, 1, 1, 2, 0, 1, 0, 1, 1, 0, 0, 0, 2, 1, 1, 0, 0]。可视化的效果如图 8-4 所示。

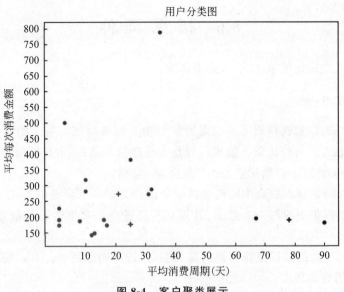

图 8-4 客户聚类展示

程序说明：

（1）每次运行时对于客户的聚类结果不尽相同，这是因为初始的质心是通过随机数产生的，因此，在迭代过程中会产生不同的聚类效果。但同一类的客户具有共同的特征。如图 8-4 所示，蓝色表示的两位客户平均消费周期长，且每次的消费金额低，而红色表示的客户虽然每次消费金额较低，但是平均消费周期较短。绿色表示的客户则属于平均消费周期较短，且每次消费金额也较多，如果按照消费周期短，消费金额大作为优质客户的评价标准，则图中绿色标出的客户属于优质客户。

（2）图 8-4 中的三个十字型点，表示三个类别中心。

请完成识别优质客户项目的完整代码实现，并尝试进行优化。

8.5 本 章 小 结

本章利用 K-Means 聚类算法进行客户分类，根据客户消费模式，找出每类客户的共同特征，从而有助于发现优质客户。利用 K-Means 进行聚类的步骤包括：确定类别数 k、初始化质心、循环迭代、可视化输出。K-Means 算法可以保证收敛。一般情况下，K-Means 达到的局部最优已经满足需求。

K-Means 需要调整的参数是簇数 k，该算法的主要优点包括：原理比较简单，实现比较容易；效果较好，收敛速度快；算法的可解释度比较强。主要缺点包括：k 值的选取不好把握；对于不是凸的数据集比较难收敛；如果各隐含类别的数据不平衡，比如各隐含类别的数据量严重失衡，或者各隐含类别的方差不同，则聚类效果不佳；采用迭代方法，得到的结果只是局部最优；对噪音和异常点比较敏感。

K-Means 聚类还可以用在乘车数据分析、球员状态分析、文档分类等多个方面。可以仿照本章项目解决其他类似的聚类问题。

8.6　拓　展　延　伸

下面介绍几类优化的 K-Means 聚类算法。

8.6.1　K-Means++

初始化质心的位置选择对最后的聚类结果和运行时间都有很大的影响,因此在选择合适的 k 个质心方面可以优化。如果仅仅是完全随机的选择,有可能导致算法收敛很慢。

K-Means++ 的对于初始化质心的优化策略,包括:

(1) 从输入的数据点集合中随机选择一个点作为第一个聚类中心 μ_1。

(2) 对于数据集中的每一个点 x_i,计算它与已选择的聚类中心中最近聚类中心的距离 $D(x_i)$。

(3) 选择一个新的数据点作为新的聚类中心,选择的原则是:$D(x)$ 较大的点,被选取作为聚类中心的概率较大。

(4) 重复(2)和(3)直到选择出 k 个聚类质心。

(5) 利用这 k 个质心来作为初始化质心,运行标准的 K-Means 算法。

8.6.2　elkan K-Means

传统的 K-Means 算法中,在每轮迭代时,需计算所有的样本点到所有质心的距离,耗时较多。elkan K-Means 算法对于这一点加以改进。目标是减少不必要的距离计算。elkan K-Means 利用了两边之和大于等于第三边,以及两边之差小于第三边的三角形性质,来减少距离的计算。具体来说运用了以下两个规律:

(1) 对于一个样本点 x 和两个质心 μ_{j1},μ_{j2}。如果预先计算出这两个质心之间的距离 $D(j_1,j_2)$,则如果计算发现 $2D(x,j_1) \leqslant D(j_1,j_2)$,即可以推出 $D(x,j_1) \leqslant D(x,j_2)$。此时不需要再计算 $D(x,j_2)$。

(2) 对于一个样本点 x 和两个质心 μ_{j1},μ_{j2},可以从三角形性质得到以下关系成立,即:$D(x,j_2) \geqslant \max\{0, D(x,j_1) - D(j_1,j_2)\}$。

利用以上两个规律,elkan K-Means 比起传统的 K-Means 迭代速度有很大的提高。不过该方法也有局限性,当样本的特征是稀疏的,有缺失值时,这个方法就不适用。

8.6.3　Mini Batch K-Means

在大数据量情况下,传统的 K-Means 算法计算量非常巨大。因此适合大数据量的 Mini Batch KMeans 应运而生,它是一种能尽量保持聚类准确性但能大幅度降低计算时间的聚类模型。

该方法使用了一个称为 Mini Batch(分批处理)的方法对数据点之间的距离进行计算。Mini Batch 的好处是计算过程中不必使用所有的数据样本,而是从不同类别的样本中抽取一部分样本来代表各类型进行计算。由于计算样本量少,所以会相应地减少运行时间,但另一方面抽样也必然会带来准确度的下降。在 Mini Batch K-Means 中,会选择一个合适的批样本大小 batch size，仅仅用 batch size 个样本来做 K-Means 聚类。

　　Mini Batch 思路不仅应用于 K-Means 聚类，还广泛应用于梯度下降、深度网络等机器学习和深度学习算法。

习　题　八

1. K-Means 算法处理的聚类问题属于有监督学习还是无监督学习？

2. 单项选择题：K-Means 聚类算法中计算样本与质心的距离使用的是（　　　）。

　　A. 欧氏距离　　　　　　　B. 曼哈顿距离　　　　　　　C. 余弦距离

3. K-Means 算法运行得到的聚类结果每次都相同吗？为什么？

4. 根据例 8.3 提出的两点优化方向，改进优化本项目程序，并进行测试。

5. 仿照本章的识别优质客户项目，解决其他的聚类问题。

第 9 章

项目实践 3：慧眼识花

本章导读

本章介绍分类问题及 kNN 算法的具体应用。以慧眼识花项目为例，详细介绍 kNN 算法的实现步骤及方法。

学习目标

- 能分辨哪些是分类问题。
- 能叙述 kNN 算法的原理。
- 能运用 kNN 算法实现慧眼识花项目。
- 能举一反三，使用 kNN 算法解决分类问题。

各例题知识要点

例 9.1 导入数据集并输出相关描述（使用 sklearn 库的 datasets）

例 9.2 完成数据集分割，训练及预测（使用 sklearn.model_selection 的 train_test_split）

例 9.3 在新给定的数据上进行预测，并输出预测结果（使用 sklearn.neighbors 的 KNeighborsClassifier）

9.1 认识"慧眼识花"项目

慧眼识花项目是指鸢尾花的识别。鸢尾花如图 9-1 所示，共有三类，分别是变色鸢尾

图 9-1 鸢尾花

（Versicolour）、山鸢尾（Setosa）、维吉尼亚鸢尾（Virginica），如图 9-2 所示。可以根据花萼长度、花萼宽度、花瓣长度、花瓣宽度 4 个属性预测鸢尾花卉属于三个种类中的哪一类。

| (a) 变色鸢尾 | (b) 山鸢尾 | (c) 维吉尼亚鸢尾 |

图 9-2 三类鸢尾花

9.2 分 类 问 题

分类就是基于包含已知类别成员观测值的训练数据集，来辨识新的观测值属于哪个类别。分类属于有监督的学习。鸢尾花识别是一个典型的分类问题。

分类问题一般包括两个步骤：

（1）通过对训练集合的归纳，建立分类模型。

（2）根据建立的分类模型，对测试集进行测试。模型在给定测试集上的准确率是正确被模型分类的测试样本的百分比。

9.3 kNN 算法

kNN 分类算法，也称为 k-近邻分类算法（k-Nearest Neighbor，kNN）。k 近邻，就是 k 个最近的邻居，每个样本都可以用它最接近的 k 个邻居来代表。该算法的思想是"近朱者赤 近墨者黑"。如果一个样本在特征空间中的 k 个最相邻的样本中的大多数属于某一个类别，则该样本也属于这个类别，并具有这个类别上样本的特性。

如图 9-3 所示的 kNN 示例，已有 3 个类别，分别是 ω_1、ω_2、ω_3，想要预测 x 属于哪个类别，设定 k 为 5，即找到它的 5 个最近邻，发现其中 3 个属于 ω_2，1 个属于 ω_1，1 个属于 ω_3，按照 kNN 的思想，少数服从多数，x 属于 ω_2。

kNN 算法中，给定一个未知样本，k-最临近分类法搜索模式空间，找出最接近未知样本的 k 个训练样本，然后使用 k 个最临近者中最公共的类来预测当前样本的类标号。

当类为连续型数值时，测试样本的最终输出为其近邻的平均值。当类为离散型数值时，测试样本的最终为近邻类中个数最多的那一类。

一般近邻可以选择 1 个或者多个。k 值的选取，对 kNN 学习模型有很大影响，若 k 值过小，得到的近邻数过少，会降低分类精度，同时也会放大噪声数据的干扰。若 k 值选

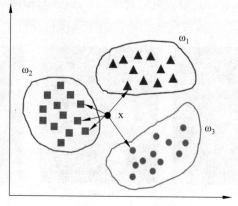

图 9-3　kNN 示例

择过大,会有较大的邻域训练样本进行预测,可以减少噪音样本点,但是距离较远的训练样本对预测结果会有贡献,以至于实际上并不相似的数据也可能被包含进来,造成噪声增加而导致分类或者预测效果的降低。

计算距离有许多种不同的方法,如欧氏距离、余弦距离、汉明距离、曼哈顿距离等。传统上,kNN 算法采用的是欧氏距离。一般采用投票决定:即少数服从多数,近邻中哪个类别的点最多就分为该类。有的情况下也采用加权投票的方式,给不同远近赋予不同的权值。

kNN 算法的实施步骤包括:

(1) 初始化距离为最大值。

(2) 计算未知样本和每个训练样本的距离 dist。

(3) 得到目前 k 个最临近样本中的最大距离 maxdist。

(4) 如果 dist 小于 maxdist,则将该训练样本作为 k-最近邻样本。

(5) 重复步骤(2)、(3)、(4),直到未知样本和所有训练样本的距离都计算完。

(6) 统计 k 个最近邻样本中每个类别出现的次数。

(7) 选择出现频率最大的类别作为未知样本的类。

9.4　项目实现

慧眼识花项目基于 sklearn 库实现。sklearn(scikit-learn)是基于 Python 语言的机器学习工具,属于简单高效的数据挖掘和数据分析工具。

鸢尾花识别项目的实现步骤总体来说包括四步,分别是导入数据、数据集分割、模型训练、预测。导入数据主要可以从已有的数据文件中读取,或者使用库中自带的数据集,本项目我们使用 sklearn 中自带的数据集。数据集分割是指将数据集按照比例划分为训练集和测试集。模型训练需先确定好 k,然后基于训练集进行。最后预测在测试集上进行,通过输出预测的准确率评估分类效果。本项目中还增加了在新数据上的预测,即采用不在已有数据集中的数据,进行预测。

【例 9.1】　导入数据集，观察数据集大小及相关描述。

【分析】　导入 sklearn 中 datasets 中的鸢尾花数据集，通过输出相关描述，了解数据特征。

程序代码如下：

```
#1.导入 iris 数据集
from sklearn import datasets
iris = datasets.load_iris()
#输出数据集规模
print(iris.data.shape)
#输出数据集介绍
#由数据描述可知,iris 数据集中共有 150 个鸢尾花,每朵花都有 4 个特征值,并均匀分布在 3
个不同的亚种。
print(iris.DESCR)
X=iris.data
y=iris.target
print(X,y)
```

本程序运行后输出的数据集规模为(150,4)，由于其他描述和具体数据内容很多，在此不具体给出，读者可以自行运行观察具体的数据描述。

程序说明：

(1) 本程序从 sklearn 库中导入 datasets 数据集，通过 load_iris 方法导入鸢尾花数据，首先输出数据规模，通过 shape 方法查看数据量的大小，本程序运行输出的规模是 (150,4)，即表示共有 150 条数据，每条数据共有 4 个特征，分别对应花萼长度、花萼宽度、花瓣长度、花瓣宽度。通过 iris.DESCR 可以得到具体的数据描述。

(2) X 为数据集，包括 150 组数据，每组有 4 项，为列表。目标 y 也称为标签，即对应的鸢尾花类别，使用 0、1、2 表示。

如果输出前三项数据及标签，可以使用如下代码：

```
print(print(X[0:3],y[0:3])
```

输出结果为：

```
[[5.1 3.5 1.4 0.2]
 [4.9 3. 1.4 0.2]
 [4.7 3.2 1.3 0.2]] [0 0 0]
```

【例 9.2】　完成数据集分割，训练及预测。

【分析】　调用 sklearn.model_selection 中的 train_test_split 进行数据集分割。调用 sklearn.neighbors 中的 KNeighborsClassifier 进行 kNN 算法训练，选择 k 为 3，预测并输出预测正确率。

程序代码如下：

```
#2.数据集分割
#将数据分为训练集和测试集,比例为 70%、30%
from sklearn.model_selection import train_test_split
X_train,X_test,y_train,y_test = train_test_split(X,y,test_size=0.3)
#3.训练模型
#设置 k 为 3
from sklearn.neighbors import KNeighborsClassifier
kNN = KNeighborsClassifier(n_neighbors=3)
kNN.fit(X_train,y_train)
#4.预测,输出正确率
kNN.predict(X_test)
print ('Accuracy of kNN:',kNN.score(X_test,y_test))
```

程序运行结果为：

```
Accuracy of kNN: 0.9333333333333333
```

程序说明：

（1）train_test_split(X,y,test_size=0.3)中,test_size 参数设置为 0.3,表示将数据集划分为 70% 和 30% 两部分,训练集（X-train,y_train）为 70%,测试集（X_test,y_test）为 30%。

（2）n_neighbors=3 表示设置 k 为 3。输出结果 0.9333333333333333 表示预测准确率为 93.3%。需要指出的是,如果程序多次运行,那每次运行得到的准确率会不相同,这是因为在数据集划分是随机的,因此基于不同的测试集进行准确率会变化。

【例 9.3】 在新数据上进行预测,并输出预测结果。

【分析】 调用 sklearn.neighbors 的 KNeighborsClassifier 生成模型,使用 predict 进行预测。

程序代码如下：

```
#5.针对新数据集进行预测
#类别名称
myclass = ["Iris-Setosa","Iris-Versicolour","Iris-Virginica"]
X_newtest = [[5.1,3.5,1.3,0.2],[6.2,3.4,5.3,2.2],[5.5,2.5,4.0,1.3]]
y_newtest = kNN.predict(X_newtest)
#输出预测结果
print("my predict result:")
for i in range(len(X_newtest)):
    print(X_newtest[i],":",myclass[y_newtest[i]])
```

程序运行结果为：

```
my predict result:
[5.1, 3.5, 1.3, 0.2] : Iris-Setosa
```

```
[6.2, 3.4, 5.3, 2.2]: Iris-Virginica
[5.5, 2.5, 4.0, 1.3]: Iris-Versicolour
```

程序说明：

（1）本例中，基于新数据 X_newtest 中的三个数据，预测分别属于哪种鸢尾花，由于 predict 预测出的结果是类别标签，即 0、1、2，其中，0 表示 Iris-Setosa，1 表示 Iris-Versicolour，2 表示 Iris-Virginica。为了输出结果能显示出具体的鸢尾花名称，我们通过一个 myclass 列表进行索引与名称的转换。

（2）本例只预测了三个数据，所以直接通过列表给出，如果数据量较大，可以保存在文件中，程序中读取文件并进行预测，同时预测结果也可以保存在文件中。

请实践慧眼识花项目的完整代码，体会分类问题的处理方法。

9.5 本 章 小 结

本章运用 kNN 算法进行鸢尾花识别的分类问题。项目的实现步骤大致包括获取数据集、数据集划分、数据训练、数据预测、基于新数据预测。

kNN 算法的优点是简单，易于理解，易于实现，无须估计参数，无须训练。特别适合于多分类问题，即对象具有多个类别标签。适合类域的交叉或重叠较多的待分样本集。kNN 算法的不足是需要存储全部训练样本，计算量较大，可解释性较差，无法给出决策树那样的规则。当样本不平衡时，可能导致训练的模型适应性较差，当一个新样本时，由于 k 个邻居中大容量类的样本占多数，影响预测的准确性。

9.6 拓 展 延 伸

针对 kNN 算法的不足，进行改进的方向主要包括分类效率和分类效果两方面。

分类效率方面，可以事先对样本属性进行约简，删除对分类结果影响较小的属性，快速得出待分类样本的类别。该算法比较适用于样本容量比较大的类域的自动分类，而那些样本容量较小的类域采用这种算法比较容易产生误分。

分类效果方面，采用权值的方法（和该样本距离小的邻居权值大）来改进，Han[1]设计了可调整权重的 k-最近邻居法 WAkNN（weighted adjusted k nearest neighbor），以促进分类效果。针对大规模多维度的文本分类问题，Pang[2]提出了将 kNN 与 Centroid 分类算法结合的方法。可以通过以下的参考文献，阅读相关论文进行详细了解。

[1] EH Han，G Karypis，V Kumar. Text Categorization Using Weight Adjusted k-Nearest Neighbor Classification. Pacific-Asia Conference on Knowledge Discovery and Data Mining，2001.

[2] G Pang，H Jin，S Jiang. CenKNN：a scalable and effective text classifier. Data Mining & Knowledge Discovery，2015.

习 题 九

1. 鸢尾花识别属于监督学习还是无监督学习？

2. train_test_split(X,y,test_size=0.2)表示训练集和测试集的比例是多少？

3. 在 kNN 算法中，如果数据集不平衡，可能导致什么问题？

4. 修改例 9.3，通过从文件中读取新数据，来预测鸢尾花类别，并将结果保存到文件中。

5. 仿照本章的慧眼识花项目，解决其他的分类问题。

第 10 章

项目实践 4：购车意愿预测

本章导读

本章介绍回归问题，重点介绍逻辑回归。以购车意愿预测项目为例，详细介绍逻辑回归应用的实现步骤及方法。

学习目标

- 能分辨哪些是逻辑回归问题。
- 能叙述逻辑回归的应用场景。
- 能运用逻辑回归实现购车意愿预测项目。
- 能举一反三，使用逻辑回顾解决逻辑回归问题。

各例题知识要点

例 10.1 获取数据集（使用 pandas 库读文件）

例 10.2 逻辑回归训练及预测（使用 sklearn 的 linear_model）

回归分析是分析不同变量之间存在关系的研究。例如，某一商品广告投入量与该商品销售量之间的关系，根据天气特征预测未来天气情况等。回归模型用于刻画不同变量之间的关系。

根据应变量是连续还是离散分类，可以分为线性回归和逻辑回归。逻辑回归一般应用于二分类场景，而线性回归则预测确定的值。

10.1　认识"购车意愿预测"项目

购车意愿预测项目属于二分类问题。数据包括年龄、年收入，是否买车（0 或 1），处理的问题是根据已有数据中的年龄、年收入、是否买车，训练得到模型，然后预测在给定新数据下，客户是否买车。

该项目的处理流程包括导入数据，运用逻辑回归模型进行训练，对新数据进行预测并输出预测结果。

10.2　逻 辑 回 归

逻辑回归用于解决二分类问题。对于二分类问题，在回归模型中引入 sigmoid 函数的一种非线性回归模型。

sigmoid()函数,也叫 Logistic 函数,是单调递增函数,取值范围为(0,1),如公式(10.1)所示,曲线如图 10-1 所示。z 是输入数据 x 和回归函数的参数 w 内积的结果,可认为是 x 各维度进行加权叠加。它将一个实数映射到(0,1)的区间。

$$y = \frac{1}{1+e^{-z}} = \frac{1}{1+e^{-(w^{\mathrm{T}}x+b)}} \quad y \in (0,1) \tag{10.1}$$

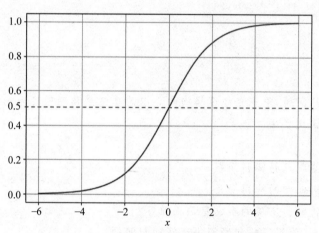

图 10-1　sigmoid 曲线

逻辑回归模型形式为 $w^{\mathrm{T}}x+b$,采用拟合条件概率,单位阶跃函数如公式 10.2 所示。

$$P(y=1 \mid x) = \begin{cases} 0, & z < 0 \\ 0.5, & z = 0 \\ 1, & z > 0 \end{cases} \quad z = w^{\mathrm{T}}x+b \tag{10.2}$$

当结果大于 0.5,则分类结果输出为 1,否则输出 0。由于单位阶跃函数不连续,使用对数几率函数,将式 10.1 变化为

$$ln\,\frac{y}{1-y} = w^{\mathrm{T}}x+b \tag{10.3}$$

使用线性回归模型的预测结果去逼近真实标记的对数几率,所以模型也称为"对数几率回归"(Logistic regression),虽然它的名字是"回归",但实际上却是一种分类学习方法。如果将它推广到多项逻辑回归模型(即 softmax 函数),可用于处理多分类问题。

10.3　项目实现

实现购车意愿预测项目,首先导入数据,然后调用 sklearn 中的逻辑回归模型,进行拟合,最后在给定的新数据上,进行预测并输出结果。

【例 10.1】　获取数据集。

【分析】　"data.csv"文件共有 3 列,分别是年龄、年收入、是否买车的标签(0,1)。从 data.csv 文件中导入数据,将年龄和年收入两列保存在 X 中,是否买车的保存在 y 中。

程序代码如下:

```
import pandas as pd

#1.导入数据
#X: 每一项表示年龄和年收入
#y:表示是否买车(0: 不买,1: 买)
data = pd.read_csv('data.csv')
X=data[['age','income']]
y=data['target']
print(X)
print(y)
```

程序运行结果为：

```
X:
    age income
0    21      3
1    25      7
2    31     11
3    41     13
4    52      7
5    61      5
y:
0    0
1    1
2    1
3    1
4    0
5    0
```

程序说明：读取 csv 文件,年龄和年收入两列保存到 X。是否买车的类别标签保存到 y。为后续训练和预测做准备。

【例 10.2】 逻辑回归训练及预测。

【分析】 调用 sklearn 库中 linear_model 的 LogisticRegression,进行逻辑回归的拟合。

```
from sklearn import linear_model
#2.逻辑回归,拟合

lr = linear_model.LogisticRegression()
lr.fit(X,y)

#3.预测 29 岁,年收入在 8 万,是否会购车
testX = [[29,8]]

#预测并输出预测标签
```

```
label = lr.predict(testX)
print("predicted label = ", label)

#输出预测概率
prob = lr.predict_proba(testX)
print("probability = ",prob)
```

运行结果为:

```
predicted label = [1]
probability = [[0.16083058 0.83916942]]
```

程序说明:

(1) 通过 predict 预测在给定数据[29,8]下,是否购车,最后通过 predict_proba 输出预测概率。

(2) 从运行结果来看,输出的概率分别为 0.16083058 和 0.83916942。即预测购车的概率超过 83.9%,预测标签为 1,即购车。

请实践购车意愿预测项目的完整代码,体会逻辑回归的使用方法。

10.4　本 章 小 结

逻辑回归使用 Sigmoid 函数预测事件发生的概率,适用于处理二分类问题,也是多分类算法的基础。为了避免过拟合问题,可以通过增加数据量的方法,使用正则化进行处理。

请使用逻辑回归处理其他二分类问题,例如垃圾邮件预测。

10.5　拓 展 延 伸

在 scikit-learn 中逻辑回归描述如下:

```
class sklearn.linear_model.LogisticRegression(penalty='l2', *, dual=False,
tol=0.0001, C=1.0, fit_intercept=True, intercept_scaling=1, class_weight=
None, random_state=None, solver='lbfgs', max_iter=100, multi_class='auto',
verbose=0, warm_start=False, n_jobs=None, l1_ratio=None)
```

penalty 参数可以指定正则化项。penalty 参数可选择的值为"l1"和"l2",分别对应 L1 的正则化和 L2 的正则化,默认是 L2 的正则化。

solver 参数决定了我们对逻辑回归损失函数的优化方法,有 4 种算法可以选择,默认采用 lbfgs。4 种算法分别是:

(1) liblinear:使用了开源的 liblinear 库实现,内部使用了坐标轴下降法来迭代优化损失函数。样本量小的情况下适合选这个算法。

（2）lbfgs：拟牛顿法的一种，利用损失函数二阶导数矩阵，即海森矩阵来迭代优化损失函数。

（3）newton-cg：也是牛顿法家族的一种，利用损失函数二阶导数矩阵即海森矩阵来迭代优化损失函数。

（4）sag：即随机平均梯度下降，是梯度下降法的变种。适用于大样本量的情况。

优化方法的选择取决于正则化，newton-cg，lbfgs 和 sag 这三种优化算法时都需要损失函数的一阶或者二阶连续导数，因此不能用于没有连续导数的 L1 正则化，只能用于 L2 正则化。liblinear 可用于 L1 正则化和 L2 正则化。

在处理二分类问题时，可以根据应用场景及数据量大小等情况综合考虑要使用的方法，并进行对比测试和优化。

习　题　十

1. 购车意愿预测属于二分类还是多分类问题？

2. sigmoid() 函数的取值范围是多少？

3. 如果购车意愿预测中基于的数据除了年龄和年收入之外，增加年消费金额，并增加数据量，修改示例 10.1，重新导入数据，并完成建模和预测。

4. 仿照本章的购车意愿预测项目，解决是否为垃圾邮件的二分类问题。

第 11 章

项目实践 5：房价我先知

本章导读

本章介绍线性回归问题，线性回归与逻辑回归的主要区别。以房价我先知项目为例，详细介绍线性回归的实现步骤及方法。

学习目标

- 能分辨哪些是线性回归问题。
- 能叙述线性回归的应用场景。
- 能运用线性回归实现房价我先知项目。
- 能举一反三，使用线性回归解决其他类似问题。

各例题知识要点

例 11.1 获取波士顿房价数据（调用 sklearn 的 datasets）

例 11.2 数据集划分，数据预处理（使用 train_test_split 和 StandardScaler）

例 11.3 模型训练与预测（调用 sklearn.linear_model 的 LinearRegression）

例 11.4 绘制房价走势（调用 Matplotlib 的 pyplot 子库）

11.1 认识"房价我先知"项目

波士顿房价预测项目的房屋数据信息包括 14 项，前 13 项为特征数据，最后一项 MEDV 为目标特征，即要预测的值，分别是：

- CRIM：城市人均犯罪率。
- ZN：住宅用地所占比例。
- INDUS：城市中非商业用地所占尺寸。
- CHAS：查尔斯河虚拟变量（大片土地在河边界，值为 1，否则为 0）。
- NOX：环保系数。
- RM：每栋住宅的房间数。
- AGE：1940 年前建成的自建单位的比例。
- DIS：距离 5 个波士顿就业中心的加权距离。
- RAD：距离高速功率的便利指数。
- TAX：每一万元的不动产税率。
- PTRATIO：城市中教师学生比例。
- B：城市中黑人比例。

- LSTAT：城市中有多少百分比的房东属于低收入阶层。
- MEDV：自住房价格的中位数。

本项目属于线性回归问题，即根据 13 项房屋特征，预测住房价格的中位数。

11.2 线 性 回 归

在现实生活中，往往需要分析若干变量之间的关系，如某一商品广告投入量与该商品销售量之间的关系，这种分析不同变量之间存在关系的研究叫回归分析，刻画不同变量之间关系的模型被称为回归模型。这个模型如果是线性的，则被称为线性回归模型，如果是非线性的，则被称为非线性回归模型。本章的项目属于线性回归。

线性回归的定义是，给定数据集 $D=\{(x_1,y_1),(x_2,y_2),\cdots,(x_n,y_n)\}$，其中 $x_i=(x_{i1};x_{i2};\cdots;x_{id}),y_i\in R$。线性回归（Linear Regression）试图学得一个线性模型以尽可能准确地预测实值输出标记。基于均方误差最小化进行模型求解，即最小二乘法。线性回归中，最小二乘法试图找到一条直线，使所有样本到直线上的欧氏距离之和最小。

线性回归利用特征值与目标值构建线性拟合关系，预测目标的具体数值。线性回归与逻辑回归的主要区别在于目标值为连续性数据，举个简单的事例说明，要预测明天的气温多少度，属于一个线性回归问题，但预测明天天气是晴还是阴，则属于逻辑回归的分类问题。

11.3 项 目 实 现

房价预测项目的实现步骤总体来说包括四步，分别是加载数据、模型训练、模型预测、数据可视化。数据从 sklearn 的 datasets 中获取。之后通过划分数据集，数据标准化后，进行训练，预测时输出模型参数即准确率，最后通过折线图可视化展示预测的房价数据和真实的房价数据。

【例 11.1】 获取波士顿房价数据集。

【分析】 从 sklearn 的 datasets 中获取波士顿房价数据，通过输出数据描述信息观察数据，并分别获取特征值和目标值。

程序代码如下：

```
#数据集
from sklearn.datasets import load_boston

#1.加载数据
boston_data = load_boston()
#print(boston_data)
#print(type(boston_data))

#数据描述
```

```
print(boston_data.DESCR)

#获取特征值
features = boston_data['data']
#获取目标值
target = boston_data['target']
#获取特征值名称
feature_names = boston_data['feature_names']
```

程序运行结果(部分)为：

```
.. _boston_dataset:

Boston house prices dataset
---------------------------

**Data Set Characteristics:**

    :Number of Instances: 506

    : Number of Attributes: 13 numeric/categorical predictive. Median Value
(attribute 14) is usually the target.

    :Attribute Information (in order):
    -CRIM      per capita crime rate by town
    -ZN        proportion of residential land zoned for lots over 25,000 sq.ft.
    -INDUS     proportion of non-retail business acres per town
    -CHAS      Charles River dummy variable (= 1 if tract bounds river;
               0 otherwise)
    -NOX       nitric oxides concentration (parts per 10 million)
    -RM        average number of rooms per dwelling
    -AGE       proportion of owner-occupied units built prior to 1940
    -DIS       weighted distances to five Boston employment centres
    -RAD       index of accessibility to radial highways
    -TAX       full-value property-tax rate per $ 10,000
    -PTRATIO   pupil-teacher ratio by town
    -B         1000(Bk-0.63)^2 where Bk is the proportion of blacks by town
    -LSTAT     %lower status of the population
    -MEDV      Median value of owner-occupied homes in $ 1000's

    :Missing Attribute Values: None

    :Creator: Harrison, D. and Rubinfeld, D.L.
```

程序说明：

（1）从输出的信息来看，数据供 506 条，每条数据包括 14 项，分别是 13 个特征和 1 个目标值。每项的具体介绍已在本章第一节给出。

（2）由于波士顿房价的数据描述较多，以上运行结果只给出主要信息，读者可以自行运行程序，观察完整的描述。

【例 11.2】 数据集划分，数据预处理。

【分析】 按照训练集和测试集比例为 7：3 进行数据集分割，数据预处理方面，包括处理异常值和标准化。

程序代码如下：

```
#训练集测试集拆分
from sklearn.model_selection import train_test_split
#预处理部件
from sklearn.preprocessing import StandardScaler


#2 模型训练
#将特征值与目标值拆分成训练集与测试集
#训练集：测试集=7：3
#返回值：特征值(训练集特征值、测试集特征值)、目标值(训练集目标值、测试集目标值)
#固定数据集
x_train,x_test,y_train,y_test = train_test_split(features,target,test_size=
0.3,random_state=1)

print("x_test:\n",x_test)
print("x_train:\n",x_train)


#缺失、异常值处理
#没有缺失值——不需处理


#标准化
#创建实例
stand = StandardScaler()

#标准化转换 (目标值不需要转化)
x_train = stand.fit_transform(x_train)
x_test = stand.fit_transform(x_test)

print(x_train)
print(x_test)
```

程序说明：

（1）获取数据后，通常需要进行数据预处理，预处理首先处理缺失和异常值，在本项目数据中没有缺失值和异常值，因此不做处理。

（2）本例中进行了数据标准化/归一化处理。这是因为波士顿房价数据的特征数据包括 13 项,每一项的量纲都是不同的,某项数据可能比其他数据大几个数量级。导致某些占主导位置,不能很好地从其他特征学习。这里采用了 StandardScaler,使处理后的数据符合标准正态分布。

【例 11.3】 模型训练与预测。

【分析】 调用 sklearn.linear_model 下的 LinearRegression 模型进行训练和预测。

程序代码如下:

```python
#线性回归
from sklearn.linear_model import LinearRegression

#构建线性模型——简单线性回归模型(不优化)
#构建线性回归实例
lr = LinearRegression()

#训练数据
lr.fit(x_train,y_train)

#3.预测数据
y_predict = lr.predict(x_test)

#获取线性回归的权重与偏置
weight = lr.coef_
bais = lr.intercept_
print("weight:\n",weight)
print("bais:\n",bais)

#评估模型——准确率
score = lr.score(x_test,y_test)
print("准确率: \n",score)
```

运行结果为:

```
weight:
[-0.83884271   1.42840065  0.40532651   0.67942473  -2.53039124  1.93381643
  0.10090715  -3.23615418  2.70318306  -1.91729896  -2.15578621  0.58227649
 -4.13433172]
bais:
22.339830508474606
准确率:
0.7815872322862857
```

程序说明:

(1)本例调用了基本的线性回归模型 LinearRegression,没有做进一步优化。

(2)输出的训练参数包括 weight 和 bias。预测的准确率约为 78%,从预测准确率来看,并不高。可以通过其他优化方法来进一步提高。

【例 11.4】　绘制房价走势。

【分析】　调用 Matplotlib 的 pyplot 子库，将预测的房价和真实的房价数据通过折线图绘制，进行可视化展示。

程序代码如下：

```python
#可视化
import matplotlib.pyplot as plt

#4.可视化 绘制真实房价走势 与预测的房价走势
#创建画布
plt.figure()

#绘图-准备数据

x = [i for i in range(len(y_predict))]
plt.plot(x, y_test)
plt.plot(x, y_predict)
plt.legend(['真实值', '预测值'])

#修改 rc 参数,增加支持中文
plt.rcParams['font.sans-serif']='SimHei'
#修改 rc 参数,增加支持负号
plt.rcParams['axes.unicode_minus']=False

plt.title("波士顿房价走势真实与预测值")
#展示
plt.show()
```

运行结果如图 11-1 所示。

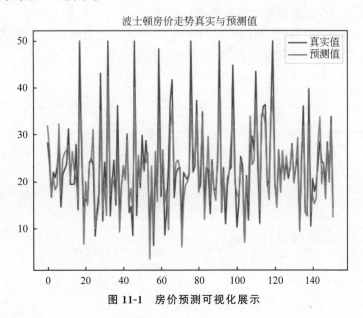

图 11-1　房价预测可视化展示

请实践房价我先知项目的完整代码,体会线性回归方法。

11.4　本　章　小　结

本章采用线性回归进行波士顿房价预测,本项目包括数据获取、数据预处理、模型训练、模型预测、可视化展示全过程。应该说本项目的处理流程就是很多项目的开发过程。由于本项目采用的是最基本的线性回归模型,还有很多可以优化的方面。

11.5　拓　展　延　伸

```
class sklearn. linear _ model. LinearRegression ( * , fit _ intercept = True,
normalize='deprecated', copy_X=True, n_jobs=None, positive=False)
```

线性回归的优化方法包括岭回归(Ridge regression)、套索回归(lasso regression)。岭回归又称脊回归实质上是一种改良的最小二乘估计法,运用 L2 正则化,通过放弃最小二乘法的无偏性,来换取高的数值稳定性,使回归系数更为符合实际。

套索回归中,套索(Least Absolute Shrinkage and Selection Operator,LASSO)也会对回归系数的绝对值添加一个罚值。采用 L1 正则化。套索回归与岭回归有一点不同,它在惩罚部分使用的是绝对值,而不是平方值。

习　题　十　一

1. 房价我先知项目预测的是连续值还是类别?
2. 在例 11.2 中,为什么要进行数据的标准化?
3. 修改例 11.3,使用优化的线性回归算法,并对比优化后的预测准确率。
4. 仿照本章的房价我先知项目,解决其他的回归问题。

第 12 章

项目实践 6：人脸关键点检测

本章导读

人脸关键点检测是人脸识别的基础，本章节介绍基于 YOLOv4-tiny 的人脸关键点检测算法。深度学习算法具有强大的特征提取能力，使得在复杂环境下准确有效快速地进行人脸关键点检测不再困难。

本章介绍一种基于 YOLOv4-tiny 的人脸关键点检测算法，首先使用 darknet53_tiny 网络对图片进行特征提取，对网络最后两层进行上采样和特征融合，然后对 YOLOv4-tiny 网络进行改进，重新构建 YOLOv4-tiny 目标检测的损失函数，添加人脸关键点损失函数，实现在检测的同时对人脸关键点进行定位。该方法成功在 YOLOv4-tiny 网络上输出预测框的同时输出关键点定位。能在保证识别准确度的基础上有更高的识别效率和更低的配置要求。

学习目标

- 能描述人脸关键点检测的基本步骤。
- 能描述 YOLOv4-tiny 算法进行人脸关键点检测的思想。
- 能基于本章介绍的方法，实现人脸关键点检测算法。
- 能通过测试体会算法的优缺点和适用场景。

各例题知识要点

例 12.1 图片预测的实现（调用 cv2 和 yolov4tiny_face）

例 12.2 主干特征提取网络的构建（调用 torch）

例 12.3 图片的解码、编码和 IOU 计算（调用 torch 和 cv2）

12.1 认识"人脸关键点检测"项目

在计算机视觉领域中人脸检测一直都是被深入研究的经典问题。深度学习使目标检测与识别取得突破性进展，之后被迅速应用于人脸检测，并且在准确性和鲁棒性上的表现大幅超过传统计算机视觉方法。

经常被使用的人脸数据库有以下几个：

（1）CMU PIE 人脸库：CMU PIE 是卡耐基梅隆大学（Carnegie Mellon University，CMU）和 PIE（姿态（Pose）、光照（Illumination）和表情（Expression））的缩写，CMU PIE 人脸库建立于 2000 年 11 月，它包括来自 68 个人的 40 000 张照片，其中包括了每个人的 13 种姿态条件，43 种光照条件和 4 种表情下的照片，现有的多姿态人脸识别的文献，大多都会在 CMU PIE 人脸库上测试。

（2）AR 人脸库：该人脸数据库来自于普渡大学，共 126 人的彩色照片，包括光照、尺度和表情变化。

（3）CAS-PEAL 人脸库：这是国内的人脸数据库，包含 1040 人的 30 864 幅样本，样本之间存在姿态、表情、化妆、背景颜色以及光照等的差异。

早期的人脸关键点检测算法数据处理复杂且抗干扰能力差。近年来基于深度学习的人脸检测算法 RetinaFace 是表现较为优异的。在目标检测方面，R-CNN（Region-CNN）系列算法基于卷积神经网络，属于双阶段（two-stage）检测算法，模型复杂拥有高检测精度。YOLO（You Only Live Once）系列算法属于单阶段（one-stage）检测算法，模型更为简单且识别速度快。

在需要对人流量较大的场景进行人员流动调查，如地铁站口、火车站口、商场入口等，要求快速进行人脸检测，需要一种高效且实时的对特征明显人脸进行检测识别。

12.2　YOLOv4-tiny 介绍

通常基于深度学习的目标检测方法，根据模型训练方式可分为两种类型：单阶段（One Stage）目标检测算法和两阶段（Two Stage）目标检测算法。YOLO 属于单阶段目标检测方法。YOLO 的核心思想就是把目标检测转变成一个回归问题，利用整张图片作为网络的输入，仅仅经过一个神经网络，得到边界框（Bounding Box）的位置及其所属的类别。

经过几年的发展 YOLOv1 到 YOLOv5 的几个版本迭代，YOLO 算法做到了目标检测的轻量和高效，针对于不同的应用场景 YOLO 也衍生出许多其他版本。YOLOv4-tiny 是 YOLOv4 的一个衍生版本，它对 YOLOv4 模型进行改进压缩，在保证检测精度的同时大幅提高检测效率。

传统 YOLO 由 $448 \times 448 \times 3$ 大小的彩色图片输入，特征提取层借鉴 GoogLeNet，使用 24 个卷积层，两个全链接层。在卷积层中将图片分割层 $S \times S$ 个网格（Grid Cell），如果某个 Object 的中心落在这个网格上，则这个网格就负责预测这个 Object。对划分的网格要预测 B 个边界框，每个边界框要预测 (x, y, w, h) 和 confidence 共 5 个值。网格还需要对每个类型的分类信息进行预测。

YOLOv4 在传统 YOLO 基础上加入这些实用技巧，实现了检测速度和精度的最佳平衡。YOLOv4 在原来的 Darkent53 的基础上与 CSPNet 进行结合形成 CSPDarknet53 特征提取网络，使用 MIsh 激活函数替代原来的 Leaky ReLU 函数。引入 SPP 增加了感受野，分离出最重要的上下文特征，并且 YOLOv4 运行速度几乎不会受到影响。

YOLOv4-tiny 是针对于低端 GPU 设计的一种网络架构，采用 CSPOSANet＋PCB 架构构成了 YOLOv4-tiny 的骨干部分。图片的输入沿用 YOLOv4 输入图片，大小为 $416 \times 416 \times 3$ 或 $608 \times 608 \times 3$。与 YOLOv4 不同的是，YOLOv4-tiny 最后输出的 yolo head 只有两个而 YOLOv4 有三个。

12.3　基于 YOLOv4-tiny 实现人脸关键点检测

12.3.1　主干特征提取网络

本算法沿用 YOLOv4-tiny 的主干特征提取网络 CSPDarknet53-tiny，网络首先由两个基本卷积块（BasicConv）组成，基本卷积块是由二维卷积层（Conv2d）＋BatchNorm2d＋LeakyReLU 叠加组成。

三层 Resblock_body 结构再加一层 BasicConv 构成完整的 YOLOv4-tiny 主干特征提取网络。在 YOLOv4-tiny 中使用的是 416×416×3 大小的图片输入，由于模型需要处理更高分辨图片和更多细节特征，本算法选择 608×608×3 大小的图片作为输入。主干网络的特征提取结构如图 12-1 所示。

CSPDarknet53-Tiny

Inputs(608,608,3)

DaeknetConv2D_BN_Leaky(304,304,3)

DaeknetConv2D_BN_Leaky(152,152,3)

Resblock_body(76,76,3)

Resblock_body(38,38,3)

Resblock_body(19,19,3)

DaeknetConv2D_BN_Leaky(19,19,3)

图 12-1　主干特征提取结构

12.3.2　锚框设计

本算法以特征层作为特征，得到大小为（n,256,19,19）和（n,256,38,38）。n 为输入网络的图片数量。传统 YOLOv4 中 3 层特征层对应 9 种锚框大小。考虑人脸特征检测，本模型是基于 YOLOV4-tiny，输出为 2 层特征层分别对应于原图划分 19×19 和 38×38，将划分框的左上角作为锚点，本算法对每个特征层设计了两种锚框尺寸，如表 12-1 所示。

表 12-1　各层对应锚框大小

特征层	步长	锚框
P4(245,38,38)	16	33,39 99,102
P6(245,19,19)	32	175,226 488,466

12.3.3　预测结果编码

对特征层进一步提取，分别获得 BboxHead、ClassHead 和 LandmarkHead 的预测结果。BboxHead 是人脸预测框的预测结果，表示每个锚点所对应锚框的调整参数。BboxHead 大小为 (n,7220,4)，其中 7220 是由 (19×19＋38×38)×2 计算得来，表示每一个锚框，4 代表锚框调整的 4 个参数。

ClassHead 是对应锚框是否包含人脸的分类预测结果，ClassHead 大小为 (n,7220,2)，ClassHead 使用 SoftMax 函数为最终框的置信度。

LandmarkHead 是对应锚框中人脸关键点的调整参数，LandmarkHead 大小为 (n,7220,10)，其中 10 个参数为 5 个关键点的 x,y 调整参数。

12.3.4 损失函数设计

根据预测网络结果，损失函数设计主要分为三大块，分别是预测框回归损失 (r_{loss})、分类回归损失 (c_{loss})、特征点回归损失 ($landm_{loss}$)，多任务损失函数合并后为公式 12.1。

$$\text{LOSS} = 2 \times r_{loss} + c_{loss} + landm_{loss} \tag{12.1}$$

在读取数据集时，本算法将图片缩放到 608×608×3，将标注点转化到 19×19 和 38×38 的锚点中，解码出锚框是否包含物体和包含物体的锚点到特征点和预测框中心点的距离。

c_{loss} 是网络对锚点置信度预测与真实数据是否在锚点上数据进行交叉熵 (cross-entropy) 运算得到。然后对锚点求均值得到最后的锚点置信度 loss (c_{loss})，如公式 12.2 所示。N 为 n 个锚点，P^* 是数据集中真实数据，P 为预测数据。

$$c_{loss} = \frac{1}{n} \sum_{i}^{n} (P^* \ln(P) + (1 - P^*)\ln(1 - P)) \tag{12.2}$$

而在网络中预测框回归损失 (r_{loss}) 和特征点回归损失 ($landm_{loss}$) 使用的都是 L1 损失函数，如公式 12.3 所示。

$$\text{Smooth}_{L1}(x,y) = \begin{cases} 0.5(x_i - y_i) & \text{if } |x_i - y_i| < 1 \\ |x_i - y_i| - 0.5 & \text{otherwise} \end{cases} \tag{12.3}$$

在 FasterRCNN 中的 RPN 的回归框的 loss 计算方法用的就是 L1 损失函数。本算法这里使用的 loss 函数如公式 12.4 和公式 12.5 所示。

$$r_{loss} = \frac{1}{n} \sum_{i}^{n} \text{Smooth}(R, R^*)_{L1} \tag{12.4}$$

$$landm_{loss} = \frac{1}{n} \sum_{i}^{n} \text{Smooth}(L, L^*)_{L1} \tag{12.5}$$

12.4 项目实现

本项目基于 PyTorch 框架实现。使用 widerface 公开人脸数据集进行训练，widerface 数据集对人脸进行了标注，对可分辨人脸特征点的人脸进行特征点的标注，对不可分辨人脸特征点的图片只进行人脸标注。

【例 12.1】 图片预测的实现。

【分析】 调用 Yolov4tiny_face() 类进行图片预测。

程序代码如下：

```
```
import time
import cv2
import numpy as np
from yolov4tiny_face import Yolov4tiny_dace

if __name__ == "__main__":
    yolov4face = Yolov4tiny_face()   #Yolov4tiny_face 返回一个封装好的模型对象
    #---#
    #mode 用于指定测试的模式：
    #'predict'表示单张图片预测
    #'video'表示视频检测
    #'fps'表示测试模型 fps
    #---#
    mode = "predict"
    #---#
    #video_path 用于指定视频的路径,当 video_path=0 时表示检测摄像头
    #video_save_path 表示视频保存的路径,当 video_save_path=""时表示不保存
    #video_fps 用于保存的视频的 fps
    #video_path、video_save_path 和 video_fps 仅在 mode='video'时有效
    #保存视频时需要 Ctrl+C 退出才会完成完整的保存步骤,不可直接结束程序。
    #---#
    video_path   = 0
    video_save_path = ""
    video_fps   = 25.0

    if mode == "predict":   #使用模型对单张图片进行预测
        while True: #使用循环实现连续预测
            img = input('Input image filename:')
            name = img.split('/')[-1]
            image = cv2.imread(img)   #opencv 读取图片
            if image is None:
                print('Open Error! Try again!')
                continue
            else:
                image = cv2.cvtColor(image,cv2.COLOR_BGR2RGB)
                    #对图片进行通道调整,由 BGR 调整到 RGB
                r_image = yolov4face.detect_image(image)
                    #将调整后的图片传入模型中进行预测返回预测结果图像
                r_image = cv2.cvtColor(r_image,cv2.COLOR_RGB2BGR)
                    #将预测结果图像调整回 BGR
```
```

```python
                            cv2.imwrite('./predict/'+name,r_image)        #保存预测后的图片
                            cv2.imshow("after",r_image)          #显示预测后的图片
                            cv2.waitKey(0)                       #保持图片显示窗口

        elif mode == "video":                                  #使用摄像头预测
            capture = cv2.VideoCapture(video_path)             #opencv调用系统摄像头
            if video_save_path!="":
            #-----------------------------------------------------------#
            #当我们设置了视频保持路径后,对摄像头录制的视频进行保存
            #-----------------------------------------------------------#
            fourcc = cv2.VideoWriter_fourcc(*'XVID')
                size = (int(capture.get(cv2.CAP_PROP_FRAME_WIDTH)), int(capture.
get(cv2.CAP_PROP_FRAME_HEIGHT)))
                out = cv2.VideoWriter(video_save_path, fourcc, video_fps, size)
            fps = 0.0
            while(True):                                       #循环读取摄像头的每一帧画面
                t1 = time.time()
                ref,frame=capture.read()                       #读取某一帧
                frame = cv2.cvtColor(frame,cv2.COLOR_BGR2RGB)  #格式转变,BGRtoRGB
                frame = np.array(yolov4face.detect_image(frame))
                #传入模型进行预测,将预测结果使用 NumPy 库封装到 frame 中。
                frame = cv2.cvtColor(frame,cv2.COLOR_RGB2BGR)
                #RGBtoBGR 满足 opencv 显示格式
                fps = ( fps +(1./(time.time()-t1)) ) / 2       #计算视频检测的 fps
                print("fps= %.2f"%(fps))
                frame = cv2.putText(frame, "fps= %.2f"%(fps), (0, 40), cv2.FONT_
HERSHEY_SIMPLEX, 1, (0, 255, 0), 2)     #在视频中显示当前帧数
                cv2.imshow("video",frame)                      #显示当前视频
                c= cv2.waitKey(1) & 0xff
                if video_save_path!="":
                    out.write(frame)
            capture.release()
            out.release()
            cv2.destroyAllWindows()
    #-----------------------------------------------------------#
    #最后进行资源释放
    #-----------------------------------------------------------#
        elif mode == "fps":
            test_interval = 100                                #模型进行 100 次图片预测
            img = cv2.imread('img/face.jpg')                   #测试所用的图片
            img = cv2.cvtColor(img,cv2.COLOR_BGR2RGB)
            #对图片进行通道调整,由 BGR 调整到 RGB
            tact_time = yolov4face.get_FPS(img, test_interval)
            #获得每一张图片预测的平均时间
```

```
        print(str(tact_time)+' seconds, '+str(1/tact_time)+'FPS, @batch_size 1')
        #打印计算后的 FPS 值
    else:
        raise AssertionError("Please specify the correct mode: 'predict',
            'video' or 'fps'.")

```
```

程序说明：图片预测主要是针对模型的上层应用，包括单张图片的检测，视频实时检测和 fps 测试功能。只需要调整 mode 的参数就可以实现不同功能的切换。默认实现的是对图片的预测。在控制台中输入图片路径，程序会在控制台中打印预测结果，并且显示预测后的图像。图像的预处理使用的是 Opencv 开源图像处理工具。在这里直接调用的是模型封装后的 Yolov4tiny_face 类，来进行图像预测。

在 yolov4tiny_face 类中封装了模型的创建和图像预测功能的实现。在模型创建中定义 defaults 字典来对模型进行参数上的调整，加载权重文件时逐层加载保证权重和模型匹配，而且能在调整模型后能更快地训练。在图像预测功能中，首先对输入的图像进行预处理。将输入图片的最大边压缩到 608 后，然后对短边添加灰条将整体图片调整到 608×608 大小。将图片进行归一化处理后传入模型中进行预测，对得到的预测结果进行解码，得到预测的图片。

【例 12.2】　主干特征提取网络的构建。

【分析】　构建 CSPdarknet53-tiny。

程序代码如下：

```
```
import math
import torch
import torch.nn as nn

#---#
#卷积块
#Conv2d +BatchNorm2d +LeakyReLU
#---#
class BasicConv(nn.Module):
    def __init__(self, in_channels, out_channels, kernel_size, stride=1):
        super(BasicConv, self).__init__()

        self.conv = nn.Conv2d(in_channels, out_channels, kernel_size, stride,
            kernel_size//2, bias=False)
        self.bn = nn.BatchNorm2d(out_channels)
        self.activation = nn.LeakyReLU(0.1)

    def forward(self, x):
```

```
        x = self.conv(x)
        x = self.bn(x)
        x = self.activation(x)
        return x
#--------------------------------------------------------#
#CSPdarknet53-tiny 的结构块
#存在一个大残差边
#这个大残差边绕过了很多的残差结构
#--------------------------------------------------------#
class Resblock_body(nn.Module):
    def __init__(self, in_channels, out_channels):
        super(Resblock_body, self).__init__()
        self.out_channels = out_channels

        self.conv1 = BasicConv(in_channels, out_channels, 3)
        self.conv2 = BasicConv(out_channels//2, out_channels//2, 3)
        self.conv3 = BasicConv(out_channels//2, out_channels//2, 3)
        self.conv4 = BasicConv(out_channels, out_channels, 1)
        self.maxpool = nn.MaxPool2d([2,2],[2,2])

    def forward(self, x):
        x = self.conv1(x)                      #利用一个 3x3 卷积进行特征整合
        route = x                              #引出一个大的残差边 route
        c = self.out_channels
        x = torch.split(x, c//2, dim = 1)[1]   #对特征层的通道进行分割,取第二部分
                                               # 作为主干部分。
        x = self.conv2(x)                      #对主干部分进行 3x3 卷积
        route1 = x                             #引出一个小的残差边 route_1
        x = self.conv3(x)                      #对第主干部分进行 3x3 卷积
        x = torch.cat([x,route1], dim = 1)     #主干部分与残差部分进行相接
        x = self.conv4(x)                      #对相接后的结果进行 1x1 卷积
        feat = x
        x = torch.cat([route, x], dim = 1)
        x = self.maxpool(x)                    #利用最大池化进行高和宽的压缩
        return x,feat

class CSPDarkNet(nn.Module):
    def __init__(self):
        super(CSPDarkNet, self).__init__()
        self.conv1 = BasicConv(3, 32, kernel_size=3, stride=2)
        #首先利用两次步长为 2×2 的 3×3 卷积进行高和宽的压缩
        self.conv2 = BasicConv(32, 64, kernel_size=3, stride=2)
        self.resblock_body1 = Resblock_body(64, 64)
```

```
        self.resblock_body2 = Resblock_body(128, 128)
        self.resblock_body3 = Resblock_body(256, 256)
        self.conv3 = BasicConv(512, 512, kernel_size=3)
        self.num_features = 1

        for m in self.modules():        #进行权值初始化
            if isinstance(m, nn.Conv2d):
                n = m.kernel_size[0] * m.kernel_size[1] * m.out_channels
                m.weight.data.normal_(0, math.sqrt(2. / n))
            elif isinstance(m, nn.BatchNorm2d):
                m.weight.data.fill_(1)
                m.bias.data.zero_()


    def forward(self, x):
        x = self.conv1(x)
        x = self.conv2(x)

        x, _    = self.resblock_body1(x)
        x, _    = self.resblock_body2(x)
        x, feat1    = self.resblock_body3(x)

        x = self.conv3(x)
        feat2 = x
        return feat1,feat2
```

程序说明：

在 CSPdarknet53_tiny.py 中构建了模型的主干特征提取网络，且将 feat1、feat2 两层作为模型的输出返回。

模型结构基于 PyTorch 搭建，使用 darknet53_tiny 进行特征提取，取 darknet53_tiny 中 P4 和 P5 层进行上采样和特征融合，最后经过 yolo_head 调整输出的通道数。然后根据先验框的数量封装预测结果，最后返回先验框是否包含人脸，先验框调整参数和先验框中人脸关键点调整参数三种结果。

IOU 的全称为交并比（Intersection over Union），是一种测量在特定数据集中检测相应物体准确度的一个标准。IOU 是一个简单的测量标准，只要是在输出中得出一个预测范围的任务都可以用 IOU 来进行测量。它也是判断预测结果和实际结果的准确度的一种算法。它可用来做模型训练的损失函数，也是一种判断模型好坏的重要指标。

【例 12.3】 图片的解码、编码和 IOU 计算。

【分析】 使用 encode 在训练时对标记数据进行编码，decode 将预测结果进行解码得到真实值。

程序代码如下：

```
```
import cv2
import numpy as np
import torch

#--#
在训练时我们将标记数据进行编码
编码后的结果符合模型的输出结果
编码后的数据可以用于模型的训练
#--#
def encode(matched, priors, variances):
    g_cxcy = (matched[:, :2]+matched[:, 2:])/2-priors[:, :2]   #进行编码的操作
    g_cxcy /= (variances[0] * priors[:, 2:])   #中心编码
    g_wh = (matched[:, 2:]-matched[:, :2]) / priors[:, 2:]   #宽高编码
    g_wh = torch.log(g_wh) / variances[1]   #通过对数运算
    return torch.cat([g_cxcy, g_wh], 1)   #将数据调整到[num_priors,4]

#--#
在图像预测时我们将标记数据进行解码
解码后的数据作为真正的预测数据
#--#
def decode(loc, priors, variances):
    boxes = torch.cat((priors[:, :2]+loc[:, :2] * variances[0] * priors[:,
2:], priors[:, 2:] * torch.exp(loc[:, 2:] * variances[1])), 1)
                                            #中心解码,宽高解码
    boxes[:, :2] -= boxes[:, 2:] / 2   #计算出中心点到顶点的距离
    boxes[:, 2:] += boxes[:, :2]   #计算出顶点的位置
    return boxes

#--#
IOU
#--#
def iou(b1,b2):
    b1_x1, b1_y1, b1_x2, b1_y2 = b1[0], b1[1], b1[2], b1[3]
    b2_x1, b2_y1, b2_x2, b2_y2 = b2[0], b2[1], b2[2], b2[3]
#--#
获得两种图片的位置信息。
#--#
    inter_rect_x1 = np.maximum(b1_x1, b2_x1)
    inter_rect_y1 = np.maximum(b1_y1, b2_y1)
    inter_rect_x2 = np.minimum(b1_x2, b2_x2)
    inter_rect_y2 = np.minimum(b1_y2, b2_y2)

    inter_area = np.maximum(inter_rect_x2-inter_rect_x1, 0) * \
```
```

```
                np.maximum(inter_rect_y2-inter_rect_y1, 0)      #计算重合面积

    area_b1 = (b1_x2-b1_x1) * (b1_y2-b1_y1)      #计算 b1 不重合面积
    area_b2 = (b2_x2-b2_x1) * (b2_y2-b2_y1)      #计算 b2 不重合面积

    iou = inter_area/np.maximum((area_b1 +area_b2-inter_area), 1e-6)   #IOU 计算
    return iou

...
```

程序运行后，人脸检测的输出图片如图 12-2 所示。

图 12-2　人脸关键点检测输出

请实践人脸关键点检测项目的完整代码，深入理解模型从建立到实现的方法。

12.5　本章小结

本章介绍了基于 YOLOv4-tiny 网络进行人脸关键点检测的步骤和方法，从网络设计、锚框设计、损失函数设计，到项目核心模块实现，全方位展现了基于深度学习进行人脸关键点检测项目开发的全过程。

12.6　拓展延伸

RetinaFace 是一个多任务学习的多尺度人脸检测模型，可实现人脸处理领域的检测和关键点提取。关于 RetinaFace 算法可以参考下列论文：

Deng J，Guo J，Ververas E，et al. RetinaFace：Single-Shot Multi-Level Face Localisation in the Wild[C]. 2020 IEEE Conference on Computer Vision and Pattern Recognition(CVPR). IEEE，2020.

关于本章使用的人脸检测数据集 Wider Face，详细介绍可以参考下列论文：

Yang S，Luo P，Loy C C，et al. WIDER FACE：A Face Detection Benchmark[C].

IEEE Conference on Computer Vision & Pattern Recognition(CVPR). IEEE，2016.
人脸识别算法 Arcface，可以参考下列论文：

Deng J，Guo J，Xue N，et al. Arcface：Addictive angular margin loss for deep face recognition［C］. Proceedings of IEEE conference on Computer Vision & Pattern Recognition(CVPR). IEEE，2019.

习　题　十二

1. 在人脸关键点检测项目中，人脸的关键点主要包括哪些？
2. YOLO 算法与 R-CNN 算法的主要区别是什么？
3. 依据本章的人脸关键点检测项目，实现并进行测试。
4. 分析本章项目的优缺点，对于缺点思考优化方案，并尝试实现。

参 考 文 献

[1] 嵩天,礼欣,黄天羽. Python 语言程序设计基础[M]. 2 版. 北京:高等教育出版社,2017.

[2] 李开复,王咏刚. 人工智能[M]. 北京:文化发展出版社,2017.

[3] 赵广辉. Python 语言及其应用[M]. 北京:中国铁道出版社,2019.

[4] 周志华. 机器学习[M]. 北京:清华大学出版社,2016.

[5] 盛骤,试式千,潘承毅. 概率论与数理统计[M]. 4 版. 北京:高等教育出版社,2018.

[6] 边肇祺,张学工等. 模式识别[M]. 二版. 北京:清华大学出版社,2000.

[7] 王萼芳,石生明. 高等代数[M]. 三版. 北京:高等教育出版社,2003.